全国高校安全工程专业本科规划教材

安全人机工程学

高等学校安全工程学科教学指导委员会组织编写

主　编　张　力　廖可兵
主　审　王保国

中国劳动社会保障出版社

图书在版编目(CIP)数据

安全人机工程学/张力，廖可兵主编. —北京：中国劳动社会保障出版社，2007
全国高校安全工程专业本科规划教材
ISBN 978-7-5045-6546-4

Ⅰ. 安… Ⅱ. ①张…②廖… Ⅲ. 安全工程-人—机系统-高等学校-教材 Ⅳ. X912.9

中国版本图书馆 CIP 数据核字(2007)第 107716 号

中国劳动社会保障出版社出版发行
（北京市惠新东街 1 号 邮政编码：100029）
出 版 人：张梦欣

*

北京隆昌伟业印刷有限公司印刷装订 新华书店经销
787 毫米×960 毫米 16 开本 18.75 印张 327 千字
2007 年 8 月第 1 版 2023 年 1 月第 19 次印刷
定价：36.00 元

营销中心电话：400-606-6496
出版社网址：http://www.class.com.cn

高等学校安全工程学科教学指导委员会

内 容 简 介

本书系统阐述了人类生产、生活领域中的安全人机工程学的思想、原理及方法。全书共七章，主要内容有：人机工程学与安全人机工程学的定义、名称、学科体系，人机工程学与安全人机工程学的研究内容、目的、方法及其在国内外的发展简史，人体的人机学参数，人的生理、心理及生物力学特性，安全人机功能匹配，人机系统的安全设计与评价，人因事故分析与预防，安全人机工程学的实践运用。

本书是“全国高校安全工程专业本科规划教材”之一，也可作为安全监察人员及安全工程技术人员、企业管理人员、环境保护工程技术人员、装饰工程设计人员以及显示器、控制器的设计和制造等工程技术人员的参考用书。

序　　言

党的十六届五中全会确立了“安全发展”的指导原则，极大地促进了我国安全科学事业的发展，同时为安全工程学科提供了良好的发展机遇。据初步统计，到目前为止，全国开设安全工程专业的高校已达百余所，安全工程专业已成为我国高等教育中重要的新兴专业之一。

加强教材建设，是促进我国安全工程专业健康发展的重要基础工作。本届（2004—2008 年）高等学校安全工程学科教学指导委员会在充分吸收现有教材成果和借鉴上届教指委安全工程专业教材成功编写经验的基础上，于 2006 年启动了“全国高校安全工程专业本科规划教材”的组织编写和出版工作。第一批安全工程专业本科规划教材包括《安全学原理》《安全管理学》《安全人机工程学》《安全系统工程》《职业卫生概论》《工业通风与除尘》《化工过程安全》《工业防毒技术》《机械安全工程》《电气安全工程》《防火防爆技术》《锅炉压力容器安全》《安全经济学》《安全心理学》《风险管理与保险》等 15 种。

本套规划教材的编写力求满足安全工程专业课程体系和课程教学的新发展，立足现实，反映前沿，力求创新，既包括已经成熟并被公认的理论与学术思想，又反映安全工程学科领域具有前瞻性与代表性的最新理论、技术和方法，并借鉴吸收世界上发达国家的先进理论、理念与方法。

在本套教材开发过程中，全国 30 余所高等学校、科研院所的近百名专家和学者积极参与了教材的编写和审订工作，教指委秘书处、教材开发分委会和中国劳动社会保障出版社做了大量的组织工作，在此向他们表示衷心的感谢！

本套教材的编写和出版，是我国安全工程学科在教材建设方面又迈出的重要一步。虽然我们尽了最大努力，但仍有不足，恳请安全工程领域的专家学者和广大师生提出宝贵意见。

高等学校安全工程学科教学指导委员会

2007年7月

前　　言

安全人机工程学是从安全的角度和着眼点，运用人机工程学的原理和方法去解决系统中人机结合面的安全问题的一门新兴学科。作为人机工程学的一个应用学科的分支，安全人机工程学成为安全工程学的一个重要分支学科，已被全国高等学校安全工程学科教学指导委员会确定为安全工程专业的必修专业基础课之一。

随着科学技术的发展和社会的进步，安全人机工程学科也得到了快速发展，对其需求和研究领域不断扩大。2002年，原高等学校安全工程专业教学指导委员会曾组织编写出版了一本安全人机工程学教材。为了充分反映安全人机工程学的最新发展和最新研究成果，适应当前安全工程专业本科教学的需求，2006年高等学校安全工程学科教学指导委员会决定将《安全人机工程学》纳入“全国高校安全工程专业本科规划教材”体系重新编写，并向全国高校公开招标组成教材编写组。

本教材在编写过程中强调了科学性、知识性、系统性、前沿性和实用性相结合，理论与实践相结合，按照从感性到理性、从具体到抽象、由浅入深的认识规律，并考虑到理论课与实践课配合来编排课程体系。同时力求做到：从安全的角度和着眼点，本着少而精的原则，选取有关的概念、原理和方法；注重理论基础和专业技术知识，有整体的系统观，反映学科发展和本科教育的最新动态；反映本学科的前沿学术动态和新技术、新成果，以体现出先进性。

本教材编审工作是在高等学校安全工程学科教学指导委员会直接组织和指导下进行的，从大纲编制、审定及相关内容的划定，均由教学指导委员会组织专家反复讨论完成。全书分为七章，包括：概论，人体的人机学参数，人的生理心理因素及生物力学特性，安全人机功能分配，人机系统的安全设计与评价，人因事故分析与预防，安全人机工程的实践与应用。

本教材编写组由湖南工学院张力教授、廖可兵副教授、刘爱群讲师，河南理工大学景国勋教授和首都经贸大学王勇毅副教授组成，张力和廖可兵担任主编。第一章由张力、廖可兵编写；第二章由景国勋编写；第三章由王勇毅编写；第四、五章由廖可兵编写；第六章由张力编写；第七章第一节由刘爱群编写，第二节由张力编写，第三、五节由景国勋编写，第四节由王勇毅编写。全书由张力统稿，北京理工大学王保国教授任主审。

本书编写过程中参考和引用了许多国内外专家、学者的研究成果和宝贵资料。在此，谨对原作者和研究者表示最诚挚的谢意！在编写过程中，王保国教授对本书的编写大纲和书稿提出了宝贵意见，使本书增色不少，在此表示衷心感谢。同时向本书的编写组织者和出版社致谢。

由于本学科所涉及的知识面极为广泛，加之编著者的水平所限，虽然经过反复修改，仍难免有各种不足甚至错误，敬请读者批评指正。

编　者

2007 年 7 月

目　录

第一章 概 论

本章学习目标

1. 掌握人机工程学和安全人机工程学的定义。
2. 理解“人机系统”的含义。
3. 掌握安全人机工程学研究的对象及其含义（人、机和人机结合面）。
4. 了解人机工程学的起源与发展。
5. 了解安全人机工程学的研究目的及范围。

第一节 人机工程学

人机工程学（Man-Machine Engineering）是一门专门研究人与系统其他元素之间相互作用的技术科学。该学科在其自身的发展过程中，逐步打破各学科之间的界限，并有机地融合各相关学科理论，不断地完善自身的基本概念、基础理论、研究方法、技术标准和操作规范。它起源于欧洲，形成于美国，发展于日本，作为一门独立学科的历史已有50余年。

英国学者莫瑞尔于1949年首次正式提出Ergonomics一词，该词是由希腊词根“ergon”（工作、劳动）＋“nomos”（规律、规则）＋词尾“mics”复合而成，其含义是“人工作的规律”“工作的学问”。也就是说，这门学科是研究人在工作过程中如何做到省力、省事、安全、正确。由于该词能够较全面反应本学科的本质，又源于希腊文，便于各国语言翻译上的统一，而且词义保持中立性，不显露它对各组成学科的亲密和间疏，因此目前较多的国家采用“Ergonomics”一词作为该学科名称。

但由于该学科研究和应用范围极其广泛，它所涉及的学科、领域的专家、学者都试图从各自研究领域的角度和解决问题的着眼点来给本学科命名，因而到目前为止在国内外仍没有确定统一的学科名称。如这门学科在美国被称为“Human Factors Engineering”（人因工程），西欧国家多称“Ergonomics”，日本和俄罗斯都用西欧名称，日语称：“人间工学”，俄语为“эргономика”，其他国家大都是沿用英、美两种名称。在我国，也由于看问题的角度和着眼点不同而采用不同的名称，其称呼大致有“人体工程学”“人因工程学”“人类工效学”“工效学”“人机工程学”“人—机—环境系统工程学”等。本书从该学科基础理论交叉、要求“机宜人”和“人适机”的通用角度以及应用领域极为广泛的着眼点，采用“人机工程学”的名称。

一、人机工程学的定义

人机工程学是20世纪中期发展起来的交叉科学，它运用人体测量学、生理学、卫生学、医学、心理学、系统科学、社会学、管理学及技术科学和工程技术等学科的理论和知识，主要研究系统中人、机及其工作环境特别是人、机与环境结合面之间的关系，通过恰当的设计，使人机系统获得高工效和安全。这门学科目前在国内外尚无公认的定义。国际人类工效学协会（International Ergonomics Association，简称IEA），对人机工程学所下的定义：研究人在工作环境中的生理学、解剖学、心理学等方面的特点、功能，以进行最适合于人类的机械装置的设计制造，工作场所布置的合理化，工作环境条件最佳化的实践科学。2000年8月，IEA理事会又将Ergonomics的定义修改为：研究系统中人和系统其他元素之间的相互作用的一门科学，其目的是使人在系统中工作、生活的舒适性与系统总的绩效达到最优。

国内学者一般认为：人机工程学是根据人的心理、生理和身体结构等因素，研究系统中人、机械、环境相互间的合理关系，以保证人们安全、健康、舒适地工作，并取得满意的工作效果的一门科学。

总之，由于这门学科至今仍处于迅速发展之中，因而仍具有新兴学科的某些共同特点，其中研究层次尚限于技术科学和工程技术（即人机工程学、人机工程）两个层次，而基础科学（即人机学）层次尚缺，存在学科名称多样、学科边界模糊、学科内容综合性强、学科定义尚不统一等现象。尽管如此，本学科在研究对象，研究方法，理论体系等方面并不存在根本上的差异，这正是人机工程学能作为一门独立的学科存在的缘由。

二、人机工程学研究的目的、内容和方法

人机工程学的主要研究对象是人机系统，人机系统是由人和机两部分形成的集

合体。人机系统中的人和机有其自身的独立性，有独自的功能。但它们不是简单的机械混合体，而是相互作用、相互依赖、相互共存的有机整体。所以在研究人机系统时，不仅要研究它们各自的特性和功能，更重要的是要研究它们之间相互作用和相互配合形成的总体功能。由于人与机器构成的任何系统都处于一定的环境中，因此，在研究人—机器构成的系统时应当把环境当作一个重要因素来考虑。正因为如此，形成了“人—机（机器）—环（环境）”的概念。人机系统作为狭义的概念来理解，形成“人—机—环”概念，而将人机系统作广义理解时，就会将人以外的一切都当作机（含机器和人与机器所处的环境）。这是因为在解决具体问题时，把人和机都狭义化，才出现“环”的概念。在人机工程学基础理论上不宜使用“人—机—环”的概念，而宜采用人—机（即物）及其所产生的人与人、物与物和人与物关系的表现形式以及其内在联系（即人机系统）的泛指概念来解释，这里的“机”也即是 IEA 定义中的“系统的其他元素”。事实上，人机工程学已从早期主要研究生产系统中人、机以及环境之间的关系发展成为研究所有包含人存在的系统中人与系统其他元素之间的关系，如社会技术系统中的组织结构、组织策略、组织过程等。因此，可以这样认为，人机工程学的研究对象已经大大扩展，对于传统意义上的工作、生产等物理系统，它仍主要是研究人、机以及环境之间的关系，这一类研究仍可称为人机工程学，而对于主要研究宏观的组织、社会层面中有关人的因素时或许将其称为人因工程学更为恰当。由于本书是作为安全工程专业本科教材，因此以工作、生产等物理系统为主要研究对象，沿用了人机工程学的术语及概念。

1. 人机工程学的研究目的

（1）设计机器和设备及工艺流程、工具以及信息传递装置与信息控制设备时，必须考虑人的各种因素——生理的和心理的及人体测量参数、生物力学的需要与可能。

（2）要使人操作简便、省力、快速而准确。

（3）要使人的工作条件和工作环境安全、卫生、舒适。

（4）最终目的是为了使人机系统协调，保障安全健康和提高工作效率。

2. 人机工程学的研究内容

（1）人的因素方面。主要包括人体生理、心理、人体测量及生物力学、人的可靠性。

（2）机的因素方面。主要包括显示器和控制器等物的设计。

（3）环境因素方面。主要包括采光、照明、尘毒、噪声等对人身心产生影响的因素。

(4) 人机系统的综合研究。研究人机系统的整体设计、显示器设计、控制器的设计、环境设计、作业方法及人机系统的组织管理等。

3. 人机工程学的研究方法

人机工程学的研究方法除本学科建立的独特方法外，还广泛采用了人体科学和生物科学等相关学科的研究方法和手段，也运用系统、控制、信息、统计与概率等其他学科的一些研究方法。这些方法包括：人体结构尺寸、功能尺寸的测量；人在活动中的行为特征；对人的活动时间和动作分析；人在作业前后及作业中的心理状态和各种生理指标的动态变化；分析人的活动可靠性、差错率、意外伤害原因等；运用电子计算机模拟或仿真人的作业过程实验；运用统计学的方法找出各变数之间的相互关系等。

三、人机工程学的发展简史

1. 人机工程学的产生与发展

自人类社会形成以来，人类在求生存、求发展的过程中，开始创造各种各样的简单器具。人类利用这些器具进行狩猎、耕种，从而有了人与器具的关系——原始人机关系。在古老的人类社会中尽管没有系统的人机工程学的研究方法，但人类通过实践的启发所创造的各种简单工具，以其形状的发展变化来看，是符合人机学原理的。例如：旧石器时代的石刀、石枪、石斧、骨针等工具大部分呈直线形状，有利于使用；到新石器时代，人类所用的锄头、铲刀及石磨等的形状，更适合人的使用。那时的人类在用这些工具进行笨重的体力劳动时，就自发地存在保护自己和提高劳动效率两方面需要解决的问题。随着人类社会的发展，人类所创造的工具更是大大向前发展，这些工具由于人的使用经验、体会促使人机关系由简单到复杂，由低级到高级，由自发到自觉，逐渐科学化。但这个时期的人机关系及其发展只是建立在人类不断积累经验和自发的基础上，因此称为经验人机关系或自发人机关系。

人类在历史的长河中，通过劳动改造自然，同时也改造人类本身，推动人类社会的前进，不断地提高文明程度和改造客观环境的能力。产业革命以后，随着科学技术的迅速发展，人们所从事的劳动在复杂程度和载荷量上均起了很大变化，因而人们更注意从多方面研究提高劳动效率。世界上一些工业发达国家就在客观需要的条件下，提出了“操作方法”课题，如进行过“铁锹作业试验”“砌砖作业试验”及“肌肉疲劳试验”等，以便于耗费最少体力，获得较多的效益。由于当时机器和设备主要还是依靠人来直接操作、调整和维修，为寻求更好更简便的手工操纵方法，进行了大量的研究，如工作分解、过程表解、动作分解、流程图解、瞬间操作分析、知觉与运动信息分析等，同时也提出了许许多多的行之有效的节省动作的原则，其目的是如何耗费最少的体力来换取最大的劳动成果。随着机器的不断改进，人与机器的关系越来越复杂，机器要求操作者接受大量的信息和进行迅速而准确的操纵。特别是第二次世界大战期间，复杂的武器系统要求人们在特殊条件下进行高效率的搜索、控制工作。例如，飞机的飞行，由于座舱及仪表位置设计不当，造成驾驶员误读仪表盘和误用操纵器而发生意外失事，或战斗时操作不灵敏，命中率降低等事故经常发生。究其原因，大约有二：一是这些仪器本身的设计没有充分考虑人的生理、心理和生物力学特性，致使仪器的设计和配置不能满足人的要求；二是操作人员缺乏训练，不能适应复杂机器系统的操作要求。这些教训，引起了决策者和设计者的高度重视，他们深深感到“人的因素”在设计中是不可忽视的一个重要条件，同时还认识到要设计好一个先进的设备，达到高效率的目的，仅有工程技术知识是不够的，还必须有其他学科知识的配合。在这种情况下，人机结合的一门新兴学科——人机工程学应运而生了，但这时的人机工程学主要应用于军事领域。第二次世界大战结束后，人机工程学的研究与应用逐渐从军事领域向非军事领域发展，并且在世界范围内不断扩大，最终成为一门应用极为广泛的技术科学。

综上所述可以看出，人机工程学这门学科是随社会的进步而前进；随着科学技术的发展而不断完善的。现在已经进入工业经济向知识经济过渡的时期，随着机械化、自动化、电子化的高度发展，人的因素在生产中增效和人身免受危害的作用越来越大，人机协调问题也越来越显得重要，人们劳动条件要求越来越高，促进了人机工程学的迅速发展。

2. 人机工程学的发展概况

人机工程学在英国、美国、日本、俄罗斯以及西欧各国都得到了广泛的应用。工业发达国家都建立和发展了这门学科。

英国是欧洲研究人机工程学最早的国家，1950 年成立了英国人机工程学研究学会（Ergonomics Research Society），该学会 1957 年创办了会刊《Ergonomics》，此刊编辑由英国剑桥大学人机心理研究所（Psychological Laboratory）的 A. T. Wetford 担任，参加编辑委员会的有法国、德国、荷兰、瑞士和瑞典等国家的代表。现在《Ergonomics》是国际人类工效学协会的会刊。

英国劳勃路技术学院（Longhborong College of Techolology）开设了世界上最

早的人机工程学课程，而且对社会进行教育和担负咨询、科研任务。在英国，人机工程学已应用到国民经济的各个部门。

美国是人机工程学最发达的国家，1957 年成立了美国人因学会（Human Factors Society）。该学会除发行会刊外，还有不少专刊和其他方面的书刊。美国是世界上人机工程学书刊最多的国家之一。E. J. Mcormick 教授 1957 年发表的著作《人因工程》（Human Engineering）成为美国各大学广泛采用的教材。美国的人因学研究机构大部分设在大学里，如哈佛大学、麻省理工学院、普林斯顿大学、约翰霍普金斯大学、密兹根大学、普度大学、俄亥俄州立大学等院校。另一部分设在海、陆、空的军队系统中，其服务对象主要是国防工业，其次才是其他产业部门。

日本于 1964 年成立“人间工学会”，随即大力引进欧美各国在人机工程学方面的基础理论和实践经验，从照搬照抄逐步改造成自己的“人间工学”体系，并广泛用于工业建设中，生产的照相机、汽车、电器产品、机械设备、日用产品都充分运用了人机工程学原理，使这些产品更优化，成为占领国际市场的一个重要条件。不少大学也开设这门课程，出版了不少关于“人间工学”与“安全人间工学”的专著。

除了上述国家外，德国、俄罗斯、法国、荷兰、瑞典、瑞士、丹麦、芬兰等国家在 20 世纪 60 年代初也相继成立了人机工程学学会和专门从事人机学方面研究和教育工作的研究机构。

虽然世界各国对人机工程学科研究的侧重点有所不同，但从各国的学科发展过程，可以看出对本学科的研究内容有如下的一般规律。工业化程度不高的国家往往是由人体测量、作业强度、疲劳因素等方面着手研究，随着这些问题的解决，才转到感官知觉、作业姿势、运动范围等方面的研究，然后，再进一步转到操纵器、显示器的研究与设计，人机系统控制等方面的研究，最后则进入本学科的理论前沿领域，如人机关系、人与生态、人体特性、模型仿真、人的心理包容，甚至团体行为等方面的研究。

1961 年在瑞士的斯德哥尔摩成立了国际人类工效学协会（IEA），举行了第一次国际人类工效学大会。以后，每三年召开一次国际大会。1980 年在前南斯拉夫尼什尔研究所召开的国际职业安全情报工作会议上，有不少国家介绍了他们研究人机工程学的情况及其在安全工程领域中运用的成果。2009 年将在我国北京举行第 17 届国际人类工效学大会。

在我国，将人机工程学作为一门独立的学科进行研究的是新中国成立之初，当时杭州大学和中科院心理研究所开展职工择业培训、技术革新、安全事故分析、操作方便省力等劳动心理学问题研究。在20世纪60年代初从心理学领域转向人机关系研究，如信号显示、仪表表盘设计、船舶水道的航标灯标志、飞机座舱仪表显示等研究，取得了可喜成果。“文化大革命”期间这项研究工作处于停顿状态。“文革”结束后，我国进入现代化建设的新时期，工业心理学方面的研究获得很大进展，随着改革开放，人机工程学也以空前的速度向前发展。原国家标准局于1980年5月成立了中国人类工效学标准化技术委员会，同年9月召开第二次会议，准备研究制定有关标准化工作的方针、规划等深入开展准备工作。军工系统还成立了军用标准化技术委员会，机械工业系统亦于1980年成立了工效学学会，还有些城市成立了相应的组织。至此我国已制定了100多个有关民用和军用的基础和专业的技术标准。这些研究工作对我国人机工程学的发展起着有力的推动作用。1989年6月29日在上海成立了中国人类工效学学会，同年11月在武汉成立了中国人类工效学学会安全与环境工效学专业委员会；1990年3月在南京成立了中国人类工效学学会管理工效学专业委员会；同年7月在哈尔滨成立了中国人类工效学学会人机工程专业委员会。中国人类工效学学会自成立以来，积极地开展工作，发展学会的组织机构，加入了国际人类工效学协会，编印了《中国人类工效学学会简讯》，介绍本学会、兄弟学会、国际学术动态和出版信息等方面的最新情况，出版了学会会刊《人类工效学》。另外，中国心理学会、中国航空学会、中国系统工程学会、中国机械工程学会等均在自己的学会中成立了有关人机工程的专业委员会。这些学术团体和学术活动强有力地推动着我国人机工程学（人类工效学）向前发展。

目前，我国已有100多所高等学校和科研机构开设了“人机工程学”“人因工程学”“安全人机工程（学）”等课程，并在应用方面进行研究和人才培养工作。开设这方面课程的主要专业是工业工程和安全工程，截至2006年，开设这两类专业的高校达200多所。其中，“人因工程学”被教育部管理科学与工程指导委员会定为工业工程专业的核心课程，“安全人机工程（学）”被高等学校安全工程学科教学指导委员会定为安全工程专业的必修专业基础课。有更多的教师从事人机工程学方面的教学、科研工作，人机工程学方面的研究队伍不断发展壮大。

总之，人机工程学这门学科在我国虽然起步较晚，但由于它在提高工效和保障人的安全方面越来越显得重要，所以发展很快，形势很好。

第二节 安全人机工程学

人类社会中发展最快的是机械、电气、化工、交通运输及信息传递设备及控制装置。随之，人类接触到的环境变化也很迅速。然而，依据遗传法则产生和发展的人类自身进步却是最慢的。虽然通过教育会使得人类进步，但是，人类的生理、生物力学等特性却无多大变化（例如，形态特性——人身体尺寸、肢体活动范围、肌肉力量大小、心血管系统、消化系统、神经系统以及接受信息和处理信息的能力等）。相反，可能还会忽略人类随着文明进步而出现某些生理退化现象。现代化生产中的“机”向着高速化、精密化、复杂化方向发展，这对于操纵这些“机”的人的判断力、注意力和熟练程度提出了更高的要求。例如，自动化生产线仅由计算机或仪表监控“机”的工作状况，这就大大降低了工人的体力劳动强度，同时也大大加重了计算机、仪表监控者的视力及大脑注意力和判断能力的强度，同时又加大了对人的躯体和颈部活动的限制。与几十年前相比，人类的生理、人体尺寸、生物力学等几乎没有什么变化，就是说：“机”由手工劳动工具变为半机械化→机械化→半自动化→全自动化的生产作业系统，只用了几十年，甚至几年便完成了，但是人的视力、体力、大脑注意力与判断能力却无明显变化。这就使得人与“机”之间的不匹配、不协调、不平衡加大了。其结果是：一方面是人始终影响和决定着“机”的性能发挥；另一方面“机”给人类的负担增加了，使人受到了很大的影响甚至造成危害，因此所设计的“机”（含环境）若是忽略了操作者（包括各种活动者）的身心特性、生物力学特征，则“机”的功能既不可能充分发挥，还会损害人的健康甚至诱发事故。为了安全生产、生活、生存，就要把人与“机”结合起来考虑，要求对“机”的设计、制造、安装、运行、管理等环节均应充分考虑人的生理、心理及生物力学特性，把人—机作为一个整体、一个系统加以考虑，不仅要高效率地工作，还应随着物质、精神生活的提高，更加要求“机”始终使人处在安全卫生、舒适（随着发展，将包括享受）的状态。因此，如何保证系统中人的安全也就成为了人机工程学非常重要的研究和应用领域之一，这就促使安全人机工程学的诞生并成为人机工程学的一个重要分支。

一、安全人机工程学的定义

安全人机工程学是从安全的角度和着眼点出发来研究人与机的关系的一门学科，其立足点放在安全上面，对在活动过程中的人实行保护为目的，主要阐述人与机保持什么样的关系，才能保证人的安全。也就是说，在实现一定的生产效率的同时，如何最大限度地保障人的安全健康与舒适愉快。这主要是从活动者的生理、心理、生物力学的需要与可能等诸因素，去着重研究人从事生产或其他活动过程中实现一定活动效率的同时最大限度地免受外界因素的作用机理和预防与消除危害的标准与方法提供科学依据，从而达到实现安全卫生的目的，确保人类能在安全健康、舒适愉快的条件与环境中从事各项活动。

人类社会进步的重要标志，就是创造一个适合人类生存与发展的优美舒适的劳动条件和生活、生存环境。即让人类劳动、生活、生存在一个安全卫生和谐的社会之中。所以从安全的角度和着眼点来说，即以人的活动效率为条件和以人的身心安全为目标，将安全人机工程学从人机工程学中分解出来，并作为安全工程学的一个重要分支学科而自成体系。这是现代科学技术发展的必然趋势，是文明生产、生活、生存的象征。

安全人机工程学，可以定义为：安全人机工程学是从安全的角度和着眼点出发，运用人机工程学的原理和方法去解决系统中人机结合面的安全问题的一门新兴学科。它是人机工程学的一个应用学科的分支，并成为安全工程学的一个重要分支学科。

二、安全人机工程学研究的科学对象

在任何一个人类活动场所，总是包括人和机（此处的机是广义的，即系统中除人之外、与人有关联的其他元素）两大部分。这两种性质截然不同的要素——人与机，彼此之间存在着物质、能量和信息不停地交换（即输入、输出）和处理上的本质差异。而人机结合面起着人机间沟通的作用，各自发挥功能，提高系统的效率，保证系统的安全。因此，人机系统是一个有机的整体。如图 1—1 所示，这个整体包括人、机、人机结合面。

图 1—1　人机关系示意图

这里所谓的人，是指活动的人体即安全主体，人应该始终是有意识有目的地操纵物（机器、物质）和控制环境的，同时又接受其反作用。不管机械化和自动化的成就有多大，不管人使用的能源是多么新颖和充裕，也不管使用什么信息传递系统，不管是过去、现在，还是将来，人总是人与复杂的外界之间相互作用链条上的决定一环，人也应该是他所创造的并为他自己服务的任何系统的安全主导，其自身依靠的科学基础都需要借用生理学、心理学、人体生物力学、解剖学、卫生学、人类逻辑学、社会学等人体科学的研究成果。

这里所谓的机，是广义的，它包括劳动工具、机器（设备）、劳动手段和环境条件、原材料、工艺流程等所有与人相关的物质因素。机应执行人的意志，服从于人，其基础需要由安全设备工程学的安全机电工程学、卫生设备工程学和环境工程学等学科去研究。

所谓人机结合面，就是人和机在信息交换和功能上接触或互相影响的领域（或称“界面”）。即指人与机器间能够相互施加影响的区域，也是用户与机器相互传递信息的媒介，最典型的就是信息的输入与输出。人通过感觉器官（眼、耳、鼻、舌、身）接受外界的信息、物质和能量，又通过人的执行器官（手、脚、口、身）向外界传递人发出的信息、物质与能量。因此可以认为，机器及环境等凡是参加这两个过程的一切领域均属于人机结合面（人机界面）。

此处所说人机结合面、信息交换、功能接触或互相影响，不仅指人与机器的硬接触（即一般意义上的人机界面或人机接口），而且还包括人与机的软接触，此结合面不仅包括点、线、面的直接接触，甚至还包括远距离的信息传递与控制的作用空间。人机结合面是人机系统中的中心环节，主要由安全工程学的分支学科即安全人机工程学去研究和提出解决的依据并通过安全设备工程学、安全管理工程学以及安全系统工程学去研究具体的解决方法、手段、措施。

由以上分析可以看出，安全人机工程学主要是从安全的角度和以人机工程学中的安全为着眼点进行研究，其研究对象是人、机和人机结合面3个安全因素。

三、安全人机工程学研究的内容

安全人机工程学研究的内容大体包括以下几个方面：

（1）研究人机系统中人的各种特性。包括人体形态特征参数、人的生物力学特性、人的感知特性、人的反应特性、人在劳动中的心理特征等。

（2）研究人机功能分配。功能分配要根据两者各自特征，发挥各自的优势，达到高效、安全、舒适、健康的目的。

（3）研究各类人机界面。研究不同人机界面的特征以及安全标准的依据，研究不同人机界面中各种显示器、控制器等信息传递装置的安全性设计准则和标准。

（4）研究工作场所和作业环境。研究工作场所布局的安全性准则，研究如何将影响人的健康安全及工效的环境因素控制在规定的标准范围之内，使环境条件符合人的生理和心理要求，创造安全的条件。

（5）研究安全装置。许多设备都有“危区”，若无安全装置、屏障、隔板、外壳将危区与人体隔开，便可能对人产生伤害。因此，设计可靠的安全装置，是安全人机工程学的任务之一。

（6）研究人员选拔问题。研究如何依据人机关系的协调性需求选择合适的操作者的方法。

（7）研究人机系统的可靠性，保证人机系统的安全。主要研究人因事故的预防和人误的控制。

（8）研究人机系统总体安全性设计准则和方法以及安全性评价体系和方法。

四、安全人机工程学研究的方法

安全人机工程学基础研究的方法与人机工程学的研究方法基本相同，但是研究问题的角度和着眼点主要侧重于从适合人的安全性特征去研究人机界面。安全人机工程学的研究方法主要有调查法、实验法和模拟法。

五、安全人机工程学研究的目的与任务

1. 安全人机工程学研究的目的

人的活动效率和人的安全是同一事物运动变化过程中两个不同侧面的要求，全面地实现是人们的共同心愿，既要求活动时必有收获，而且力求耗费最少的能量，获取最大的成果，同时又要求在安全、舒适、健康（健康应包括躯体与精神两个方面的内容及其综合）、愉快的环境下进行生产劳动或其他活动。

原始时期人的体力是唯一的动力，后来利用风力、水力、牲畜作动力，发展到利用热能、机械能、电能、光能、化学能、核能、太阳能、生物能等作动力。现代的机器有的起着动力的作用，有的担负着完成过去只有人才能完成的工作，它把人从简单的劳动中解放出来，去执行更多更复杂的任务。

尽管采用了种种新的、高效能的机器或设备，但如果它的结构不适应人的生理和心理特征及人体生物力学要求时，既不能保证安全，也得不到应有的效益，甚至不得不放弃使用。

可见，机的效能不但取决于它本身的有效系数、生产率和可靠性等，而且还取决于是否适应人的操作要求。而适应人的操作要求，又取决于机的信息传递方式和操纵装置的布局等。因此，通过信息显示器、操纵器和控制装置把人和机连接成一个系统、一个整体，它们都是人机系统中不可缺少的环节，是人与机连通的桥梁。

在任何一个人类活动的场所，总是包含着人和机以及围绕着人和机器而产生的关系及其环境条件，是一个综合体。

安全人机工程学的主要研究目的是：对上述的综合体建立合理的方案，更好地

在人机之间合理地分配功能，使人和机有机结合，有效地发挥人的作用，最大限度地为人提供安全卫生和舒适的环境，同时带来活动效率的提高。

2. 安全人机工程学的任务

安全人机工程学的任务是为人机系统设计者提供系统安全性设计，特别是确保人员安全的理论、方法、准则和数据。

第三节　安全人机工程学与相关学科的关系

安全人机工程学作为安全工程学的重要分支学科和人机工程学的一个应用学科，其性质是一个跨门类、多学科的交叉科学，它处于许多学科和专业技术的接合部位上，除了是安全工程学学科的组成部分外，还与人的生理学、心理学、生物力学、解剖学、测量学、管理学、色彩学、信息论、控制论、系统工程、环境科学、劳动科学等学科有密切关系。因此，它属于自然科学与社会科学共同研究的综合科学课题。

一、与安全心理学的关系

安全心理学是心理学的应用学科之一，是安全人机工程学的主要理论基础之一。它所研究的对象是人机系统中人的这一精神作用环节，重点研究人在活动过程中的生理心理和社会心理活动，研究由此引起人在信息的接受、储存、加工、传递、处理等方面对实现安全的影响，以及在此基础上的决策和执行决定等问题。安全人机工程学则是在综合各门学科知识的基础上全面考虑“人的因素”，从而对人机系统的安全设计、使用、监督、分析、评定和提供全面的宜人依据。因此，安全心理学研究的所有内容，均对安全人机工程学产生影响。从一定的意义上说，安全人机工程学是安全心理学的延伸和扩展，两者有不可分割的联系。

二、与人体测量学及生物力学的关系

人体测量学对人体静态和动态尺寸（如人体身高、上下肢的长度、坐姿时肢体运动的角度和尺寸等）的测量资料进行研究，这些研究为人机系统的设备设计和工作空间布置提供科学依据，同样是安全人机系统设计的科学依据之一。

人体生物力学是侧重研究人体这个生物系统运动规律的学科。它研究人体各部分的力量、活动范围和速度，人体组织对不同力量的阻力，人体各部分的重量、重心变化以及做动作时的惯性等问题；对人体的作用，保持在人的承受范围之内既不

超出安全阈值，同时尽量避免做无用功，提高劳动效率，减少疲劳，保障人类活动的安全。如对使用操纵机构时用力大小、动作轨迹、动作平稳程度以及人体各部分运动的方向等进行研究；对确定结构上允许用力程度进行研究，从而决定对操纵结构的类型等方面的要求，给人机系统的安全带来必要的保证。

三、与安全工程学的关系

1985 年 5 月中国劳动保护科学技术学会召开全国劳动保护科学体系第二次学术讨论会（简称青岛会议，下同），会上发表刘潜、欧阳文昭的两篇论文，在我国首次提出并阐述了安全科学学科理论、安全科学技术体系结构和安全人机工程学学科属性及其与安全工程学的关系（见表 1—1 和图 1—2）。

表 1—1　　安全科学技术体系结构设想表

<table>
<tr><th>哲学</th><th colspan="2">基础科学</th><th colspan="3">技术科学</th><th colspan="3">工程技术</th></tr>
<tr><td rowspan="5">马克思主义哲学（桥梁：安全观）</td><td rowspan="5">安全科学（安全学）</td><td rowspan="2">安全设备学
（自然科学类）</td><td rowspan="5">安全工程学</td><td rowspan="2">安全设备工程学</td><td>安全设备工程学</td><td rowspan="5">安全工程</td><td rowspan="2">安全设备工程</td><td>安全设备工程</td></tr>
<tr><td>卫生设备工程学</td><td>卫生设备工程</td></tr>
<tr><td>安全管理学
（社会科学类）</td><td colspan="2">安全管理工程学</td><td colspan="2">安全管理工程</td></tr>
<tr><td>安全系统学
（系统科学类）</td><td>安全系统工程学</td><td>安全信息论
安全运筹学
安全控制论</td><td colspan="2">安全系统工程</td></tr>
<tr><td>安全人机学
（人体科学类）</td><td>安全人机工程学</td><td>安全人机工程学
安全生理学
安全心理学</td><td colspan="2">安全人机工程</td></tr>
</table>

注：此表引自刘潜等著《从劳动保护工作到安全科学》（中国地质大学出版社 1992 年 10 月出版，第 44 页）。

从表 1—1 可以看出，安全工程学体系主要由以下 4 部分组成：安全管理工程学、安全设备工程学、安全人机工程学、安全系统工程学。若将安全工程学视为一个系统，则上述 4 部分便可分别看做 4 个子系统。它们之间的相互关系是：安全人

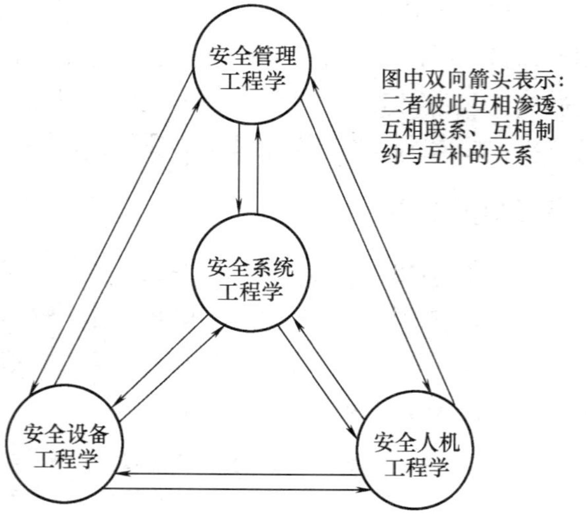

图 1—2 安全工程学体系图

注：此图引自欧阳文昭编著《安全人机工程学》（中国地质大学出版社 1991 年 5 月出版，第 30 页）。

机工程学（代表安全人体工程学）是实现安全工程学的科学依据和最活跃的人的作用因素；安全设备工程学是实现安全工程学的物质条件；安全管理工程学（代表安全社会工程学及其安全管理、经济、教育、法规等分支）是实现安全工程学的“人与物关系”的组织手段；安全系统工程学（含运筹、信息、控制）是实现整个安全工程学内在联系的方法论。4 个子系统之间存在着相互交叉、渗透、影响、制约和互补的关系，如图 1—2 所示。

安全工程技术的理论是安全工程学，属于综合科学学科的范畴。其中的安全管理工程学属于社会科学的范畴，代表着安全法规（含安全的法律、安全条例、安全规程）、安全经济、安全教育、安全管理等技术理论。而安全设备工程学属于自然科学的范畴，如安全装置、安全设备、安全信息显示与处理装置等技术理论。前者含有“人”的因素，后者是“物”（即机）的因素。从解决“人”与“物”之间界面关系的角度来研究导致活动者伤亡病害等不利的因素作用机理和预防与消除方法的依据等，就是安全人机工程学研究的内容，即安全人机工程学的任务是为工程技术设计者提供人体的数据与要求，包括：人体的安全阈值（不致伤害的高低限度和环境要求）；人体的允许范围（不影响工作的效率）即各种承受能力；人体的舒适范围（最佳状态）；各种安全防护设施必须适合于人使用的各种要求等。以这些数据和要求指导工程技术人员进行具体工程设计，从而在实现生产效率的同时确保劳动者的安全。也就是说它是直接为工程技术服务的理论依据。因此，安全人机工程学在安全科学技术体系中属于安全科学的技术科学层次即安全工程学中的分支学科；它的研究内容基本上属于人体科学的应用科学范畴，而安全系统工程学则属于系统科学中的系统工程学的应用科学范畴。

四、与人体生理学的关系

许多安全人机工程学的问题，若要深入探究其原理与机制，就需要从人体解剖特点和人体生理过程进行分析。如研究人的工作负荷、作业方法和姿势，就需要对人体机体结构、肌肉疲劳、能量消耗等方面进行分析。在职业病研究中，涉及劳动强度、工作制度、机器设计及工作环境等方面的问题，而这些问题的深入探讨都会从生理学、医学等方面去研究。因此，生理学、卫生学、医学等研究人体各方面的机理、机能和效率，以及各种环境对人体的实际影响，这些均是安全人机工程学的基础与机制基础依据。安全人机工程学还经常运用它们的研究成果来提高人机结合面的质量，以便创造良好的工作环境和保证人体正常的生理、心理活动，从而达到保障人的身心安全和保证人机系统的工作效率的目的。

五、与环境科学的关系

环境科学主要研究环境指标的测量、分析和评价，环境对人的生理及心理影响，恶劣环境条件下职业危害、职业病的形成机理及控制措施，环境的设计与改善等。环境科学所研究的这些内容为安全人机工程学进行环境设计与改善，创造适宜的作业环境和条件提供了方法和标准。

六、与其他工程技术科学的关系

工程技术科学是研究工程技术设计的具体内容和方法，而安全人机工程学所要研究的不是这些设计中的具体技术问题，而是工程设计应满足何种条件方能适合于人的使用和避免危害的问题，并从这个角度出发，向设计人员提供必要的安全参数和要求，从而制定安全卫生标准，使工程设计更加合理，更适合人的生理和心理以及生物力学的要求。所以，安全人机工程学作为一门新兴学科，与许多邻近学科既有密切的相互联系，又有它独特的理论体系、研究方法和具体内容。

本章小结

安全人机工程学是从安全的角度和人机工程学的着眼点研究人与机的关系，运用人机工程学的原理和方法去解决人机结合面的安全问题的一门新兴学科。安全人机工程学立足点放在安全上面，对在活动（含生产活动、生活活动、生存活动）过程中的人实行保护，它主要阐述人与机保持什么样的关系，才能保证人的安全。它是人机工程学的一个应用学科的分支，也是安全工程学的一个重要分支学科。

本章第一节主要介绍了人机工程学的命名，人机工程学的定义，人机系统的含义，人机工程学研究的目的、内容及方法，人机工程学的起源与发展。第二节介绍了安全人机工程学的基本概念，安全人机工程学研究的科学对象，“人机结合面”的含义，安全人机工程学的研究范围、内容、方法、目的与任务。第三节介绍了安全人机工程学与安全心理学、人体测量学、生物力学、安全工程学、人体生理学、环境科学及其他工程技术科学等相关学科的关系。

复习思考题

1. 人机关系随社会的发展有很大的变化，请举例说明其变化及其特点。
2. 如何理解人机工程学的含义？
3. 阐述人机工程学与安全人机工程学的联系与区别。
4. 举例分析你所熟悉的一个人机系统的人、机及其结合面。
5. 请说明安全人机工程学在安全工程学中所处的地位与作用。
6. 何为安全人机工程学？其任务与研究范围是什么？

第二章　人体的人机学参数

本章学习目标

1. 掌握人体测量的基本知识（如基本术语、人体测量仪器等）。

2. 掌握我国成年人的人体结构尺寸和功能尺寸。

3. 学会人体有关参数的测量（如人体测量数据处理，手、脚作业域测量，人体体部指数及有关人机参数的测量等）。

4. 掌握人体测量数据的运用准则。

5. 重点掌握人体尺寸在工程设计中的应用。

为了使各种与人有关的机械、设备、产品等能够在安全的前提下高效率地工作，实现人—机的最优结合，并使人在使用时处于安全、舒适的状态和无害、宜人的环境之中，现代设计必须充分考虑人体的各种人机学参数。因而，不论是安全工程师还是现代机械、设备、产品开发设计者，了解有关人体的人机学参数及其测量方面的基本知识，熟悉、掌握有关设计所必需的人机学参数的性质和使用条件，都是十分必要的。

第一节　人体有关参数的测量

一、人体测量的基本知识

人体测量是一门新兴的学科，它所涉及的是一个特定的群体而非个人，选择样本必须考虑有代表性的群体，测量的结果要经过数理统计处理，以反映该群体的形态特征与差异程度。它是通过测量人体各部位尺寸来确定个体之间和群体之间在人体尺寸上的差别，用以研究人的形态特征，从而为各种安全设计、工业设计和工程设计提供人体测量数据。

例如，各种操作装置都应设在人的肢体活动所能及的范围之内，其高度必须与人体相应部位的高度相适应，而且其布置应尽可能设计在人操作最方便、反应最灵活的范围之内。其目的就是提高设计对象的宜人性，让使用者能够安全、健康、舒适地工作，从而减少人体疲劳和误操作，提高整个人机系统的安全性和效能。

1. 人体测量的基本术语

GB 3975—1983《人体测量术语》规定了人机工程学使用的中国成年人和青少年的人体测量术语。该标准规定，只有在被测者姿势、测量基准面、测量方向、测点等符合以下要求，测量数据才是有效的。

（1）被测者姿势。

1）立姿。指被测者挺胸直立，头部以眼耳平面定位，眼睛平视前方，肩部放松，上肢自然下垂，手伸直，手掌朝向体侧，手指轻贴大腿侧面，自然伸直，左、右足后跟并拢，两足前端分开大致成45°夹角，体重均匀分布于两足。

2）坐姿。指被测者挺胸坐在被调节到腓骨头高度的平面上，头部以眼耳平面定位，眼睛平视前方，左、右大腿大致平行，膝弯曲大致成90°，足平放在地面上，手轻放在大腿上。

（2）测量基准面。人体测量基准面是由3个互为垂直的轴（铅垂轴、纵轴和横轴）来决定的。人体测量中设定的轴线和基准面如图2—1所示。

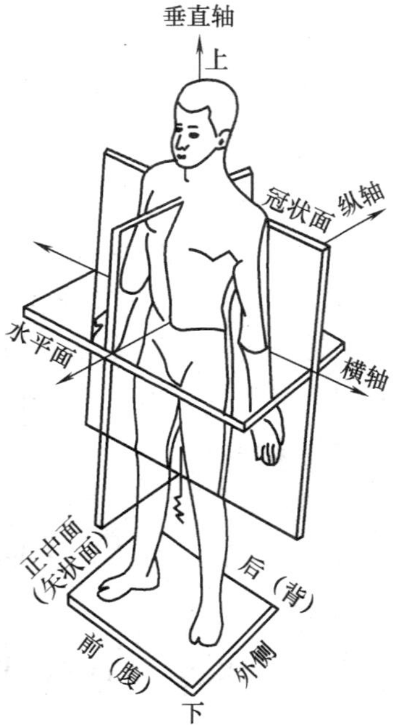

图2—1 人体测量基准面和基准轴

1）矢状面。通过铅垂轴和纵轴的平面及与其平行的所有平面都称为矢状面。

2）正中矢状面。在矢状面中，把通过人体正中线的矢状面称为正中矢状面。正中矢状面将人体分成左、右对称的两部分。

3）冠状面。通过铅垂轴和横轴的平面及与其平行的所有平面都称为冠状面。冠状面将人体分成前、后两部分。

4）水平面。与矢状面及冠状面同时垂直的所有平面称为水平面。水平面将人体分成上、下两部分。

5）眼耳平面。通过左、右耳屏点及右眼眶下点的水平面称为眼耳平面。

（3）测量方向。

1）在人体上、下方向上，称上方为头侧端，称下方为足侧端。

2）在人体左、右方向上，将靠近正中矢状面的方向称为内侧，将远离正中矢状面的方向称为外侧。

3）在四肢上，将靠近四肢附着部位的称为近位，将远离四肢附着部位的称为远位。

4）对于上肢，将桡骨侧称为桡侧，将尺骨侧称为尺侧。

5）对于下肢，将胫骨侧称为胫侧，将腓骨侧称为腓侧。

（4）支承面和着装。立姿时站立的地面或平台以及坐姿时的椅平面应是水平、稳固的，且不可压缩。要求被测量者裸体或穿着尽量少的内衣（例如只穿内裤和汗背心）测量，在后者情况下，在测量胸围时，男性应撩起汗背心、女性应松开胸罩后进行测量。

（5）基本测点及测量项目。GB 3975—1983《人体测量术语》规定了有关中国人人体测量参数的测点及测量项目，其中包括：头部测点 16 个，测量项目 12 项；躯干和四肢部位的测点共 22 个，测量项目 69 项，其中立姿 40 项、坐姿 22 项、手部和足部 6 项以及体重 1 项。具体测量时可参阅该标准的有关内容。

此外，GB 5703—1985《人体测量方法》又规定了中国人人体参数的测量方法，这些方法适用于成年人和青少年的人体参数测量，该标准对上述 81 个测量项目的具体测量方法和各个测量项目所使用的测量仪器作了详细的说明。实际测量时，必须按照该标准规定的测量方法进行测量，其测量结果方能视为有效。

2. 人体尺寸测量用的主要仪器

人体尺寸测量中所采用的人体测量仪器有：人体测高仪、人体测量用直脚规、人体测量用弯脚规、人体测量用三脚平行规、坐高椅、量足仪、角度计、软卷尺以及医用磅秤等。国家对人体尺寸测量专用仪器制定有相应的国家标准，而通用的人体测量仪器可采用一般的人体生理测量的有关仪器。

3. 人体测量中的主要统计函数

由于群体中个体与个体之间存在着差异，一般来说，某一个体的测量尺寸不能作为设计的依据。为使产品能适合于一个群体使用，设计中需要的是一个群体的尺寸。然而，全面测量群体中每一个体的尺寸又是不现实的。通常只能通过测量群体中较少量个体的尺寸，经数据处理后而获得该群体较为精确的尺寸数据。

在人体测量中所得到的测量值都是离散的随机变量，因而可根据概率论与数理统计理论对人体测量数据进行统计分析，从而获得所需群体尺寸的统计规律和特征参数。人体测量中常用到均值、方差、标准差、抽样误差等概念，详细请参阅相关书籍。此外，在人体测量和数据的分析与应用中涉及到百分位数和适应度，下面进行简要介绍。

人体测量数据可大致视为服从正态分布。实际中，即使经过人机工程学的严格设计的任何一个机械或产品都不可能适应所有的人使用。工程上常以正态分布的某个百分位 a 处的人体尺寸数值 x_a 作为设计用人体尺度的一个界值，以控制设计的适应范围，该界值称为百分位数。正态分布曲线上，从 $-\infty$（或 $+\infty$）～a，或两个百分位 a_1～a_2 之间的区域，称为适应度。适应度反映了设计所能适应的身材的分布范围。

一个百分位数将群体或样本的全部测量值分为两部分，有 $a\%$ 的测量值等于和小于它，有 $(100-a)\%$ 的测量值大于它。例如，在设计中最常用的是 x_5、x_{50}、x_{95} 三种百分位数。其中第 5 百分位数是代表“小”身材，指有 5%的人群身材尺寸小于此值，而有 95%的人群身材尺寸均大于此值；第 50 百分位数表示“中”身材，是指大于和小于此人群身材尺寸的各为 50%；第 95 百分位数代表“大”身体，是指有 95%的人群身材尺寸均小于此值；而有 5%的人群身材尺寸大于此值。当已知样本均值和标准差时，百分位数可由式（2—1）取得：

$$x_a = \bar{x} + kS \qquad (2—1)$$

式中 x_a——对应于百分位 a 的百分位数；

$\bar{x}$——样本均值；

S——样本标准差；

k——与 a 有关的变换系数，见表 2—1。

二、有关参数的测量与计算

1. 常用人体有关测量参数

各种机械、设备、设施和工具等在适合于人的使用和实现本质安全方面，首先涉及的问题是如何适合于人的形态和功能范围的限度，相对应的人体参数主要是人体结构尺寸和功能尺寸。人体结构尺寸是指静态尺寸；人体功能尺寸是指动态尺寸，包括人在各种工作姿势下或在某种操作活动状态下测量的尺寸。

（1）我国成年人的人体结构尺寸（静态尺寸）。GB 10000—1988《中国成年人人体尺寸》是关于我国成年人人体尺寸的国家标准，于 1989 年 7 月开始实施。该标准为我国各种设备、工业产品、建筑室内、环境艺术、武器装备以及各种家具、

表 2—1　　百分比与变换系数

百分位 a（%）	变换系数 k	百分位 a（%）	变换系数 k
0.5	−2.567	70	0.524
1.0	−2.326	75	0.674
2.5	−1.960	80	0.842
5.0	−1.645	85	1.036
10.0	−1.282	90	1.282
15.0	−1.036	95	1.645
20.0	−0.842	97.5	1.960
25.0	−0.674	99.0	2.326
30.0	−0.524	99.5	2.576
50.0	0.000	—	—

工具用具的人机工程学设计提供了中国成年人人体尺寸的基础数据。

GB 10000—1988《中国成年人人体尺寸》提供了 7 类共 47 项人体尺寸基础数据，标准中所列出的数据是代表从事工业生产的法定中国成年人（男 18～60 岁，女 18～55 岁）的人体尺寸，并按男、女性别分开列表。在各类人体尺寸的数据列表中，除了给出工业生产中法定成年人年龄范围内的人体尺寸，同时还将该年龄范围分为 3 个年龄段：18～25 岁（男、女），26～35 岁（男、女），36～60 岁（男）和 36～55 岁（女），且分别给出这些年龄段的各项人体尺寸数值。限于篇幅，具体的人体尺寸从略，可参阅 GB 10000—1988《中国成年人人体尺寸》。

（2）我国成年人人体功能尺寸（动态尺度）。与安全有关的各种操作、空间、环境设计以及各种着装设计，不仅要考虑人体的静态结构和形体参数，而且还要保证使人的工作、活动时，有足够的活动度、活动空间和合理的活动方向。在正常、动态条件下所测得的人体各肢体的活动角度参数和活动幅度系数，称之为人体动态尺度。人体动态尺度是各种操作、空间、环境设计及各种着装设计的必要人体测量参数。

GB/T 13547—1992《工作空间人体尺寸》提供了我国成年人立、坐、跪、卧、爬等常取姿势功能尺寸数据，详见该标准中图 1 至图 3、表 1 至表 6。

2. 手、脚作业域测量

（1）手的作业域测量。手脚在一定空间范围内做各种操作，所形成的包括左右水平面和上下垂直面的空间区域，叫做作业域。作业域的边界是指人站立或坐姿时手脚所能达到的最大范围，实际中一般不取边界值，而是多取不超过界的较小的尺寸，如通常操作范围或正常操作范围。

1）水平作业域。水平作业域是人在台面前，在台面上左右运动手臂所形成的轨迹范围。手尽量外伸所形成的区域称为最大作业域。手自然放松运动所形成的区域称为通常作业区域。一般需要手频繁活动的操作，如键盘打字、精密维修作业等，应安排在该区域内，而从属于这些活动的器物、工具等则应安排在最大作业域内。手在水平面的正常作业域和最大作业域参见图 2—2。

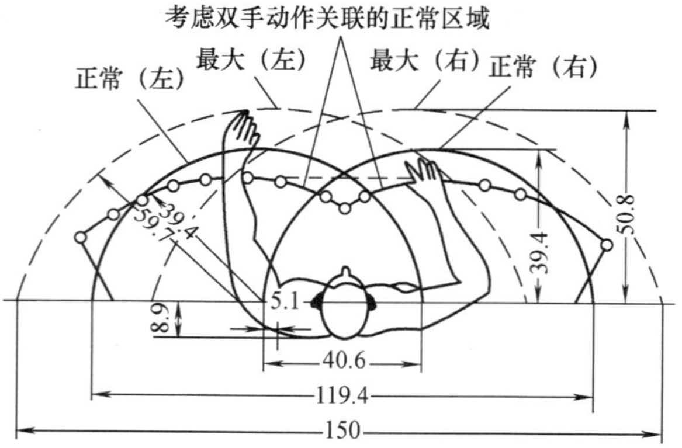

图 2—2　手在水平面的正常作业域和最大作业域（单位：cm）

2）垂直作业域。垂直作业域是指手臂伸直，以肩关节为轴作上下运动所形成的范围。以肩关节为圆心的直臂抓握半径：男子为 65 cm，女子为 58 cm。图 2—3 所示是第 5 百分位的人体坐姿垂直抓握（以手心为轨迹测量点）操作作业域。图 2—4 和图 2—5 所示分别是第 5 百分位的人体立姿单臂和立姿双臂垂直作业空间。图 2—6 所示是身高与摸高的关系。

（2）脚的测量。当足跟水平时踝关节的背屈、侧转等活动的角度，以及赤脚和穿鞋时脚掌、脚趾的长度、宽度、厚度的测量数据。这些数据是设计脚踏板或脚控器的长度、宽度和倾斜角的重要依据，如图 2—7 所示。

（3）脚作业空间。与手相比，脚的操作力较大，但精确度较差，且活动范围较小。一般脚的作业空间参数主要用于踏板类装置设计。正常的脚作业空间应位于身体前侧、座高以下的区域，其舒适的作业空间与身体尺寸和动作性质有关。图 2—8 所示为脚偏离身体中线左右各 15°范围的作业空间示意图，图中深影区为脚的灵

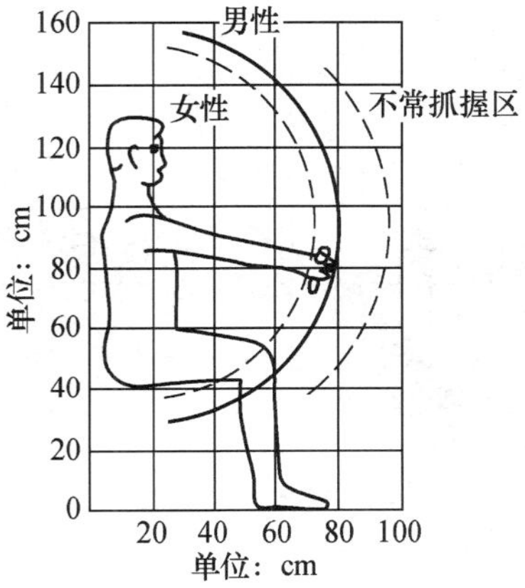

图 2—3　坐姿抓握作业域

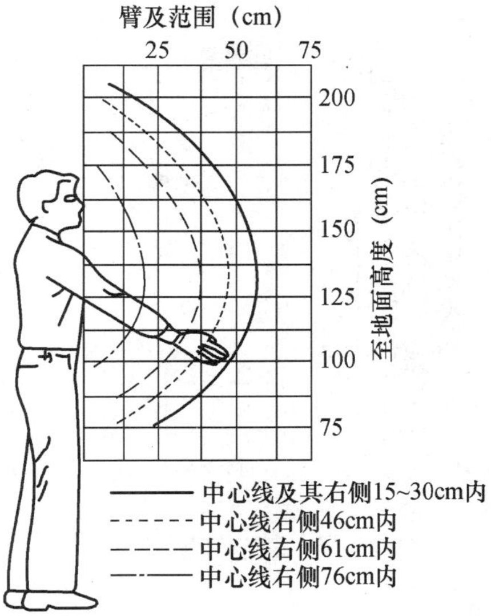

图 2—4　立姿单臂垂直作业域图

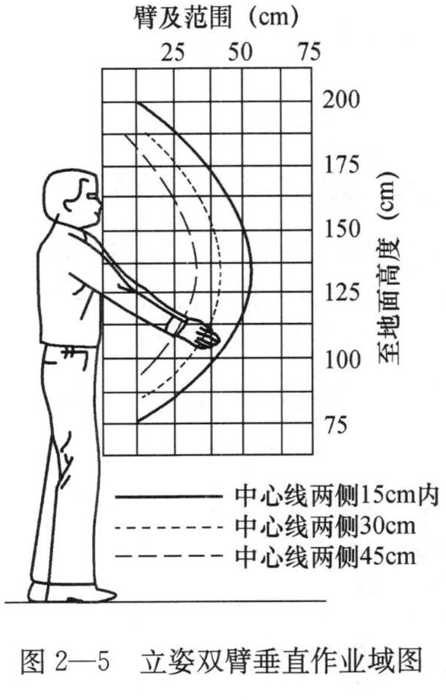

图 2—5　立姿双臂垂直作业域图

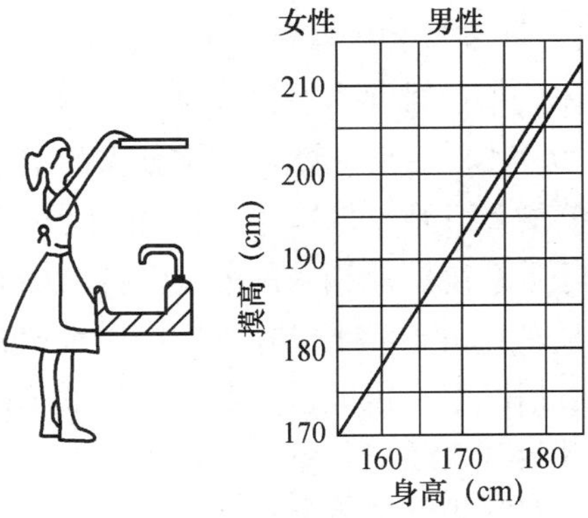

图 2—6　身高与摸高的关系

敏作业域，其余需要大、小腿有较大的动作，不适于布置常用的操作装置。

3. 人体生理学参数及测量

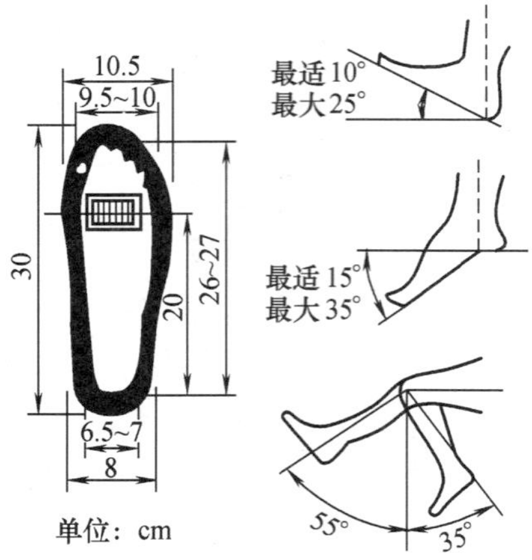

图 2—7　脚的测量

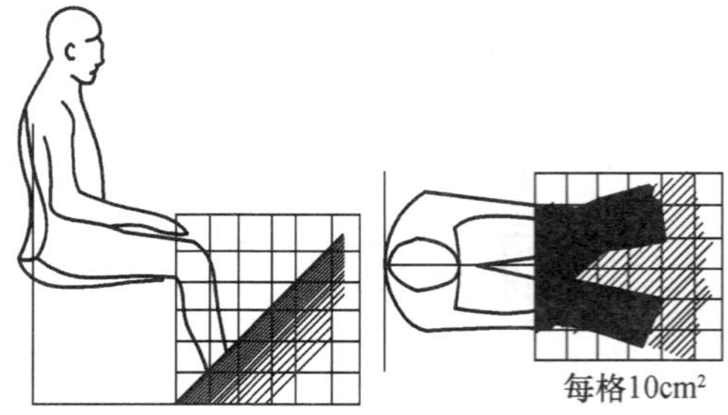

图 2—8　脚的作业区域

人在活动时，会产生一系列的生理变化，承受的负荷量不同，生理上的变化也不同，进而导致心率、耗氧量、肌电图、脑电图、频闪值等一系列生理指标值发生改变。通过测定人的有关生理学参数，即可科学地推断人从事某种活动或操作所承受的生理负荷，又可据此合理安排劳动定额、劳动节奏，从而提高工效和操作安全性。

(1) 最大耗氧量（V_{O_2max}）及氧债能力。

1) 耗氧量和摄氧量。人体为了维持生理活动，必须通过氧化能源物质获得能量。体内单位时间内所需要的氧气量叫需氧量。成年人安静时每分钟的需氧量为0.2～0.3 L。劳动时随着劳动强度的增大，需氧量也增多。供氧量能否满足人体活动需要的氧气量，取决于人体的循环、呼吸机能状态。单位时间内，人体通过循环、呼吸系统所能摄入的氧气量称为摄氧量。人体在单位时间内所消耗的氧气量称为耗氧量。由于氧不能在人体内大量储存，吸入的氧一般随即被人体消耗，因此，在一般情况下，摄氧量与耗氧量大致相等。人体在从事高度繁重体力劳动时，循环、呼吸（氧运输）系统的功能经 1～2 min 后达到人体极限摄氧能力，这时，人体单位时间内的摄氧量称为最大摄氧量。此时，人体单位时间内的最大耗氧量可作为允许最大体力消耗的标志，其影响因素主要有年龄、性别、海拔高度、体能训练、劳动强度、持续时间等。

最大耗氧量可用绝对数表示，单位是 L/min；也可用相对数表示，单位是 mL/（N・min）。如已知年龄，则最大摄氧量可按式（2—2）近似计算：

$$V_{O_2max} = 5.6592 - 0.0398A \quad (2—2)$$

式中　V_{O_2max}——最大摄氧量，mL/（N·min）；

A——年龄（岁）。

根据最大耗氧量，还可由式（2—3）计算出人在从事最大允许负荷劳动时的能量消耗率：

$$E_{max} = 354.3V_{O_2max} \quad (2—3)$$

式中　E_{max}——最大能量消耗率，W；

V_{O_2max}——最大耗氧量，L/min。

由式（2—2）计算出的最大摄氧量是人的单位体重每分钟耗氧量值，不能直接用于式（2—3）计算，为便于使用，可通过式（2—4）转换成绝对数表示的数据：

$$V_{O_2}(L/min) = V_{O_2}[mL/(N \cdot min)]W/100 \quad (2—4)$$

式中　V_{O_2}——摄氧量；

W——体重，N。

2）氧债与劳动负荷。劳动开始时，由于人体呼吸、循环机能跟不上需氧量，致使肌肉在缺氧的状态下活动，这种供氧量与需氧量的差值，称为氧债。

3）总需氧量及氧债能力。

①总需氧量。劳动及劳动结束后恢复期所需氧量之和称为总需氧量。总需氧量可按下式（2—5）计算：

$$V_{O_2z} = V_{O_2l} + V_{O_2h} - V_{O_2j}(t_l + t_h) \quad (2—5)$$

式中　V_{O_2z}——劳动时的总需氧量，mL/min；

V_{O_2l}——作业期摄氧量，mL/min；

V_{O_2h}——恢复期摄氧量，mL/min；

V_{O_2j}——安静时平均需氧量，一般为 250 mL/min；

t_l——作业时间，min；

t_h——恢复时间，min。

②氧债能力。超量负荷导致稳定状态的破坏，或劳动能力的衰竭。当心肺功能的惰性通过调节机理逐渐克服后，每分钟需氧量仍高于最大摄氧量，运动强度的持续，局限在氧债能力范围内的状态。据研究，体内要透支 1 L 氧，当以 7 g 乳酸作代价，直到氧债能力衰竭为止。氧债能力，一般人约为 10 L，训练有素的运动员可达 15～20 L。氧债能力衰竭，血液中的乳酸量会急剧增加，pH 值迅速减小，这对肌肉、心脏、肾脏以及神经中枢都很不利。

（2）最大心率（HR_{max}）。单位时间内心室跳动的次数称为心率（Heart Rate,

缩写为 HR)。在安静时，正常男子、女子的心率约为 75 次/min。但在工作中却不一致。青年人中，当以 50%的最大摄氧量工作时，男子心率一般比女子低，分别约为 130 次/min 和 140 次/min。当人达到最大负荷时心脏每分钟的跳动次数称为最大心率（HR_{max}）。最大心率几乎无性别差异，但二者随着年龄（A）的增加而下降，并可用式（2—6）近似计算：

$$HR_{max}=209.2-0.75A \qquad (2—6)$$

式中 HR_{max}——最大心率，次/min；

A——年龄，岁。

（3）搏出量与最大心脏输出。心脏每次搏动从左心室注入主动脉的血液量称为搏出量。而单位时间内（每分钟）从左心室射出的血液量 Q，叫做心脏输出量。由于最大摄氧量与最大心脏输出量具有内在联系，因此，可利用最大耗氧量求算最大心脏输出量，见式（2—7）：

$$Q_{max}=6.5+4.35V_{O_2max} \qquad (2—7)$$

式中 Q_{max}——最大心脏输出量，L/min；

V_{O_2max}——最大摄氧量，mL/（N·min）。

（4）肌电图。骨骼肌收缩时要消耗一定数量的氧，因此，若要测量全身肌肉收缩所消耗的能量，可通过测量耗氧量，然后计算出全身肌肉收缩所消耗的能量，但要想知道局部肌肉的负荷大小和收缩强度时，做肌肉图测试是一种最有效的方法。

大脑中枢运动区发出的运动命令，经传出神经纤维传递到效应器产生动作，传递过程中当神经冲动传到肌纤维结合部位的突触时，引起肌纤维细胞发生极化而收缩，收缩时产生生物电位——动作电位，这就是肌肉的放电现象。肌肉收缩时产生的动作电位可通过电极引导出来，再经放大、记录即可得到很有价值的波形图，即所谓肌电图（Electromyogram，EMG）。肌电图可反映人体局部肌肉的负荷情况，对客观、直接地判定肌肉的神经支配状况以及运动器官的机能状态具有重要意义。

人机工程学上，常用肌电图的电压幅值和收缩频率来进行评价。据研究，肌肉的放电频率一般为 5～10 次/s。放电频率的高低主要决定于运动单位兴奋活动的强弱。例如，肌肉从轻微收缩增加到最大收缩时，放电频率可从 5 次/s 增加到 50 次/s。另外，参加收缩的肌纤维越多动作电位就越高，也就是说，动作电位振幅（mV）的大小反映了参加收缩的肌纤维数量的多少。因此，通过肌电图测量肌电位，可以测定肌肉收缩的强度。

肌电图在安全人机工程学上的应用主要是作业设计、作业姿势、机械和工具设计的人性化、合理化和最优化研究。在工业座椅、家用沙发和床等尺度的研究中，肌电图是一个实用的评价指标。一个具有良好人机工程学设计的工业座椅能有效地减少人体不必要的能量消耗，提高工作效率；一个舒适的坐姿或者卧姿可使全身肌肉放松，这种放松程度，可通过测量肌电图来评价。

(5) 呼吸量的测定。人体的活动与正常平静状态相比，其机体新陈代谢率增高，氧气的消耗量与二氧化碳的呼出量也都随着活动量的增大而增多，于是呼吸频率由每分钟 12～18 次增加到每分钟 40～50 次，呼出量也由平静时的 500 mL 上升到 2 000 mL 以上，其通气量由平静时的 6～8 L 上升到 100 L 以上，增加近 20 倍。

(6) 脉搏数的测定。主要是测定与疲劳程度有关的刚结束作业的脉搏数、脉搏积［脉搏积＝脉搏数×(最高最低血压差)÷100］及回复到安静时脉搏数所用的时间。

(7) 发汗的测定。通常把汗腺分泌汗液的活动叫做发汗。发汗是一种机体散热维持恒定体温的有效途径，发汗量是在高温环境下进行劳动或重体力劳动下机体丧失水分程度的标志。人在安静状态下，当环境温度达到 28±1℃时便开始发汗。如果空气湿度高且穿衣较多时，气温达到 25℃时即可引起发汗。而当人们进行劳动或运动时，气温虽然在 20℃以下，也会发汗甚至发出较多的汗量。劳动或运动强度越大，发汗量增加越显著。若发出大量汗水可造成脱水，因此对发汗量及汗液化学成分等应进行测定，并采取相应的劳动保护措施，防止高温中暑，还应及时补充水分，以防脱水而诱发疾病。

(8) 血液成分变化的测定。一般采用生物化学的测定方法，测量内容主要是与疲劳关系密切的 pH 值、血糖量、血红蛋白量、乳酸含量等。

(9) 脑电图。脑电图（Electroencephalogram，EEG）也是人体生物体电现象之一。人无论是处于睡眠还是觉醒状态，都有来自大脑皮层的动作电位（脑电波）。人脑生物电现象是自发和有节律性的。在头部表皮上通过电极和高感度的低频放大器可测得这种生物电现象。利用脑电波的频率和幅值可评价人大脑的觉醒状态。日本学者桥本从大脑生理学角度把大脑意识状态划分为 5 个阶段，并建立了为错误发生的潜在危险性与 EEG 的联系，见表 2—2。

阶段 0：无意识，无反应能力（失去知觉，睡眠）。主要脑波是 δ 波。

阶段Ⅰ：过度疲劳、单调作业、饮酒等引起知觉能力的下降。主要脑波为 θ 波。

阶段Ⅱ：习惯上的作业，不需考虑，无预测能力和创造力。主要脑波为 α 波。

阶段Ⅲ：大脑清醒，注意力集中，富有主动性。主要脑波为 β 波。

表 2—2　　　　大脑意识状态与人因失误的潜在危险性

大脑意识阶段	主要脑波成分	意识状态	注意力	生理状态	事故潜在性
0	δ	失去知觉	0	睡眠	
Ⅰ	θ	发呆，发愣	不注意	疲劳，饮酒	+++
Ⅱ	α	正常，放松	心事	休息，习惯性作业	+～++
Ⅲ	β	正常，清醒	集中	积极活动状态	最小
Ⅳ	β及以上频率	过度紧张	集中于一点	过度兴奋	最大

阶段Ⅳ：过度紧张和兴奋，注意力集中一点，一旦有紧张情况大脑将马上进入活动停止状态，成为旧皮层优势状态。脑波状态是β和更快频率的脑波。

正常人安静闭眼时出现α波（8～13 Hz）；睁眼并且注意力集中时α波减少β波（14～25 Hz）增多。以前 25 Hz 以上叫γ波，现在几乎不用γ波。α波和α波以上频率的波统称为快波。人在打盹或睡眠中出现θ波（4～7 Hz）和δ波（0.5～3.5 Hz）。θ波和比θ波频率低的波统称为慢波。成人如果在觉醒时出现慢波则可诊断为大脑异常。

在人机工程学研究领域内，常利用脑电波研究环境与人的关系，如噪声、室温、床类用具尺度及质地等对睡眠深度的影响。在作业领域，它与事故的发生和防止有密切的关系。

4. 有关人机学参数计算

（1）用人体身高尺寸计算人体各部分尺寸。正常成年人人体各部分尺寸之间存在一定的比例关系，因而按正常人体结构关系，以站立平均身高为基数来推算各部分的结构尺寸是比较符合实际情况的。而且，人体的身高是随着生活水平、健康水平等条件的提高而有所增长，如以平均身高为基数的推算公式来计算各部分的结构尺寸，是能够适应人体结构尺寸的变化，而且应用也灵活方便。

根据 GB 10000—1988《中国成年人人体尺寸》的人体基础数据，可推导出我国成年人人体尺寸与身高 H 的比例关系，见图 2—9、图 2—10 和表 2—3。由于不同国家人体结构尺寸的比例有所不同，因而该图不适用于其他国家人体结构尺寸计算。又因间接计算结果与直接测量数据间有一定的误差，使用时应考虑计算值是否满足设计的要求。

（2）用人体体重计算人体体积和表面积。

1）人体体积计算（适用于体重在 50～100 kg 男子）见式（2—8）：

$$V = 1.015W - 4.937 \tag{2—8}$$

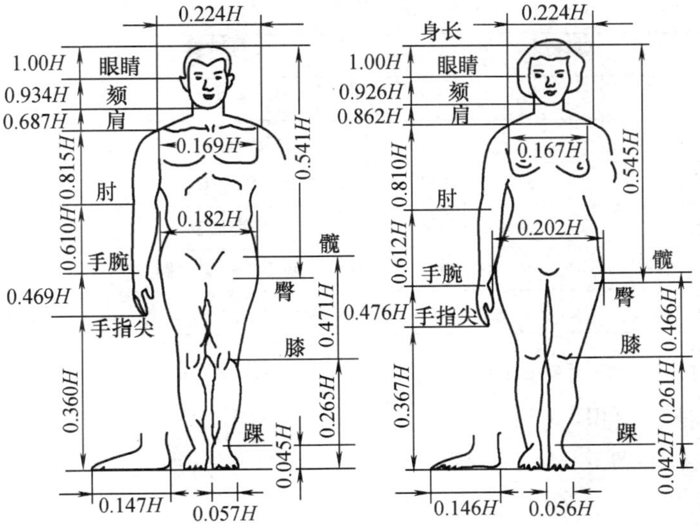

图 2—9　立姿静态尺寸图

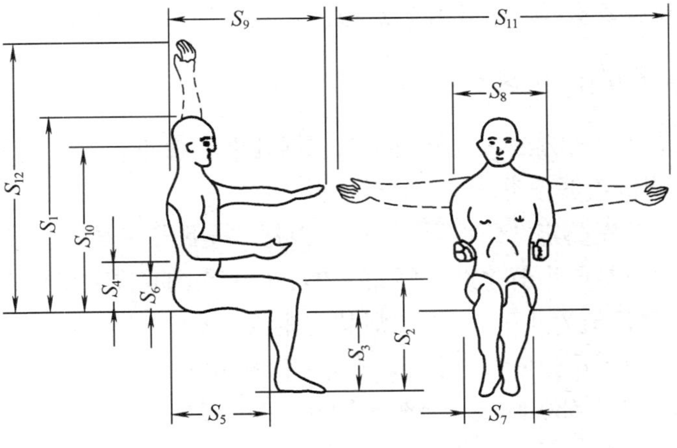

图 2—10　坐姿静态尺寸编号图

式中　V——人体体积，L；

W——人体体重，kg。

2）人体表面积计算，见式（2—9）～式（2—11）：

史蒂文森算法　　$S=0.0061H+0.0128W-0.1529$　　（2—9）

赖氏算法　　$S=0.0235H^{0.42246}W^{0.051456}$　　（2—10）

表 2—3　　坐姿静态尺寸与身高的关系

参数名称	计算公式	参数名称	计算公式
座高	$S_1=0.523H$	臀宽	$S_7=0.203H$
膝高	$S_2=0.311H$	肩宽	$S_8=0.229H$
坐姿臀高	$S_3=0.249H$	手前举水平距离	$S_9=0.462H$
肘关节至椅面高	$S_4=0.135H$	坐姿眼高	$S_{10}=0.454H$
臀部至小腿长	$S_5=0.280H$	两手平举直线距	$S_{11}=1.03H$
大腿厚	$S_6=0.086H$	座面至臂上举高度	$S_{12}=0.795H$

胡咏梅算法　　$S=0.0061H+0.0124W-0.0099$　　(2—11)

式中　S—人体表面积，m^2；

H—人体身高，cm；

W—人体体重，kg。

3）用身高、体重、表面积求算有关人机学参数

在知道了人的身高 H（cm）、体重 W（kg）和体积 V（L）以后，还可以体部指数原理进一步计算有关人机学参数近似值，具体参数和计算公式见表 2—4。

三、人体测量的数据处理

根据数理统计分析方法，人体测量的数据处理步骤如下：

1. 将人体测量数据分类分组

在分组前，首先要定“组距”，组距可根据“全距”来划定。所谓“全距”就是测量值中最大值与最小值之差。例如，在 200 个人的身高测量资料中，其最高值为 1 800 mm，最低值为 1 540 mm，则其全距为 1 800－1 540＝260（mm）。若组距定为 20 mm，则可分成 13 个组。依测量值由小而大顺序排列，即 1 540～1 560 mm、1 560～1 580 mm、1 580～1 600 mm、1 780～1 800 mm，随即将所有数据统计入各个组中，组距大小必须恰当，组距过大，分组便少，影响计算的准确性；组距过小，分组过多，则增加计算量。在人体测量中，青壮年的分组组距可参考下值：

身高——20 mm；胸围——20 mm；体重——2 kg；握力——3 kg；拉力——5 kg；椅高——5 mm；立姿眼高——15 mm。

2. 划出频数分布，作直方图与概率计算

将各测量值归入适当组内，“对号入座”，作出直方图。概率是指某一组的频数

表 2—4　　人体有关人机学参数计算公式

序号	名　称	序号	名　称
1	人体各部分长度（以人体身高 H 为基础）(cm)	4	人体各部分重心位置（指靠近身体中心关节的距离）(cm)
	手掌长　$L_1=0.109H$ 前臂长　$L_2=0.157H$ 上臂长　$L_3=0.172H$ 大腿长　$L_4=0.232H$ 小腿长　$L_5=0.247H$ 躯干长　$L_6=0.300H$		手掌重心位置　$O_1=0.506L_1$ 前臂重心位置　$O_2=0.430L_2$ 上臂重心位置　$O_3=0.436L_3$ 大腿重心位置　$O_4=0.433L_4$ 小腿重心位置　$O_5=0.433L_5$ 躯干重心位置　$O_6=0.660L_6$
2	人体各部分的旋转半径（指靠近身体中心关节的距离）(cm)	5	人体各部分的重量（以体重 W 为基础）(kg)
	手掌旋转半径　$R_1=0.587L_1$ 前臂旋转半径　$R_2=0.526L_2$ 上臂旋转半径　$R_3=0.542L_3$ 大腿旋转半径　$R_4=0.540L_4$ 小腿旋转半径　$R_5=0.528L_5$ 躯干旋转半径　$R_6=0.830L_6$		手掌重量　$W_1=0.006W$ 前臂重量　$W_2=0.018W$ 上臂重量　$W_3=0.035\ 7W$ 大腿重量　$W_4=0.094\ 6W$ 小腿重量　$W_5=0.042W$ 躯干重量　$W_6=0.580\ 4W$
3	人体各部分体积（以人体体积 V 为基础）(L)	6	人体各转动惯量（指绕关节转动的惯量）(kg·m²)
	手掌体积　$V_1=0.005\ 66V$ 前臂体积　$V_2=0.017\ 02V$ 上臂体积　$V_3=0.034\ 95V$ 大腿体积　$V_4=0.092\ 4V$ 小腿体积　$V_5=0.040\ 83V$ 躯干体积　$V_6=0.613\ 2V$		手掌转动惯量　$I_1=W_1\times R_1^2$ 前臂转动惯量　$I_2=W_2\times R_2^2$ 上臂转动惯量　$I_3=W_3\times R_3^2$ 大腿转动惯量　$I_4=W_4\times R_4^2$ 小腿转动惯量　$I_5=W_5\times R_5^2$ 躯干转动惯量　$I_6=W_6\times R_6^2$

除以总频数（组受测人数÷总受测人数）。概率高者，表示纳入的被测人数多；反之，则少。因此，设计时，应把概率高者作为依据，而把概率低者作为调整参数。这样就可以使产品在有限条件下得到广泛的适用范围。例如，手动控制器的设计，其最大高度应取决于第 5％身材的人直立时能够接触得到；而最低高度应该是第 95％身材的人的指节高度。

3. 确定假定平均数

假定平均数可选任一组中的上限加下限除以 2 而得，亦即此组的组中值。这是为了计算方便预先设定的平均数。从理论上讲，假定平均数选哪一组都可以，对测量指标均无影响，通常以选取与真实平均数相接近的一个组，较为简便。有时，亦选频数较多那一组的组中值作为平均数。

4. 计算离均差

所谓离均差就是各组与假定平均数的差数，计算公式见式（2—12）：

$$x=\frac{G_i-G_0}{b} \tag{2—12}$$

式中 x——离均差；

G_i——各组的组中值；

G_0——假定的组中值；

b——组距；

i——组号，$i=1$，2，3，…。

当计算时，假定平均数所在组的离均差为零，然后比较各组，较其小者为-1，-2，-3，…；较其大者为1，2，3，…即可。

5. 计算并列表

（1）平均数，见式（2—13）：

$$M=G_0+\frac{\sum fx}{N}\cdot b \tag{2—13}$$

（2）标准差，见式（2—14）：

$$\sigma=\sqrt{\frac{\sum fx^2}{N}-\left(\frac{\sum fx}{N}\right)^2}\cdot b \tag{2—14}$$

（3）标准误差，见式（2—15）：

$$S_{\bar{x}}=\frac{\sigma}{\sqrt{N}} \tag{2—15}$$

式中 M——平均数；

σ——标准差；

$S_{\bar{x}}$——标准误差；

N——总频数；

f——各组频数13组。

［例］已测得200名20岁男性拖拉机驾驶员的身高数值（最高值为1 795 mm，最低值为1 540 mm），其频数分布见表2—5，试计算其平均数、标准差、标准误差、5％值和95％值。

表 2—5　　200 名 20 岁男性驾驶员的身高测量指标计算表

组别	f	x	fx	fx^2
1 540～<1 560	4	−6	−24	144
1 560～<1 580	10	−5	−50	250
1 580～<1 600	15	−4	−60	240
1 600～<1 620	19	−3	−57	171
1 620～<1 640	20	−2	−40	80
1 640～<1 660	27	−1	−27	27
△1 660～<1 680	32	0	0	0
1 680～<1 700	28	1	28	28
1 700～<1 720	20	2	40	80
1 720～<1 740	15	3	45	135
1 740～<1 760	5	4	20	80
1 760～<1 780	3	5	15	75
1 780～<1 800	2	6	12	72
	$\sum f=200$		$\sum fx=-98$	$\sum fx^2=1\,382$

△为假定平均数所在组。

已知：$N=200$；最高值 1 795 mm；最低值 1 540 mm。

全距：1 795−1 540=255（mm）。

选定组距：$b=20$ mm。

计算组数：255÷20≈13（组）。

确定假定平均数：$G_0=$（1 660+1 680）÷2=1 670（mm）。

离均差和频数分布见表 2—5 所示。

$$M=G_0+\frac{\sum fx}{N}\cdot b=1\,670+\frac{-98}{200}\times 20=1\,660.2(\text{mm})$$

$$\sigma=\sqrt{\frac{\sum fx^2}{N}-\left(\frac{\sum fx}{N}\right)^2}\cdot b=\sqrt{\frac{1\,382}{200}-\left(\frac{-98}{200}\right)^2}\times 20$$

$$=\sqrt{6.67}\times 20=51.6(\text{mm})$$

$$S_{\bar{x}}=\frac{\sigma}{\sqrt{N}}=\frac{51.6}{\sqrt{200}}=\frac{51.6}{14.142}=3.65(\mathrm{mm})$$

图 2—11 所示为身高—频数分布直方图。

$$P_{v5}=1\ 660-51.6\times1.65=1\ 574.86(\mathrm{mm})$$

$$P_{v95}=1\ 660+51.6\times1.65=1\ 745.14(\mathrm{mm})$$

如图 2—12 所示，在设计拖拉机座椅尺寸时，应按 1 575 mm、1 660 mm、1 745 mm 三种身高尺寸变换椅位。

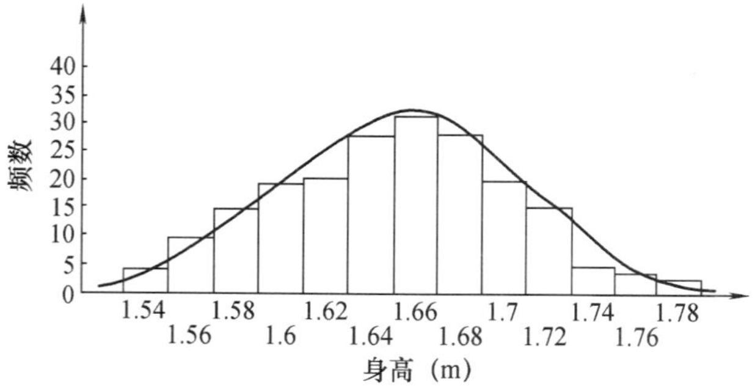

图 2—11

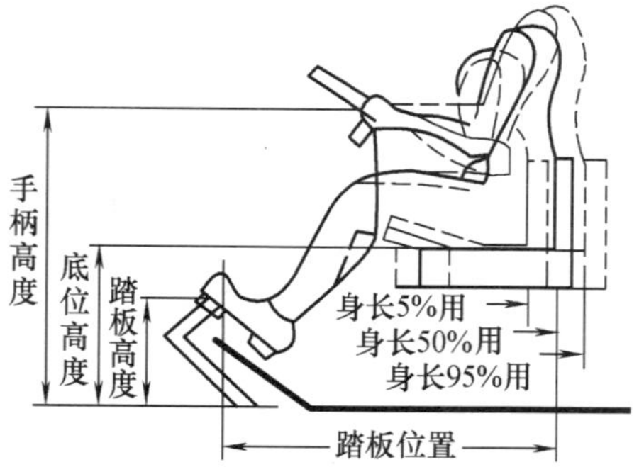

图 2—12

第二节 人体测量数据的应用

正确运用人体数据是设计合理与否的关键。否则，一旦数据被误解或使用不当，就可能导致严重的设计错误。另外，各种人体测量数据只是为设计提供了基础参数，不能代替严谨的设计分析。因此，当设计中涉及人体参数时，设计者必须熟悉数据测量定义、适用条件、百分位的选择等方面的知识，才能正确应用有关的数据。

一、人体测量数据的运用准则

在运用人体测量数据进行设计时，应遵循以下几个准则：

1. 最大最小准则

该准则要求根据具体设计的目的，选用最小或最大人体参数。例如，人体身高常用于通道和门的最小高度设计，为尽可能使所有人（99%以上）通过时不发生撞头事件，通道和门的最小高度设计应使用高百分位身高数据，而操作力设计则应按最小操纵力准则设计。

2. 可调性准则

对与健康安全关系密切或减轻作业疲劳的设计应按可调性准则设计，即在使用对象群体的5%～95%可调。例如，汽车座椅应在高度、靠背倾角、前后距离等尺度方向可调。

3. 平均准则

虽然平均这个概念在有关人使用的产品、用具设计中不太合理，但诸如门拉手高、锤子和刀的手柄等，常用平均值进行设计更合理。同理，对于肘部平放高度设计数而言，由于主要是能使手臂得到舒适的休息，故选用第50百分位数据是合理的，对于中国人而言，这个高度在14～27.9 cm之间。

4. 使用最新人体数据准则

所有国家的人体尺度都会随着年代、社会经济的变化而不同。由于食物结构的改变，体育活动的开展，卫生组织的普及，当代年轻人的身材比老一辈要高。有人对意大利人300年来的体质进行研究，发现身高基本上是呈线性增加的。我国华东地区人民的身高，在50年代平均为1 645 mm，至1980年测得上海籍大学新生平均身高到达1 705 mm。当然，这种身高的增长并非越来越快，调查数据说明，北美和欧洲各国，增高趋势已减缓。因此，应使用最新的人体数据进行设计。

5. 地域性准则

一个国家的人体参数与地理区域分布、民族等因素有关，设计时必须考虑实际服务的区域和民族分布等因素。

（1）地区因素。一个国家由于地区不同，人体数据也有差异。我国身材较高的地区为河北、山东、辽宁、山西、内蒙古、吉林和青海等省、自治区；中等身材的地区为长江三角洲、浙江、江苏、湖北、福建、陕西、甘肃和新疆等省、自治区；河南、黑龙江介于较高与中等身材的地区之间；较矮身材的地区为四川、云南、贵州和广西等省、自治区；江西、湖南、安徽和广东介于中等和较矮身材的地区之间。表 2—6 为不同地区人体各部分平均尺寸。

表 2—6　　　　我国各地区人体各部分平均尺寸　　　　单位：mm

部位	较高身材地区		中等身材地区		较低身材地区	
	男	女	男	女	男	女
身高①	1 690	1 580	1 670	1 560	1 630	1 530
肩宽	420	387	415	397	414	386
肩峰至头顶高	293	285	291	282	285	269
立姿眼高	1 573	1 474	1 547	1 443	1 521	1 420
正坐时眼高	1 203	1 140	1 181	1 110	1 144	1 078
胸廓前后径	200	200	201	203	205	220
肱长（长臂长）	308	291	310	293	307	289
前臂长	238	220	238	220	245	220
手长	196	184	192	178	190	178
肩峰高②	1 397	1 295	1 397	1 278	1 345	1 261
上肢展开长③	867	795	843	787	848	791
上身高	600	561	586	546	565	524
臂宽	307	307	309	319	311	320
立姿肘高	1 140	1 092	1 066	1 003	990	927
手指至地面高	633	612	616	590	606	575
上腿长	415	395	409	379	403	378
下腿长	397	373	392	369	391	363
脚高	68	63	68	67	67	65
坐高④	893	846	877	825	850	793
椅高	414	390	407	382	402	382
大腿水平长	450	435	445	425	443	422
肘关节至椅面高	243	240	239	230	220	216

注：①身高不包括头发高度和鞋的高度；②地面至肩的高度；③从垂直轴至手掌长度；④椅面至头顶高度；⑤此资料为 1965 年测量数据。

（2）性别因素。平均身高，男性比女性高 100 mm 左右。

（3）年龄因素。身高的增长，在 22 岁之前，呈上升趋势，30 岁以后，呈下降趋势。

（4）民族因素。每个民族都有自己的人体数据，不能套用其他民族的测量结果来设计本民族的机具。例如，美国按男子高身标准设计的飞机，对于联邦德国男子的适应范围降为 90％，对法国人降为 80％，对日本人降为 45％，对泰国人降为 25％。表 2—7 所示为不同民族的身高差。

表 2—7　　不同民族相对身高与坐高比①

国别	类别	男性	女性	国别	类别	男性	女性
美	民众	0.522	0.529	土耳其	军人	0.530	0.528
美	军人	0.525	0.528	保加利亚	民众	0.522	0.528
英	军人	0.526		挪威	民众	0.522	
法	民众	0.526		加拿大	军人	0.525	
德	军人	0.514		韩国	军人	0.528	
意	军人	0.526		希腊	军人	0.529	
日	军人	0.544		越南	军人	0.529	

注：①坐姿与立姿身高之比。

20 世纪 60 年代日本办公桌的高度参考了进口办公桌的尺寸，很不适应日本人使用，因此，1971 年，修订了办公桌的标准，根据日本人身高参数将桌高由 740 mm改为 700 mm（男性用）和 670 mm（女性用）两种，并相应地规定了坐椅的尺寸。表 2—7 给出了民族的相对身高与坐高比。从这些数字可知，不论是美国人、法国人或日本人，其身高与坐高比差异较小。这一点，对于设计汽车、火车、飞机的座位有重要意义。

6. 功能修正与最小心理空间相结合准则

有关国家标准公布的人体数据是在裸体或穿单薄内衣的条件下测得的，测量时不穿鞋。而设计中所涉及的人体尺度是在穿衣服、穿鞋甚至戴帽条件下的人体尺寸。因此，考虑有关人体尺寸时，必须给衣服、鞋、帽留下适当的余量，也就是应在人体尺寸上增加适当的着装修正量。所有这些修正量总计为功能修正量 Δf。于是，产品的最小功能尺寸可由式（2—16）确定：

$$S_{min} = S_a + \Delta f \tag{2—16}$$

式中　S_{min}——最小功能尺寸；

S_a——第 a 百分位人体尺寸数据；

Δf——功能修正量。

功能修正量随产品不同而异，通常为正值，但有时也可能为负值。通常用实验方法去求得功能修正量，但也可以通过统计数据获得。对于着装和穿鞋修正量可参照表 2—8 中的数据确定。对姿势修正量的常用数据是：立姿时的身高、眼高减 10 mm；坐姿时的坐高、眼高减 44 mm。考虑操作功能修正量时，应以上肢前展长为依据，而上肢前展长是后背至中指尖点的距离，因而对操作不同功能的控制器应作不同的修正。如对按钮开关可减 12 mm；对推滑板推钮、扳动扳钮开关则减 25 mm。

表 2—8　　　　正常人着装身材尺寸和穿鞋修正量值

项目	尺寸修正量（mm）	修正原因
站姿高	25～38	鞋高
坐姿高	3	裤厚
站姿眼高	36	鞋高
坐姿眼高	3	裤厚
肩宽	13	衣
胸宽	8	衣
胸厚	18	衣
腹厚	23	衣
立姿臀宽	13	衣
坐姿臂宽	13	
肩高	10	衣（包括坐高 3 及肩 7）
两肘间宽	20	
肩一肘	8	手臂弯曲时，肩肘部衣物压紧
臂一手	5	
大腿厚	13	
膝宽	8	
膝高	33	
臀一膝	5	
足宽	13～20	
足长	30～38	
足后跟	25～28	

另外，为了克服人们心理上产生的“空间压抑感”“高度恐惧感”等心理感受，或者为了满足人们“求美”“求奇”等心理需求，在产品最小功能尺寸附加一项增量，称为心理修正量 Δp。考虑了心理修正量的产品功能尺寸称为最佳功能尺寸：

$$S_{opm}=S_a+\Delta f+\Delta p \tag{2—17}$$

式中 S_{opm}——最佳功能尺寸；

S_a——第 a 百分位人体尺寸数据；

Δf——功能修正量；

Δp——心理修正量。

心理修正量可用实验方法求得，一般是通过被试者主观评价表的评分结果进行统计分析求得心理修正量。

［例］车船卧铺上下铺净间距设计时，中国男子坐高第 99 百分位数为979 mm，衣裤厚度（功能）修正量取 25 mm，人头顶无压迫感最小高度（心理修正量）为 115 mm，则卧铺上下铺最小净间距和最佳净间距分别为：

$$S_{min}=S_a+\Delta f=979+25=1\ 004(\text{mm})$$

$$S_{opm}=S_a+\Delta f+\Delta p=979+25+115=1\ 119(\text{mm})$$

7. 标准化准则

8. 姿势与身材相关联准则

劳动姿势与身材大小要综合考虑、不能分开。如坐姿或蹲姿的宽度设计要比立姿的大。

9. 合理选择百分位和适用度准则

设计目的用途不同选用的百分位和适用度也不同。常用设计和人体数据百分位选择归纳如下：

（1）间距类设计，一般取较高百分位数据，常取第 95 百分位的人体数据。

（2）净空高度类设计，一般取高百分位数据，常取第 99 百分位的人体数据以尽可能适应 100%的人。

（3）可及距离类设计，一般应使用低百分位数据。如涉及伸手够物、立姿侧向手握距离、坐姿垂直手握高度等设计皆属此类问题。

（4）座面高度类设计，一般取低百分位数据，常取第 5 百分位的人体数据，因为如果座面太高，大腿会受压使人感到不舒服。

（5）隔断类设计，如果设计目的是为了保证隔断后面人的秘密性，应使用第 95 或更高百分位数据；反之，如果是为了监视隔断后的情况，则应使用低百分位

（第 5 百分位或更低百分位）数据。

（6）公共场所工作台面高度类设计，如果没有特别的作业要求，一般以肘部高度数据为依据，百分位常取从女子第 5 百分位（88.9 cm）到男子第 95 百分位（111.8 cm）数据。

二、人体尺寸在工程设计中的应用

1. 人体尺寸应用的原则

上面已经介绍了人体测量尺度运用原则，下面再从工程设计应用角度作进一步介绍。

（1）满足度。满足度是产品设计尺寸满足特定使用者群体的百分率。也就是说从人体工程学角度看，你的设计适合多少人。

（2）产品尺寸设计任务的分类。

1）Ⅰ型产品尺寸设计（就是上面所说的可调准则）。尺寸在上限值和下限值之间可调，上下限百分位分别为 5％和 95％时，满足度为 90％。

2）Ⅱ型产品尺寸设计（最大最小准则）。为了使人体测量数据能被设计者有效地利用，从以上各节所介绍的大量人体测量数据中，精选出部分工业设计常用的数据，并将这些数据的定义、应用条件、选择依据等列于表 2—9。

表 2—9　人体尺寸百分位数选择

产品类型	产品类型定义	说明
Ⅰ型产品尺寸设计	需要两个百分位数作为尺寸上限值和下限值的依据	属双限值设计
Ⅱ型产品尺寸设计	只需要一个百分位数作为尺寸上限值或下限值的依据	属单限值设计
ⅡA 型产品尺寸设计	只需要一个人体尺寸百分位数作为尺寸上限值的依据	属大尺寸设计
ⅡB 型产品尺寸设计	只需要一个人体尺寸百分位数作为尺寸下限值的依据	属小尺寸设计
Ⅲ型产品尺寸设计	只需要第 50 百分位数作为产品尺寸设计的依据	平均尺寸设计

2. 人体尺寸的应用方法和程序

（1）确定所设计对象的类型和适应度。涉及人体尺寸的设计、确定设计对象的功能尺寸的主要依据是人体尺寸百分位数，而人体百分位数的选用又与设计对象的类型密切相关。因此，凡涉及人体尺寸的设计，首先应确定所设计的对象是属于哪一类型。在 GB/T 12985—1991《在产品设计中应用人体尺寸百分位数的通则》中，依据使用者人体尺寸的设计上限值（最大值）和下限值（最小值）对产品尺寸设计进行了分类，产品类型的名称及其定义见表 2—10。

表 2—10　　　　产品尺寸设计分类

设计类型	产品重要程度	百分位的选择	适应度
Ⅰ型	涉及人的安全、健康的一般用途	选用 x_{99} 和 x_1 为尺寸上、下限值的依据 选用 x_{99} 和 x_5 作为尺寸上、下限值的依据	98% 90%
ⅡA 型	涉及人的安全、健康的一般用途	选用 x_{99} 和 x_{95} 作为尺寸上限值的依据 选用 x_{90} 作为尺寸上限值的依据	99%或 95% 90%
ⅡB 型	涉及人的安全、健康的一般用途	选用 x_1 和 x_5 作为尺寸下限值的依据 选用 x_{10} 作为尺寸下限值的依据	99%或 95% 90%
Ⅲ型产品	一般用途	选用 x_{50} 作为产品尺寸设计的依据	通用
成年男、女通用产品	一般用途	选用男性的 x_{99}，x_{95} 或 x_{90} 为尺寸上限值依据 选用女性的 x_1、x_5 或 x_{10} 为尺寸下限值的依据	通用

(2) 选择人体尺寸百分位数。对表 2—9 中尺寸设计类型，又按产品的重要程度分为涉及人的安全、健康的产品和一般用途两个等级。在确认所设计的产品类型及其等级之后，选择人体尺寸百分位数的依据是适用度。人机工程学设计中的适用度，是指所设计产品在尺寸上能满足多少人使用，通常以适合使用的人数占使用者群体的百分比表示。产品尺寸设计的类型、等级、适用度与人体尺寸百分位数的关系见表 2—10 和人体数据运用准则。

表 2—10 中给出的适应度指标是通常选用的指标，特殊设计其适应度指标可另行确定。设计者总是希望所设计的产品能满足特定使用者总体中所有的人使用，尽管这在技术上是可行的，但在经济上往往是不合算的。因此，适应度的确定应根据所设计产品使用者总体的人体尺寸差异性、制造该类产品技术上的可行性和经济上的合理性等因素进行综合优化。

需要进一步说明的是，在设计时虽然确定了某一适应度指标，但用一种尺寸规格的产品却无法达到这一要求，在这种情况下，可考虑采用产品尺寸系列化和产品尺寸可调节性设计的方法解决。

3. 确定功能修正量和心理修正量

根据人体数据运用准则，凡涉及人体尺寸的设计，必须考虑到实际中人的可能姿势、动态操作、着装等需要的设计裕度，所有这些设计裕度总计为功能修正量 Δf。

功能修正量随产品不同而异，通常为正值，但有时也可能为负值。通常用实验方法去求得功能修正量，但也可以通过统计数据获得。

对于着装和穿鞋修正量可参照表 2—8 中的数据确定。

心理修正量 Δp 可用实验方法求得，与地域、民族习惯、文化修养等有关，一般可通过被试者主观评价表的评分结果进行统计分析求得。

4. 确定产品的功能尺寸

产品功能尺寸是指为确保实现产品某一功能而在设计时规定的产品尺寸。该尺寸通常是以设计界限值确定的人体尺寸为依据，再加上为确保产品某项功能实现所需的修正量。产品功能尺寸有最小功能尺寸和最佳功能尺寸两种。

产品的最小功能尺寸可由式（2—16）确定。

考虑了心理修正量的产品功能尺寸称为最佳功能尺寸。最佳功能尺寸由式（2—17）计算。

三、人体数据应用举例

例 1　设计适用于中国人使用的车船卧铺上下铺净空高度

车船卧铺上下铺净空高度属于一般用途设计。根据人体数据运用准则应选用中国男子坐高第 99 百分位数为基本参数 S_a，查 GB 10000—1988《中国成年人人体尺寸》知，$S_a=979$ mm。衣裤厚度（功能）修正量取 25 mm，人头顶无压迫感最小高度（心理修正量）为 115 mm，则卧铺上下铺最小净间距和最佳净间距分别为：

$$S_{\min} = S_a + \Delta f = 979 + 25 = 1\ 004(\text{mm})$$

$$S_{\text{opm}} = S_a + \Delta f + \Delta p = 979 + 25 + 115 = 1\ 119(\text{mm})$$

例 2　人体身高在设计中的应用

机器设备和用具是由人来操作和使用的。机器设备和用具必须适应人，这是人机工程设计的原则。人体尺度主要决定人—机系统的操作是否方便、省力和舒适。因此，各种工作台的高度和机器设备高度，如操纵台、仪表盘、操纵件的安装高度以及用具的放置高度等，都要根据人的身高确定。表 2—11 是设备和用具的高度与身高的关系。

表 2—11　　设备和用具的高度与身高的关系

序号	定　　义	设备高与身高之比
1	举手达到的高度	4/3
2	可随意取放东西的隔板高度（上限值）	7/6
3	倾斜地面的顶棚高度（最小值，地面倾斜度为 5°～15°）	8/7
4	楼梯顶棚高度（最小值，地面倾斜度为 20°～35°）	1/1

续表

序号	定　　义	设备高与身高之比
5	遮挡住立姿视线的隔板高度（下限值）	33/34
6	直立姿势眼高	11/12
7	抽屉高度（上限值）	10/11
8	使用方便的隔板高度（上限值）	6/7
9	斜坡大的楼梯的天棚高度（最小，倾斜度为 50°左右）	3/4
10	能发挥最大拉力的高度	3/5
11	人体重心高度	5/9
12	坐高（坐姿）	6/11
13	采取直立姿势时工作面的高度	6/11
14	灶台高度	10/19
15	洗脸盆高度	4/9
16	办公桌高度（不包括鞋）	7/17
17	垂直踏棍爬梯的空间尺寸（最小值，倾斜 80°～90°）	2/5
18	手提物的长度（最大值）	3/8
19	使用方便的隔板高度（下限值）	3/8
20	桌下空间（高度的最小值）	1/3
21	工作椅的高度	3/13
22	轻度工作的工作椅高度（不包括鞋）	3/14
23	小憩用椅子高度（不包括鞋）	1/6
24	桌椅高差	3/17
25	休息用的椅子高度（不包括鞋）	1/6
26	椅子扶手高度	2/13
27	工作用椅子的椅面至靠背点的距离	3/20

例 3　作业椅与工作台的设计

作业椅与工作台的设计，决定于人体测量数据。合理的作业椅和工作台，应该是：坐着舒适；操作方便；结构稳固；有利于减轻生理疲劳。

1. 作业椅（Working Chair）设计

根据人机工程学的观点，坐着工作是较合理的，这是因为立姿工作，肌肉所承担的负荷要比坐姿大 1.6 倍。表 2—12 给出了坐姿与立姿工作时心血管系统的指标。

表 2—12　　坐姿与立姿工作时心血管系统指标

指　　标	立姿工作	坐姿工作
心脏的输出量（L/min）	5.1	6.4
心脏跳动一次的输出量（mL/次）	54.5	78.3
平均动脉压力（kPa）	14.23	11.69
心跳次数（次/min）	97.2	84.9

座椅设计的依据，主要是人体静态测量数据，但对动态项目也要进行考虑，如衣着的增量，操作时身体的位移量等。

（1）座面宽。座面的宽度应稍大于臀宽，以便操作者灵活地改变姿势。最小的椅面宽度是 400 mm，再加上冬季衣服的厚度和口袋中装的东西，大约要加大 50 mm左右，合计 450 mm。若要照顾到肥胖和纤瘦的工人都适用，则需加大到 530 mm。如果设置靠手，还要加上靠手的尺寸。大多数作业椅，靠手是不需要的，因为靠手往往影响手臂的运动。若手臂需要支撑，可以支撑于工作台上。

（2）座面深。座面的深度应能保证臀部得到全面的支持，其深度可取臀部至大腿全长的 3/4，即 357～450 mm 之间。坐椅太深，不利于靠背，而且小腿背侧被座椅前缘压迫而致膝部无法弯曲。座椅太浅，会造成大腿支撑不足，身体重量都压在坐骨结节上，时间长了会产生不适感。

（3）斜倾度。座面应有一定的斜倾度，一般做成仰角 3°～8°（工作椅 3°～5°，安乐椅 8°），以免人体向前滑下。

（4）座面形状。老式的椅子面曾雕出臀部凹形，在两腿之间略有隆起，目的是欲使坐者更舒适些。但实践证明，人的臀部大小和大腿粗细，个体差异很大，这种座面凹凸形反而不合适。其一，它妨碍臀部在座面上自由移动；其二，这种座面使人体重量压在整个臀部，与解剖生理学提出的由坐骨结节承重的结论相违背，不利于血液流通。因此，座面还是以无凹凸形者为宜，但座面上可加一软垫，以增加接触表面，减小压力分布的不均匀性。座垫以纤维性材质为好，既通气又可减少下滑，不宜采用塑料材质。

（5）座面高度。座面的高度是一个重要的参数，应根据工作高度确定座面高度，单纯考虑小腿长度是不全面的。决定座面高度最重要的因素是使人的肘部与工作面之间有个合理的高度差。实验证明，这个高度差较合适的距离是 275±25 mm。当上半身处于良好位置后，再考虑到下肢，舒适的坐姿是大腿近乎水平以及脚底被地面所支持。一般椅面至脚掌的距离为腓骨的高度，即 430～450 mm。

如果脚掌接触不到地面，应加适当高度的踏板。座面过高，双腿悬空，压缩腿部肌肉，造成下肢麻木；座面过低，会导致膝部伸直，妨碍大腿活动，又易于疲劳。一把良好的座椅，座面高度应可按身高调节。科室工作的椅面高度，要保证人在写、读时眼睛与对象物的距离不小于 300 mm。

（6）靠背设计。靠背有两种，一种叫“全靠”，它可以支持人的整个背部，高约 457～508 mm（以座面为 0 点）；另一种叫“半靠”，仅支撑腰部。全靠上部支撑在第 5～6 节胸椎处，下部支撑在 4～5 节腰椎处，有两个明显的支撑面。半靠只有腰椎一个支撑面。靠背的倾斜度与椅面成 115°夹角；宽度与椅面宽度相称。休息时，肩靠起主要作用；操作时，腰靠起主要作用。表 2—13 为座椅设计参数。

表 2—13　　座椅设计参数

名称	汽车乘客座*	客机乘客座	轿车驾驶座	客车驾驶座
座高（cm）	48～45～44	38.1	30～35	40～47
座宽（cm）	45～48～53	50.8	48～52	48～52
座深（cm）	42～45	43.2	40～42	40～42
靠背高（cm）	53～56	96.5	45～50	45～50
扶手高（cm）	23～24	20.3	—	—
座面与靠背夹角	105°～110°～115°	115°	100°	96°
座面斜倾角	6°～7°	7°	12°	9°

*：有三个数字，分别为适合短途、中途、长途汽车的座椅。

当座椅前后排列时，座间距应使后座的人能自由进出并伸直腿，至少81.3 cm，最佳 91.4～101.6 cm。座位前后错开，保证后座者有 27 mm 以上的视角宽度。剧场座椅应使后排逐渐升高，当舞台高度不超过 1.11 m 时，其坡度应使前后座每排升高 127～428 mm。

2. 工作台（Working Table）设计

（1）工作台分类。工作台含义很广，凡是工作时用来支撑对象物和手臂、放置物料的桌台，统称为工作台。其形式有桌式、面板式、直框式、弯折式等几种，其中弯折式又可分为弧形、“Π”形和其他形式。办公桌、课桌、木工桌、检验桌、钳工台、打字台多采用桌式；控制台可用框式或面板式；商店的柜台则采用框式。

（2）工作台的尺寸。工作台的尺寸与作业姿势有关，立姿作业时，身体向前或向后倾斜以不超过 10°～15°为宜，工作台高度为操作者身高的 60%，或台面低于肘高 50～100 mm。

1）立姿工作台。一般工作台高度，男子为780～930 mm；女子低50 mm。精密工作台高度为900～1 100 mm；轻工作台高度为850～950 mm；重工作台高度为700～850 mm。工作台的柱脚距侧端150 mm，以方便脚的动作。控制台的高度平均为900 mm，可设置15°～40°的倾斜度。

2）坐姿工作台。根据工作性质确定其高度：

一般作业：670～700 mm。

超精密装配、加工作业：920～960 mm。

书写作业：660～730 mm。

粗作业（包括包装等）：610～650 mm。

不能升降的办公桌：男子为700～720 mm，女子为680～700 mm。

可升降的办公桌：680～800 mm。

凡是坐姿作业，应有容膝空间，高度为600～650 mm，宽度可稍大于椅宽。

坐姿控制台的倾角：控制器板面倾角30°～50°，显示器板面倾角0°～20°。

3. 其他用具设计

（1）踏脚板。坐椅、工作台、踏脚板组成一个系统，应统一考虑，互补不足，组成最佳系统，坐姿尺寸应与坐椅尺寸相协调。立姿尺寸应与控制显示器相协调。脚踏板的基础部分以木质为佳，表面可加防滑、导热性小的柔软物质。

（2）餐桌。长方桌，每人须占610 mm宽度；四人共餐用长方形桌，面积为736 mm×1 370 mm。圆桌，每增加1人，直径增加150 mm。

（3）床。应使95%的人适用，由于人种、年龄和生活方式不同，通常采用系列规格，如床长：1.83 m、1.9 m、1.98 m。床宽：0.68 m、0.76 m、0.9 m、1.07 m、1.22 m、1.37 m等。

（4）楼梯。楼梯坡度一般为20°～50°，最佳取30°～35°，梯级高度一般为127～203 mm，最佳为165～178 mm，梯级深度为241～279 mm。为了上下同时走两人，梯面宽应为1 280～1 300 mm。扶手高度应与肘高度相接近，可取813 mm，扶手直径以手掌能抓住为宜，可取50～70 mm。

本章小结

本章是全书最基本的内容之一，是学习安全人机工程学的重要基础部分。本章通过介绍人体测量的基本知识，如人体测量的基本术语及人体尺寸测量仪器，以及我国成年人的人体结构尺寸和人体功能尺寸等，着重讲述了有关人体参数的测量，如人体测量数据的处理，手、脚作业域测量，有关人机学参数的计算等，尤其是重点强调并举例说明了人体测量数据的运用准则以及在工程设计中的应用等。以期通过对基本概念、方法的介绍，使学生掌握人体的人机学参数在生产实际中的应用，提高学生的工程实际应用能力。

复习思考题

1. 为什么说人体测量参数是一切设计的基础?
2. 人体测量数据如何处理?
3. 使用人体数据的原则是什么?
4. 手、脚作业域如何确定?
5. 人体测量数据的运用准则有哪些?
6. 作业椅与工作台设计如何确定合适?
7. 结合实际举例说明人体数据在工程中的应用?

第三章　人的生理心理因素及生物力学特性

本章学习目标

1. 掌握人体的视觉特性、听觉特性、人的反应时间、个性心理特征及其与安全的关系；掌握影响人的信息处理能力的因素；掌握人体各部分的操纵力特征。

2. 理解作业中人体活动速度与准确性的影响因素；理解影响人体作用力的因素；理解疲劳的改善与恢复。

3. 了解人的嗅觉、味觉和肤觉特性；了解感知时间、颜色和噪声对人的心理作用；了解人体活动和脑力劳动时机体的调节与适应；了解疲劳的测定方法。

安全科学的三要素理论认为，人们在日常生活、生产和社会生活中，与安全直接或间接发生关联的人、物以及人与物的相互关系构成了安全的 3 大要素。在保障效率的前提下，为达到安全的目的，人和物之间具有怎样的关系和物应具有怎样的特性才能满足人的特性的要求，是安全人机工程学研究的内容。因此，对人的特性的研究是安全人机工程学的基本内容，也是人机学的设计依据。

第一节　人的生理因素与安全

在人与机及环境构成的人机系统中，人与机的沟通主要是通过感觉系统、神经系统和运动系统。机的运行状况由显示器显示，经人的眼、耳等感觉器官感知，经过神经系统的分析、加工和处理，将结果由人的手、脚等运动器官传递给机器的控制部件，使机在新的状态下继续工作。机的工作状态再次被显示器显示，再由人的感觉器官感知，如此循环直至中间任何环节中断而停止。人和机的沟通受外界环境的影响。在人机系统中人与机器及环境相互影响，协调完成系统功能。显示器、控制器和环境的特征应符合人的生理特性和心理特性，才能建立高效、安全、舒适的人机系统。

一、人的感知特性

1. 人的感觉

感觉是人脑对直接作用于感觉器官（眼、耳、鼻、舌、身）的客观事物的个别属性的反映。比如人们从自身周围的客观世界中看到颜色、听到声音、嗅到气味、尝到味道、触之软硬等都是感觉。

知觉是人脑对直接作用于感觉器官的客观事物的整体反映。例如，对于西瓜大家并不是孤立地感觉到它的各种个别属性，如颜色、大小、光滑程度、形状等，而是在此基础上结合自己过去的有关知识和经验，将各种属性综合成为一个有机的整体——西瓜，从而在头脑中反映出来，这就是知觉。

感觉和知觉是由于客观事物直接刺激人的各种感觉器官的神经末梢，由传入神经传到脑的相应部位而产生的，感觉有视觉、听觉、嗅觉、触觉（包括触觉、温度觉、痛觉）、味觉、运动觉、平衡觉、空间知觉以及时间知觉等。感觉是获取知识的源泉，是人们认识世界获得信息的门户，也是各种复杂的高级心理过程（如记忆、思维、想象、情感）的基础。

感受器是指分布在体表或各种组织内部的能够感受机体内外变化的一种组织或器官。感觉器官是机体内的感受器，如视觉器官、听觉器官、前庭器官等。传统上把与眼、耳、鼻、舌、肤、平衡有关的器官称为感觉器官。

肌体生活在不断变化的外部的条件中，受到各种外界因素的作用，其中能被肌体感受的外界变化叫做刺激。每种感受器官都有其对刺激的最敏感的能量形式，这种刺激称为该感受器的适宜刺激。当适宜刺激作用于该感受器，只需很小的刺激能量就能引起感受器兴奋。对于非适宜刺激则需要较大的刺激能量。人体主要感觉器官的适宜刺激及感觉反应见表 3—1。

刺激包括刺激的强度、作用时间和强度—时间变化率 3 个要素，将这 3 个要素作大小不同组合可以得到不同的刺激。能引起感觉的一次刺激必须达到一定强度，能被感觉器官感受的刺激强度范围称为感觉阈。刚能引起感觉的最小刺激量称为感觉阈下限，能产生正常感觉的最大刺激量，称为感觉阈上限。刺激强度不能超过刺激阈上限，否则，感觉器官将受到损伤。人体主要感觉阈值见表 3—2。

对感觉器官持续刺激，假若刺激强度固定，则作用时间的长短将决定该刺激是否能引起反应，时间过短不能引起反应；时间过长，反应会逐渐减小，以至消失。

表 3—1 适宜刺激及感觉反应

感觉种类	感觉器官	适宜刺激	识别特征	作用
视觉	眼	光	形状、大小、位置、远近、色彩、明暗、运动方向等	鉴别
听觉	耳	声	声音的高低、强弱、方向和远近	报警、联络
嗅觉	鼻	挥发和飞散的物质	辣气、香气、臭气等	报警、鉴别
味觉	舌	被唾液溶解的物质	甜、酸、苦、辣、咸等	鉴别
皮肤感觉	皮肤及皮下组织	物理或化学物质对皮肤的作用	触觉、痛觉、温度觉、压觉	报警
深部感觉	肌体神经及关节	物质对肌体的作用	撞击、重力、姿势等	
平衡感觉	前庭器官	运动和位置变化	旋转运动、直线运动和摆动等	调整

表 3—2 人体主要感觉阈值

感觉	感觉阈	
	下限	上限
视觉	(2.2～5.7) $\times 10^{-17}$ J	(2.2—5.7) $\times 10^{-8}$ J
听觉	1×10^{-12} J/m^2	1×10^{2} J/m^2
嗅觉	2×10^{-7} kg/m^3	
味觉	4×10^{-7}（硫酸试剂摩尔浓度）	
触觉	2.6×10^{-9} J	
温度觉	6.28×10^{-9} kg·J/（m^2·s）	9.13×10^{-6} kg·J/（m^2·s）
振动觉	振幅 2.5×10^{-4} mm	

这一特性称为感觉适应性。

一种性质的刺激单纯有足够的强度和作用时间，还不能成为有效刺激，还必须具备适宜的强度时间变化率。强度时间变化率是指作用到人体组织的刺激需多长时间其强度由零达到阈值而成为有效刺激。变化速度过慢或过快都不能成为有效刺激。

在一定条件下感觉器官对其适宜刺激的感受能力受到其他刺激干扰而降低，这一特性称为感觉的相互作用。如同时输入两个视觉信息，人们往往只倾向于注意其中一种而忽视另一种。当听觉与视觉信息同时输入，听觉信息对视觉信息的干扰较大，而视觉信息对听觉信息干扰相对较小。

2. 人的视觉特性

人能够产生视觉是由三个要素决定的，即视觉对象、可见光和视觉器官。可见光的波长范围在（380～780）$\times 10^{-9}$ m。小于 380×10^{-9} m 为紫外线，大于 780×10^{-9} m 为红外线，均不引起视觉。除满足波长要求外，要引起人的视觉，可见光还要具有一定的强度。在安全人机工程设计中经常涉及的人的视觉功能和特征有以下方面。

（1）空间辨别。视觉的基本功能是辨别外界物体。根据视觉的工作特点，可以把视觉能力分为察觉和分辨。察觉是看出对象的存在；分辨是区分对象的细节，分辨能力也叫视敏度。二者要求不同的视觉能力。

察觉不要求区分对象各部分的细节，只要求发现对象的存在。在暗背景上察觉明亮的物体主要决定于物体的亮度，而不完全决定于物体的大小。黑暗中的发光物体，只要有几个光量子射到视网膜上就可以被察觉出来。因此物体再小，只要他有足够的亮度就能被看见。因此为了察觉物体，物体与背景的亮度差大时，刺激物的面积可以小些，刺激物的面积大时，它与背景的亮度差就可以小些，二者成反比关系。

视角是确定被观察物尺寸范围的两端光线射入眼球的相交角度（见图 3—1），视角的大小与观察距离与被观测物体上两端点直线距离有关，可以用式（3—1）表示。

$$\alpha = 2\arctan\frac{D}{2L} \tag{3—1}$$

式中　α——视角，用（′）表示，即（1/60）°；

D——被观测物体上两端点直线距离，m；

L——眼睛到被看物体的距离，m。

视敏度是能够辨出视野中空间距离非常小的两个物体的能力。当能够将两个相

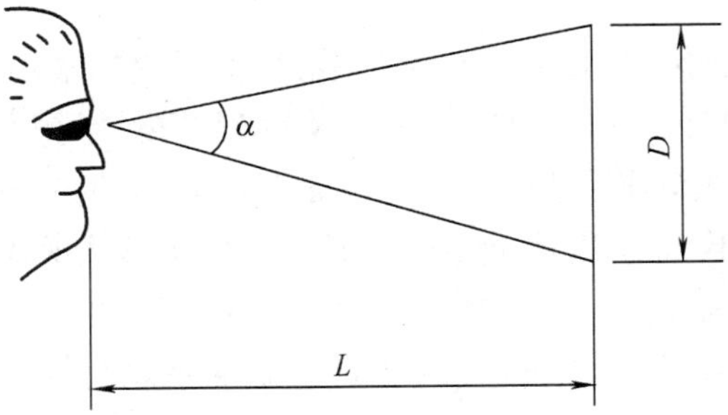

图 3—1　视角

距很近的刺激物区分开来时，两个刺激物之间有一个最小的距离，这个距离所形成的视角就是这两个刺激物的最小区分阈限，又称为临界视角，它的倒数就是视敏度。在医学上把视敏度叫做视力。视力单位为 1/′。

视力 = 1/ 能够分辨的最小物体的视角(1/′)　　(3—2)

检查视力就是测量视觉的分辨能力。一般将视力为 1.0 称为标准视力。在理想的条件下，大部分人的视力要超出 1.0，有的还可以达到 2.0。

(2) 视野与视距。视野是指当头部和眼球固定不动时所能看到的正前方空间范围，或称静视野，常以角度表示。眼球自由转动时能看到的空间范围称为动视野。视野通常用视野计测量，正常人的视野见图 3—2。

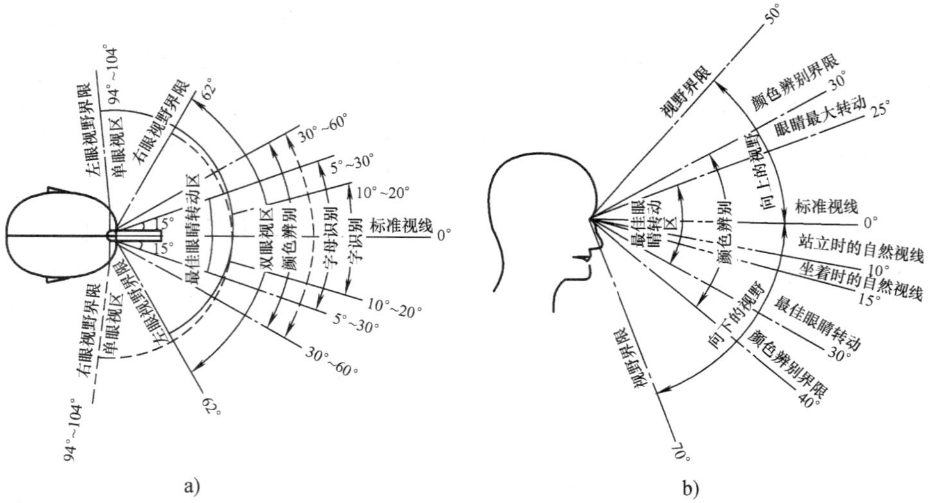

图 3—2　人的水平视野和垂直视野

a) 水平视野　b) 垂直视野

在水平面内的视野，双眼视区大约在左右 60°以内的范围，单眼视野界限为标准视线每侧 94°～104°。人的最敏感的视力是在标准视线每侧 1°的范围内，在垂直平面内，最大视区为标准视线以上 50°和标准视线以下 70°。颜色辨别界线为视平线以上 30°，视平线以下 40°。实际上人的自然视线低于标准视线，在一般状态下，站立时自然视线低于水平线 10°，坐着时低于水平线 15°。在很松弛的状态中，站着和坐着的自然视线偏离标准线分别为 30°和 38°。观看展示物的最佳视线在低于标准视线 30°的区域里。

在同一光照条件下，用不同颜色的光测得的视野范围不同。白色视野最大，黄、蓝色次之，再其次为红色，绿色视野最小。这表明不同颜色的光波被不同的感光细胞所感受，而且对不同颜色敏感的感光细胞在视网膜的分布范围不同。人对不同颜色的视野见图 3—3。

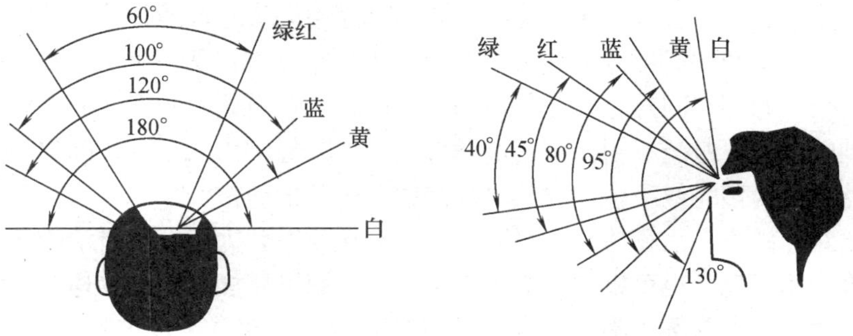

图 3—3　人对不同颜色的视野

视距是指人在操作系统中正常的观察距离。一般操作的视距范围为 38～76 cm，在 58 cm 处最为适宜。视距过远或过近都会影响认读的速度和准确性，而且观察距离与工作的精确程度密切相关。因而应根据具体任务的要求来选择最佳的视距。推荐使用的几种工作的视距见表 3—3。

表 3—3　　　　几种工作视距的推荐值

任务要求	举例	视距离（cm）	固定视野直径（cm）	备注
最精细的工作	安装最小部件（表、电子元件）	12～25	20～40	完全坐着，部分地依靠视觉辅助手段
精细工作	安装收音机、电视机	25～35（多为 30～32）	40～60	坐着或站着
中等粗活	印刷机、钻井机、机床旁工作	50 以下	至 80	坐着或站着
粗活	包装、粗磨	50～150	30～250	多为站着
远看	黑板、开汽车	150 以上	250 以上	坐着或站着

（3）暗适应和亮适应。当我们在光亮处停留一段时间，再进入暗室时，开始视觉感受性很低，然后才逐渐提高，经过 5～7 min 才逐渐看清物体，大约经过 30 min 眼睛才能基本适应，完全适应大约需要 1 h。这种在黑暗中视觉感受性逐渐提高的过程叫暗适应。当人从黑处到光亮处，也有一个对光适应的过程，称为亮适

应。亮适应在最初的 30 s 内进行很快，大约 1～2 min 就能基本上完成。

视觉虽然具有亮暗适应特征，但如果亮暗的频繁变化，需要眼睛频繁调节，就不能很快适应，这样不仅增加了眼睛的疲劳而且会造成观察和判断失误，从而导致事故的发生。因此，要求工作面的亮度均匀，避免阴影；环境和信号的明暗差距变化平缓；工厂车间的局部照明和普通照明不要相差悬殊；从一个车间到另一个车间要经历一个车间到车间外空旷地带由暗变亮的过程，再到另一个车间即由车间外之较亮处到较暗处，眼睛有由亮到暗的适应期。如果经常出入于两车间的工人应配给墨镜，特别是太阳光线很强的时候更要加强对眼睛的防护。

（4）对比感度。当物体与背景有一定的对比度时，人眼才能看清物体形状。这种对比可以用颜色，也可以用光的亮度呈现。人眼刚刚能辨别到物体时，背景与物体之间的最小亮度差称为临界亮度差。临界亮度差与背景亮度之比称为临界对比。临界对比的倒数称为对比感度。

对比感度与照度、物体尺寸、视距和眼的适应情况等因素有关。在理想情况下视力好的人，其临界对比约为 0.01，也就是其对比感度达到 100。

（5）视错觉。视错觉是人观察外界物体形象和图形所得的印象与实际形状和图形不一致的现象，是视觉的正常现象。人们观察物体和图形时，由于物体或图形受到形、光、色干扰，加上人的生理、心理原因，会产生与实际不符的判断性视觉错误。常见的几种视觉错误见图 3—4。

（6）视觉运动规律。

1）眼睛沿水平方向运动比沿垂直方向运动快而且不易疲劳；一般先看到水平方向的物体，后看到垂直方向的物体。

2）视线的变化习惯从左到右，从上到下和顺时针方向运动。

3）人眼对水平方向尺寸和比例的估计比对垂直方向尺寸和比例的估计要准确得多。

4）当眼睛偏离视中心时，在偏移距离相等的情况下，人眼对左上限的观察最优，依次为右上限、左下限，右下限最差。

5）两眼的运动总是协调的、同步的，在正常情况下不可能一只眼睛转动而另一只眼睛不动。在操作中一般不需要一只眼睛视物，而另一只眼睛不视物。

6）人眼对直线轮廓比对曲线轮廓更易于接受。

7）颜色对比与人眼辨色能力有一定关系。当人们从远处辨认前方的多种不同颜色时，其易于辨认的顺序是红、绿、黄、白。当两种颜色相配在一起时，易于辨认的顺序是：黄底黑字，黑底白字，蓝底白字，白底黑字等。

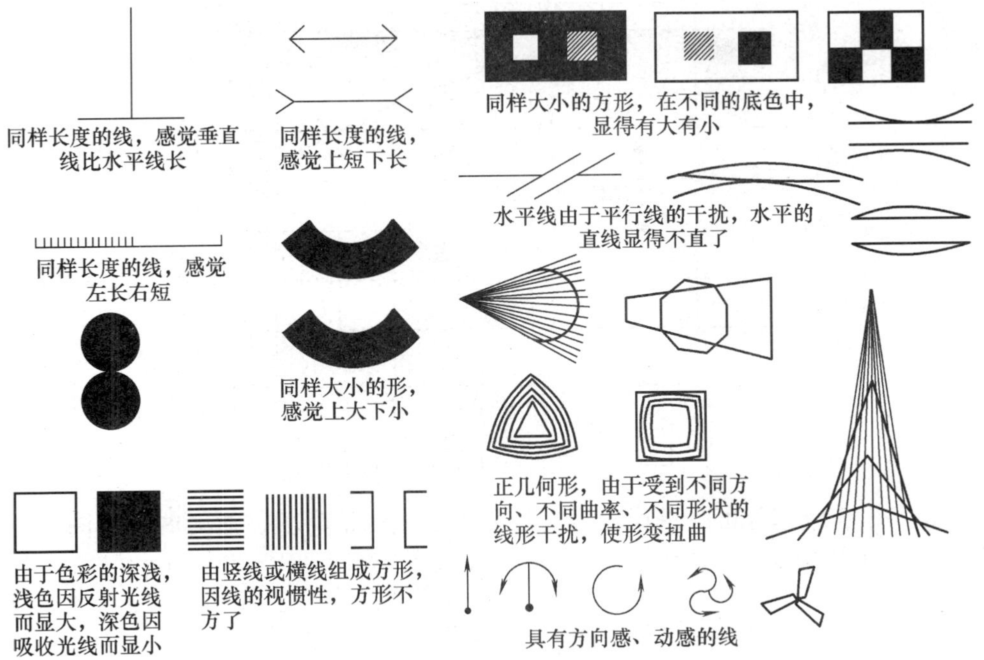

图 3—4　几种常见视觉错误

3．人的听觉特性

（1）人耳的可听范围。无论是从所响应的频率范围宽度，还是从强度的大小来看，人耳都有很高的灵敏度，可听声主要取决于声音的频率。具有正常听力的青少年能够感觉到的频率范围大约为 16～20 000 Hz，一般人的最佳听力范围是 20～20 000 Hz。人到 25 岁左右时，开始对15 000 Hz以上频率的灵敏度显著降低，当频率高于15 000 Hz时，听力开始向下移动，而且随着年龄的增长，频率感受的上限逐年连续降低。但是，对于频率小于1 000 Hz的低频范围，听觉灵敏度几乎不受年龄的影响，见图 3—5。听觉的频率响应特性对听觉传示装置的设计是很重要的。

（2）人耳可听声音的强度。听觉的灵敏程度还可用听阈来衡量。听阈指在某频率下，仍能够听到的该纯音的最小声级的分贝数，也称听力。通常而言，人耳刚刚能感觉到的最小声压，当频率为1 000 Hz时，大约是 2×10^{-5} Pa，这也是我们定义该声压所代表的声级为 0 dB（A）的主要原因。刚刚使人耳感到疼痛的声压叫做痛阈，一般为 20 Pa，相当于 120 dB（A）的声级。

人耳可听声音的大小也可用声强表示，在1 000 Hz时平均听阈值为 10^{-12}

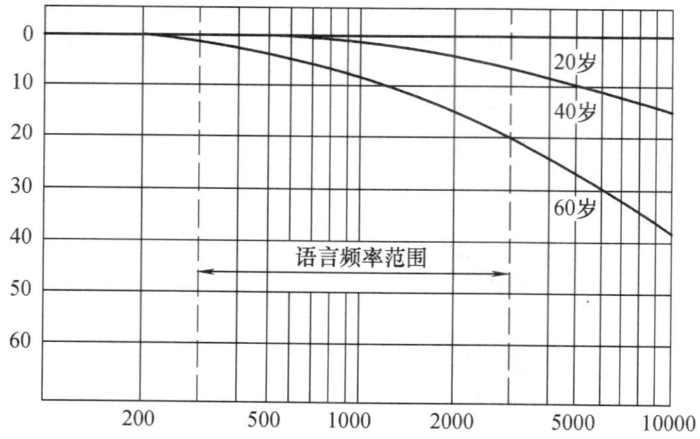

图 3—5　年龄对听力敏感性的影响

(W m^{-2})。各频率与可听最低声强与极限声强绘出的听阈、痛阈曲线见图 3—6。由该曲线可以得到以下结论：

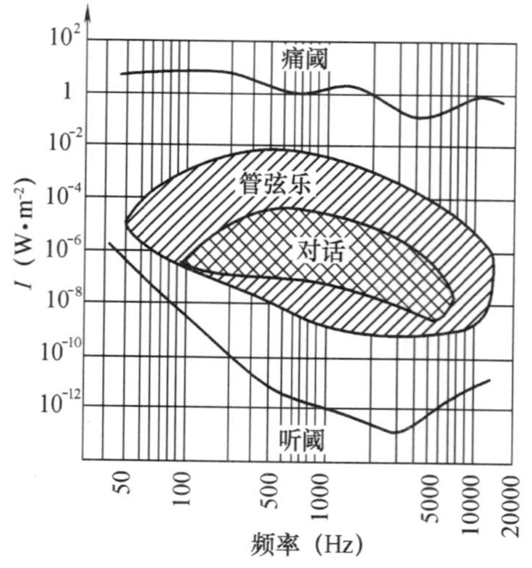

图 3—6　听阈痛阈与听觉区域曲线

1）在 800～1 500 Hz 这段频率范围内，听阈无明显变化。

2）低于 800 Hz 时，可听响度随着频率的降低而明显减小。

3）在3 000～4 000 Hz 之间达到最大的听觉灵敏度，在该频率范围内灵敏度高达标准值的 10 倍。

4）超过 6 000 Hz 灵敏度再次下降，大约在17 000 Hz时，减至标准值的1/10。

5）除了 2 000～5 000 Hz 之间有一段谷值外，开始感觉疼痛的极限声强几乎与频率无关。

6）在 1 000 Hz 时平均听阈值为 10^{-12}（W m^{-2}）。

（3）方向敏感度。根据声音到达两耳的时间先后和响度差别可判定声源的方向。由于头部的掩蔽效应结果造成声音频谱的改变。靠近声源的那只耳朵接收到形成完整声音的各频率成分；而到达较远那只耳朵的是被“畸变”了的声音，特别是中高频部分或多或少地受到削减。频率越高，响应对于方向的依赖程度越大。

（4）掩蔽效应。一个声音被另一个声音所掩盖的现象，成为掩蔽。一个声音的听阈因另一个声音的掩蔽作用而提高的效应，成为掩蔽效应。由于人的听阈的复原需要经历一段时间，掩蔽去掉以后，人耳的效应并不立即消除，这个现象称为掩蔽残留。其量值可表示听觉疲劳。掩蔽声对人耳刺激的时间和强度直接影响人耳的疲劳持续时间和疲劳程度，刺激越长、越强，则疲劳越严重。

4. 人的嗅觉、味觉和肤觉特性

（1）人的嗅觉。嗅觉感受器位于鼻腔深处，主要局限于上鼻甲、中鼻甲上部的黏膜中。嗅黏膜主要由嗅细胞和支持细胞构成。嗅觉的感受器是嗅细胞，它是从中枢神经系统分化出来的双极神经细胞。嗅觉感受器可感受气体中的化学刺激，适宜刺激几乎均是挥发性的、呈气态形式的有机化合物。当有气味的空气吸进鼻腔上部时，它能使细胞受到刺激而兴奋。因此在嗅一些不太明显的气味时，要反复用力吸气，才能产生嗅觉。嗅觉的一个明显特点是适应较快。当某种气味突然出现时，可引起明显的气味，但如果引起这种气味的物质继续存在，感觉很快减弱，大约过 1 min后就几乎闻不到这种气味。嗅觉的适应现象，不等于嗅觉的疲劳，因为对某种气味适应之后，对其他气味仍很敏感。影响嗅觉感受性的因素有环境条件和人的生理条件。温度有助于嗅觉感受，最适宜的温度 37～38℃。清洁空气中嗅觉感受性高。人在伤风感冒时，由于鼻黏膜发炎，感受性显著降低。

（2）人的味觉。味觉感受器是味蕾，主要分布在舌背面、舌缘和舌尖部。舌表面覆盖一层黏膜，有许多小乳头，在乳头中包含味蕾。在口腔和咽部黏膜的表面，也有味蕾存在。每一味蕾由味觉感受器、致使细胞和基底细胞组成。感受器细胞顶端有纤毛，称为味毛。当舌表面一些水溶性物质刺激味毛，可引起感受器兴奋。人能分辨出许多种味道，但这些味道是由四种基本味觉组合而成。人类能辨别的四种基本味为：甜、酸、苦、咸。舌表面不同部位对不同味刺激敏感度不一样。舌尖对甜味最敏感，舌根部对苦味最敏感，舌两侧对酸味最敏感，舌两侧前部对咸味最敏感。不同物质的味道与它们的分子结构的形式有关。人或动物对苦味的敏感程度大大高于其他味道，当苦味强烈时可引起呕吐或停止进食，这是一种重要的保护防卫作用。一个味感受器并不只是对一种味质起反应，而是对咸、甜、苦、酸均有反应，只是幅度不同。

（3）人的肤觉。肤觉是皮肤受到机械刺激作用后产生的一种感觉，肤觉感受器分布于全身体表。肤觉可分为触觉、温度觉和痛觉，很难将他们严格区分。

触觉是微弱的机械刺激触及皮肤浅层的触觉感受器而引起的；压觉是较强的机械刺激引起皮肤深层组织变形而产生的感觉，通常将上述现象称为触压觉。触觉感受器在体表各部分不同，舌尖、唇部和指尖等处较为敏感，背部、腿和手背较差。通过触觉人们可以辨别物体大小、形状、硬度、光滑度及表面机理等机械性质。

温度觉分为冷觉和热觉，皮肤温度低于 30℃时冷觉感受器冲动，高于 30℃时热觉感受器冲动。到 47℃为最高。

痛觉是剧烈刺激引起的，具有生物学意义，它可以导致机体的保护性反应。

二、人的反应时间

1. 人的反应时间

人从接收外界刺激到作出反应的时间，叫做反应时间。它由知觉时间（t_a）和动作时间（t_g）两部分构成，见式（3—3）：

$$T = t_a + t_g \tag{3—3}$$

式中 T——人的反应时间，s；

t_a——人的知觉时间，s；

t_g——人的动作时间，s。

研究作业时人的反应时间的特点，对安全生产具有重要意义。反应时间长短与很多因素有关，减少反应时间，提高反应速度，可以减少或避免事故的发生。

2. 影响反应时间的主要因素

（1）反应时间随感觉通道不同而不同。反应时间随感觉通道的变化见表 3—4。

（2）反应时间与运动器官有关。反应时间与运动器官的关系见表 3—5。

表 3—4　反应时间随感觉通道的变化

感觉通道	听觉	触觉	视觉	嗅觉	味觉			
					咸味	甜味	酸味	苦味
T（s）	0.115～0.182	0.117～0.201	0.188～0.206	0.200～0.370	0.308	0.446	0.523	1.082

表 3—5　反应时间与运动器官的关系

动作部位	动作特点		最少平均时间（ms）
手	握取	直线	70
		曲线	220
	旋转	克服阻力	720
		不克服阻力	220
脚	直线		360
	克服阻力		720
腿	直线		360
	脚向侧面		720～1 460
躯干	弯曲		720～1 620
	倾斜		1 260

(3) 反应时间与刺激性质有关。反应时间与刺激性质的关系见表 3—6。

(4) 反应时间随执行器官不同而不同。随执行器官的改变，反应时间的变化见表 3—7。

表 3—6　反应时间与刺激性质的关系

刺激信号类型	反应时间（ms）
光	176
电击	143
声音	142
光和电击	142
光和声音	142
声音和电击	131
光、声和电击	127

表 3—7　执行器官的反应时间

执行器官	反应时间（ms）
右手	147
左手	144
右脚	174
左脚	179

（5）反应时间与刺激数目的关系。反应时间与刺激数目的关系见表 3—8。

表 3—8　　反应时间与刺激数目的关系

刺激选择数	1	2	3	4	5	6	7	8	9	10
反应时间（ms）	187	316	364	434	485	532	570	603	619	622

（6）反应时间与颜色的配合有关。若以两种颜色为刺激物时，当其对比强烈时，反应时间短，色调接近时反应时间长，见表 3—9。

表 3—9　　反应时间与颜色的关系

颜色对比	白与黑	红与绿	红与黄	红与橙
平均反应时间（ms）	197	208	217	246

（7）反应时间与年龄有关。年龄增加，反应时间增加，正常情况下，25～45 岁之间，反应时间较短。若以 20 岁时反应时间为 100，年龄与反应时间的关系见表 3—10。

表 3—10　　年龄与反应时间的关系

年龄（岁）	20	30	40	50	60
反应时间相对值	100	104	112	116	161

（8）反应时间与训练有关。经过训练的人，反应时间可缩短约 10%。

三、大脑的觉醒水平

1. 人体活动时机体的调节与适应

人体的神经系统分为中枢神经系统（脊髓和脑）和分布全身的外周神经系统（包括连接感受器官与中枢的传入神经，连接中枢与效应器官的传出神经等）。

人的神经系统的结构与功能单位叫做神经元，神经元之间的联系是依靠彼此之间的互相接触。神经元的形态与功能是多种多样的。

神经系统的主要作用有两方面：一是反应（兴奋和抑制），当有信息刺激时，神经系统马上得出反应；另一是传导，即信息传送出去。神经传导具有四个特征，即生理完整性、绝缘性、双向性和相对不疲劳性。传导速度与其自身直径成正比。据测定，人的上肢正中神经内的运动神经纤维和感觉神经纤维的传导速度分别为 58 m/s和 65 m/s。皮肤的触压觉传入神经纤维和皮肤痛、温觉传入神经纤维的传导速度分别 30～70 m/s 和 12～30 m/s。

大脑皮层按其功能可分为各种感觉区、运动区和起联合作用的综合区。大脑皮层是神经系统的最高级中枢。从人体各部及各种传入神经系统传来的神经冲动向大脑皮层集中，在此会通、整合后产生特定的感觉，或维持觉醒状态，或获得一定情调感受，或以易化的形式储存为记忆，或影响其他的脑部功能状态，或转化为运动性冲动，传向低位中枢，借以控制机体的活动，应答来自外部环境的刺激。

劳动时的每一个有目的的动作，既取决于中枢神经系统的调节作用，特别是大脑皮层内形成的意志活动——主观能动性，又取决于从机体内外感受器所传入的多种神经冲动，在大脑皮层内进行综合分析，形成一时性共济联系，以调节各器官和系统适应作业活动的需要，来维持机体与环境条件的平衡。当长期在同一劳动条件中从事某一作业活动时，通过复合条件反射逐渐形成该项作业的动力定型，使从事该作业时各器官系统相互配合得更加协调，反应更迅速，能耗较节省，作业更轻松。建立动力定型应依照循序渐进、注意节律性和反复的生理规律。动力定型虽是可变的，但要破坏已建立起来的定型，出于需要用新的操作活动来代替已建立的动力定型，对皮层细胞是一种很大的负担，若转变过急，有可能导致高级神经活动的紊乱。体力劳动的性质和强度，在一定程度上也能改变大脑皮层的功能。大强度作业能降低皮层的兴奋性并加深抑制过程；长期脱离某项作业，可使该项动力定型消退而致反应迟钝。此外，体力劳动还能影响感觉器官的功能，重作业能引起视觉和皮肤感觉时间延长，作业后数十分钟才能恢复，而适度的轻作业，时间则反而缩短。

2. 脑力劳动时机体的调节与适应

脑力劳动需要充足的氧，虽然人脑的重量只占体重的 2.5%，但脑的需氧量占全身需氧量的 20%。像肌肉这样的组织，在短时间缺氧时，可以通过糖的无氧酵解来供应能量，大脑却只能依靠糖的有氧分解来提供能量，因为脑细胞中存在的糖元很少，只够活动几分钟，所以脑需要更多的血液源源不断地供应氧气。供氧不足会引起严重的后果，缺氧 3～4 min 会引起脑细胞的不可修复的损伤；缺氧 15 min，比较敏感的人可能昏迷。

脑力劳动常使心率减慢，但特别紧张时可使心跳加快、血压上升、呼吸稍加快、脑部充血而四肢和腹腔血液则减少，脑电图、心电图也有所变化，但不能用来衡量劳动的性质及其强度。脑力劳动时血糖一般变化不大或略增高；对尿量没有影响，对其他成分也影响不大，即使在极度紧张的脑力劳动时，尿中磷酸盐的含量才有所增加，对汗液的量与质，以及体温均无明显的影响。

3. 人体信息处理系统

在人机系统中，人随时随地都会遇到预先不知道或不完全知道的情况。系统也将源源不断地供给操作者以各种各样的信息。人体正确信息处理就是恰当地判断来自人机结合面的信息，然后通过人的行为准确地操作机器，即给机以正确的信息，通过人机结合面实现正确的信息交换。信息处理的核心在于判断，处理的正确与否不仅取决于知识与经验，而且与本人生理和心理条件的限制或影响也有很大的关系。

人从感觉器官接受的信息，传导到大脑皮层，在大脑皮层处受着心理和生理活动状况的影响，进行加工和调整等所谓的狭义处理，这个信息加工处理过程可从两方面进行分析：

（1）信息处理能力的界限。对于相继接收到的各种信息，大脑皮层并非全部都能进行正确的处理，也就是说处理能力有一定的限度。当然，如果能给以充分的时间，人类能够处理较多的信息而不发生错误。但是如果信息在短时间内太过复杂，则不能完全处理，这时的反应方式是：未处理；处理错误；处理延误；处理偏移；降低信息质量；引用规定之外的其他处理方法；放弃处理作业。

总之，如果同时给出很多信息时，人机系统将发生怎样的反应，是随着作业的内容、性质和作业者当时的身心活动状况而变化的。

（2）影响人的信息处理能力的因素。

1）人的神经活动规律。人在一天 24 h 中的神经活动有一定规律，白天是交感神经系统支配，夜间是副交感神经系统支配，昼夜循环交替。大脑皮层活动受到这种交替变化的影响而呈现出所谓日周期节律，使人在一天的不同时间内信息处理能力有所不同。

2）动机与积极性。既使人在清醒状态下处理信息，如果缺乏接受和处理信息的积极性，信息处理的数量、质量都会明显下降。动机和积极性又受到两个主要因素的影响，一是对作业目的的理解和认识程度；二是具备关于作业过程和作业结果的知识的程度。

3）学习和训练。若对同一作业操作进行深入学习、反复练习，作业能力和信息处理能力将会增加。

4）疲劳将使作业的信息处理能力降低、反应时间增加，判断错误增多。

5）人的个体差异也影响信息处理能力，这方面主要指人的精神意志力，精神机能平衡性、性格适应性和社会适应性等。

6）年龄、性别、经验、季节等也都会影响人的作业能力和信息处理能力。

7）人体的信息传递效率即平常所说的反应快慢，影响人的信息处理能力。尽管通过教育训练，可以适当地提高人体的信息传递效率，但人的信息传递效率不可能超过 7.5 bit/s。

8）人的大脑所处的意识水平。日本大学桥本邦卫教授从人体紧张程度引起的脑电波变化中，提出了人脑意识水平的 5 个阶段学说。他将人的意识水平状态分为以下 5 个阶段：0 阶段，无意识失神状态；Ⅰ阶段，正常以下、意识模糊状态；Ⅱ阶段，常态、松懈状态；Ⅲ阶段，常态清醒状态；Ⅳ阶段，超常态、过度紧张状态。人脑所处意识水平不同，对信息的处理能力不同，人的可靠性也不同（详见第二章表 2—2）。

第二节　人的心理因素与安全

心理是客观现实在人的大脑中的反映。从心理现象发生的主体看，人是社会属性和自然属性的统一，从心理现象产生的器官上看，人脑固有的自然属性是在人的社会生活方式的影响下发展变化的，其机能也是自然和社会的统一；从心理现象的内容看，人所反映的客观现实是社会存在和自然现实的统一；从心理现象的形式上看心理过程具有的人类的共性表现出受自然影响的一面，个性心理的个别性表现出受社会影响的一面。人的心理特性结构如图 3—7 所示。

- 人的心理特性
  - 心理过程特性
    - 认识过程：如感觉、知觉、记忆、注意、思维、想象
    - 情感过程：如情绪与情感
    - 意志过程：如意志
  - 个性心理特征：如需要、动机、兴趣、能力、气质、性格、信念、理想、世界观

图 3—7　人的心理特性

心理过程是指人的心理活动的过程，它揭示了人的心理活动的共性。心理过程就其性质与功能来说可以分为认识、情感和意志 3 个方面。人的认识过程、情感过程和意志过程发生、发展及其变化规律是心理学研究的对象之一。个性心理是指由于每个人具有遗传和后天影响，心理过程在每个人身上产生和发展时又带有个人特征，从而形成每个人不同的个性。个性是指一个人的整个心理面貌，它是个人心理活动稳定的心理倾向和心理特征的总和。个性心理特征的形成、发展和变化规律是心理学研究对象中另一重要内容。人在社会活动中不断出现的新的需要和原有的心理发展水平之间产生矛盾。每个人都有自己独特的个性心理特性，人人都具有认识、思维、情绪、意志、气质、性格、需要、动机等心理过程，世界上找不到个性完全一致的两个人。因此，人与人之间的能力、性格、气质、动机等均存在差异。

人的个性心理特征对人的行为产生影响。

一、人的心理特性对安全产生的影响

1. 注意

注意是心理活动对一定对象的指向性和集中，对象可以是外部世界的事物和现象，也可以是内向体验。注意是心理活动的一种特性，是伴随一切心理活动而存在的一种心理状态。即心理活动离不开注意，注意也离不开心理活动。

注意可以分为无意注意和有意注意两种。无意注意是指由客体自己的特点而产生的注意。这种由于刺激物的新颖性引起的意识集中，只能在短时间内形成对客体的注意，而长时间会把注意力集中到另外客体上去，相对注意对象而言是不注意，即无意注意。这种现象与主体的需要、兴趣、意志有关。有意注意是指由活动条件引起的主体意识控制下的注意。这种注意是有目的的，需要主体意识上的努力才实现的一种对客体的意识集中。因此明确的目的性非常有助于维持这种注意。

在生产过程中发生的事故，由人的失误引起的事故占有较大比例，而不注意又是其中的重要原因。正由于人在注意这一心理特性上存在上述特点，所以不可能要求作业人员长期的对同一事物保持注意。从客观角度分析，引起不注意的原因有以下方面：

（1）强烈的无关刺激的干扰。当外界的无关刺激达到一定强度，会引起作业者的无意注意，使注意对象转移而造成事故。但当外界没有刺激或刺激陈旧时，大脑又会难以维持较高的意识水平，反而降低意识水平和转移注意对象。

（2）注意对象设计欠佳。长期的工作，使作业者对控制器显示器以及被控制系统的操作、运动关系形成了习惯定型，若改变习惯定型，需要通过培训和锻炼建立新的习惯定型。但遇到紧急情况时仍然会反应缓慢，出现操作错误。

（3）注意的起伏。注意的起伏是指人对注意客体不可能长时间保持高意识状态，而按照间歇地加强或减弱规律变化。因此越是高度紧张需要意识集中的作业，其持续时间也不宜长，因低意识期间容易导致事故。

（4）意识水平下降导致注意分散。注意分散是指作业者的意识没有有效地集中在应注意的对象上。这是一种低意识水平的现象。环境条件不良，引起机体不适；机械设备与人的心理不相符，引起人的反感；身体条件欠佳、疲劳；过于专心于某一事物，以致周围发生的事情不作反应。上述原因均可引起意识水平下降，导致注意分散。

2. 情绪与情感

(1) 情绪与情感的比较。情绪、情感是人对客观事物的一种特殊反应形式。任何人都具有喜、怒、哀、欲、爱、恶、惧七情，因此在现实生活中，各种事物对人的作用不一样，有的使人高兴、快乐，有的使人忧愁、悲伤，有的使人赞叹、喜爱，有的使人惊恐、厌恶。

情绪和情感是从不同的角度来标示感情这种复杂的心理现象的，是两个有区别的概念。情绪是由机体的生理需要是否得到满足而产生的体验，属于任何动物都共有；情感是人对客观事物是否符合其需要而产生的态度的体验。情感是人的社会性需要是否得到满足而产生的体验，属于人类特有。情绪带有情景性，由一定情景引起，并随情景的改变而消失，情感则既具有情景性，又具有稳定性和长期性。情绪带有冲动性和明显的外部表现，情感则很少有冲动性，其外部表现也能够加以控制。情绪、情感为三种因素所制约：环境影响、生理状态和认识过程。其中认识过程起关键作用。

(2) 情绪。情绪状态可分为心境、激情和应激。

心境是微弱而持久的情感状态，是一种使人的一切其他体验和活动都感染情绪色彩的情绪状态，它具有弥散性。心境是对人的生活和工作具有比较重要意义的各种不同情绪所引起的。如工作的顺逆，事业的成败，人们相处的关系，健康状况，甚至自然环境的因素等，都可以成为引起某种心境的原因。过去的片断回忆，无意间的浮想，有时也会导致与之相联系的心境的重视。虽然人对引起心境的原因不能清楚地意识到，但他总是由一定原因引起的。心境对人们生活和工作也有很大影响，积极、良好的心境有利于积极性的发挥，提高效率，克服困难；消极不良心境使人厌烦、消沉。尤其是从事与安全相关的工作的人，要克服自己的消极心境，建立积极、乐观的心境，安全管理者要营造良好组织氛围，帮助工人克服消极的心境，培养良好、积极的心境，从而因杜绝心境不良而引起的行为失误所造成的事故。

激情是强烈的、暴风雨般的激动而短促的情绪状态。它通常是由一个人生活中具有重要意义的事件所引起，对于意向的冲突和过度的抑郁都容易引起激情。暴怒、恐惧、狂喜、激烈的悲痛、绝望等都是激情的表现。激情有明显的外部表现，处于激情状态下，人们的意识和认识活动范围往往会缩小，人被引起激情体验的认识对象所局限，理智分析能力受到抑制，控制自己的能力减弱，往往不能约束自己的行为，不能正确评价自己的行动的意义及后果。因此对于不良的情绪需要动员意志力和有意识的控制自己，转移注意力，以冲淡激情爆发的程度。在工人的工作中，大部分激情是造成事故的根源，但有些激情对人是积极的，它可以成为动员人积极投入行动的巨大力量，在这种场合过分的抑制激情是完全不必要的。因此，作为安全工作人员应将工人积极的激情引向搞好安全工作上来，从而防止事故的发生。

应激是出于意料的紧迫情况所引起的激情而高度紧张的情绪状态。在突如其来的和十分危险的情况下，必须迅速地，几乎没有选择余地的裁决的时刻，容易出现应急状态。例如，司机在驾驶过程中出现危险情境的时刻，人们在遇到巨大的自然灾害的时刻。此时需要人迅速地判断情况，在一瞬间作出决定，利用过去的经验，集中意志力和果断精神。但是，紧急的情景激动了整个有机体，它能很快地改变有机体的激活水平、心率、血压、肌紧度，引起行动高度应激化和行动的应激，在这种情况下，比一般的激情更甚，认识的狭窄，使得很难实现符合目的的行动，容易作出不适当的反应。因此必须对容易发生事故的操作工人加强培训，建立事故应急救援预案，并经常演练，使其技术熟练，即使在异常情况下不致出现应激状态。在生活上树立崇高的目的和坚忍的意志，从而在一定程度上克服紧张情绪，即使在极其险恶的环境下，也能在一定程度上克服紧张情绪的不良影响。经常处于应激状态对人的健康和工作影响是很不利的，有时甚至是很危险的，必须杜绝这种情况的发生。

在实际工作中表现出来的急躁情绪和烦躁情绪对安全生产具有显著影响。

1）急躁情绪。干活利索但毛糙，求成心切但不慎重，工作起来不仔细，有章不循，手、心不一致，这种情绪易随着环境的变化而产生。如节日前后，探亲前后，体制变动前后，汛期前后等。我国中医病理指出人的情绪状况能主宰人的身体及活动状况。人的情绪状况如果发展到引起人体意识范围变狭窄，判断力降低，失去理智力和自制力，心血活动受抑制等情绪水平失调呈病态时，极易导致发生不安全行为。当人体情绪激动水平处于过高或过低状态时，人体操作行为的准确度都只有 50％下，因为情绪过于兴奋和抑制都会引起人体神经和肾上腺系统的功能紊乱，从而导致人体注意力无法集中，甚至无法控制自己。因此人们从事不同程度的劳动，需要有不同程度的劳动情绪与之相适应。当从事复杂抽象劳动时，处于较低的情绪激动水平，有利于人体安全操作和发挥劳动效率，而从事快速紧张性质劳动时，处于较高的情绪水平有利于安全操作和发挥劳动效率。

人们在情绪水平失调时，言行上往往会表现出忧虑不安、恐慌、失眠、行为粗犷，眼神呆滞、心不在焉和言行过分活跃，或出现与本人平时性格不一致的情绪状态等。若能从管理上及人体主观上都注意创造一个稳定的心理环境，并积极引导人们用理智控制不良情绪，则可以大大减少因情绪水平失调而诱发的不安全行为。

2）烦躁情绪。表现沉闷，不愉快，精神不集中，心猿意马，严重时自身器官往往不能很好地协调，更谈不上与外界条件协调一致。人的烦躁情绪引起人精神不愉快，判断和操作错误，是安全生产事故的隐患。

（3）情感。情感是在人类社会历史发展过程中形成的高级社会性特征，人类社会性情感可归结为道德感、理智感和美感。

道德感对人们的社会实践活动具有重要影响，他可以帮助人们按照道德准则要求去衡量周围人们的各种思想行为，同时使自己的行为自觉符合社会道德准则。安全生产需要企业建立符合社会发展水平的道德准则，需要员工自觉遵守法律、法规和企业规章制度，对岗位工作具有责任心。员工不仅要保证自身安全，还要求不因自己的不安全行为伤害他人，行为符合社会的道德准则。

理智感对人认识活动的深化、思维问题的解决具有重要作用，如抛弃偏见、破除迷信、尊重科学。安全教育和培训中，用系统的、科学的安全知识武装员工头脑，使员工懂得事故发生的规律和原因，掌握并自觉探索本岗位安全操作知识，理智应对生产中存在的不安全因素，避免侥幸、急躁等心理因素的作用，约束自身行为，保证安全生产。

3. 意志

意志是人们自觉地确定目的并调节自己的行动去克服困难，以实现预定目的的心理过程，它是意识的能动作用的表现。人们在日常生活、工作中，尤其是在恶劣的环境中工作，就必须有意志活动的参与，才能顺利地完成任务。

意志品质有积极的，也有消极的。积极的品质表现为自觉性、果断性、自制力和坚定性；消极的品质表现为盲目性、冲动性和脆弱性。

安全地生产是一个长期的过程，需要人们自觉遵章守纪、严格执行各项规章制度和操作规程，经得起各种诱惑，特别是在一些艰苦、复杂、精密的工作中和高危行业，更需要有自觉性、果断性、自制力和坚定性约束自己的精神和行为，以保证安全生产。在安全管理工作中应不计个人得失、排除各种干扰和诱惑力去完成和不断推进安全管理的各项工作任务。

4. 态度

态度是个人对他人、对事物较持久的肯定或否定的内在反应倾向。

人们在认识客观事物或在掌握知识的过程中，不是被动地去观察、想象和思维，也不是无区别地去学习一切，而是对人对事物都有某种积极、肯定的或消极、否定的反应倾向。这种反应倾向也是一种内在的心理准备状态，它一旦变得比较持久和稳定，就成为态度。态度影响一个人对事物、对他人及对各种活动作出定向选择。态度是一种内隐的反应倾向，但他或早或晚总要在外部行为中表现出来。

态度的形成主要受三种因素的影响，即知识或信息，主要来自父母、同事和社会生活环境；需要，欢迎态度，相反则不然；团体的规定或期望，一般说来个人的态度要与他所属的集体的期望和要求相符合。属于同一集体的人，他们的态度较类似。团体的规定是一种无形的压力，影响同一团体的成员。

社会心理学家凯尔曼认为，态度的形成和改变要经过3个层次：顺从、认同和内化。

顺从。表面上接受别人的意见和建议，表面行为上与他人相一致，而在认识与情感上与他人并不一致。这是一种危险现象。这是在外在压力作用下形成的，若外在情境发生变化，态度也会发生变化。

认同。是在思想上、情感上和态度上主动接受他人影响，比顺从深入一些。认同不受外在压力的影响，而是主动接受他人影响。

内化。在思想观念上与他人相一致，将自己认同的新思想和原有观点结合起来构成统一的态度体系。这种态度是持久的且成为自己个性的一部分。

态度的改变一般要通过以下途径：以团体的力量影响个人，比规章制度更为有效；人际关系影响，个人的态度可以随所属的团体，活动和担任的角色变化而变化；信息沟通是交流的双方在思想情感上互相沟通，信息来源要可靠，对信息的宣传和组织上要合适。认识和行为从一致变为不一致，需改变认识或改变行为，需提供新概念，引导其做出新行为。

人们对安全工作的态度对搞好安全工作具有重大影响，在安全管理中，管理者应注意职工对安全生产的态度，应通过宣传，教育，团体作用使工人对安全工作的态度不仅是正确的，而且要达到内化的程度。避免由于工人知识不足和认识程度不深或团队作用的因素对安全生产的态度停留在顺从层面，当条件改变时事故仍然发生。在对工人的教育过程中，要紧紧抓住态度转变的方法和途径，从知识、信息、家庭、团队作用等多方面开展安全培训、教育、宣传等活动，做到事半而功倍。

5. 性格

性格是人们在对待客观事物的态度和社会行为的方式中，区别于他人所表现出的那些比较稳定的心理特征的总和。

性格在个性心理特征中占核心地位、起主导作用。性格的形成有先天的生物学因素，受家庭、社会、学校的影响很大。性格决定人的行为，决定人的思维方式，决定人的社会贡献。性格与安全生产也有着密切的联系，具有良好性格的人工作细致、责任心强，能自觉调整自身行为，情绪稳定，冷静处世，这些都对安全生产具有保障作用。相反性格急躁、马虎、自制力差等性格特征是不安全行为的典型特征。在其他条件相同的情况下，冷静型性格的人比急躁型性格的人安全性强。对工作马虎的人容易出现失误。实践中不少人因鲁莽、高傲、懒惰、过分自信等不良性格、促成了不安全行为而导致伤亡事故。安全心理学就是要深入挖掘和发展劳动者的一丝不苟、踏实细致、认真负责的创造精神，提倡劳动者养成原则性、纪律性、自觉性、谦虚、克己、自制等良好性格，克服和制止易于肇事的不良的性格，良好的性格是安全生产的保障。作为安全生产管理者要了解和掌握职工的性格特点，针对职工的不同性格特点，进行工作安排。将良好性格的人放在重要的、艰巨的、危险性相对大的工作岗位上。而不良性格的人放在安全性相对大的岗位上。在安全管理工作中提倡培养良好性格，对不良性格的人要有针对性地经常进行教育，促进职工良好性格的形成。

6. 能力

（1）能力及其特点。能力是人顺利完成某种活动所必须具备的心理特征之一。能力作为一种心理特征，不是先天具有的，而是在一定的素质基础上经过教育和实践锻炼逐步形成的，素质为能力的形成奠定了物质基础，要使素质提供的发展能力的可能性变为现实能力，必须经过教育和锻炼。因此，能力总是和人的某种活动相联系，并表现在活动中，能力的大小也只有在活动中才能比较，在活动中表现出的心理特征不全是能力。如性格开朗、脾气急躁，这些心理特征有可能影响顺利完成某项任务，但一般来说不是必须的；能力是保证活动取得成功的基本条件，但不是唯一条件，活动能否成功，除必须具备所需能力外，还受其他条件影响，如知识、技能、物质条件、工作态度等。

（2）能力和知识、技能的关系。能力和知识、技能既有区别又紧密地联系。知识是人类社会和实践经验的总结。技能是人掌握的动作方式。能力是在掌握知识和技能的过程中形成和发展起来的；掌握知识和技能又是以一定的能力为前提；能力不表现为知识和技能的本身，而是表现在获得知识和技能的整体上，即在条件相同时，人掌握知识和技能所表现出的快慢、深浅、难易及巩固程度上。

（3）能力的种类。

1）能力的种类很多，而且各种能力都有自己的结构，各种能力之间存在着一定的联系和区别。

观察能力是智力结构的眼睛；计算能力是智力结构的计算器；思维能力是智力结构的中枢；想象能力是智力结构的车把；操作能力是治理结构转化为物质力量的转换器。智力是人的各种能力的总和，是指人的认识能力和活动能力所达到的水平。在智力结构中最重要的是创造性能力，它主要是由创造性思维和创造性想象能力所组成的。

除上述介绍的几种能力以外，还有人在实践过程中的劳动能力，人们发明新东西的创造能力，日常生活中思想交流的语言表达能力，社交能力，运动能力，对艺术的欣赏能力，各级领导的组织管理能力，工人和不安全、不卫生因素作斗争而采取安全措施的能力等。

2）人与人之间能力是有差异的，主要表现在能力类型的差异、能力表现早晚的差异和能力发展水平的差异。

①能力类型的差异。表现在完成同一种活动采取的途径不同、不同的人可能由能力的不同组合来实现。例如考虑问题时有人长于分析，对细节注意，属于分析型，有人富于概括和整体性，属于综合型。有人善于语言表达，有人善于书面表达。

②能力表现早晚差异。由于生理素质、后天条件、接受教育、社会实践等不同，有人在少儿时代就表现出优异能力，这叫“人才早熟”，有人的优异能力表现较晚，属于“大器晚成”。

③能力发展水平差异。有人的能力超常，有人能力低下，多数人能力属于中等。如果对未加选择的人进行某项能力的测试，被测的某项能力的分布是形如钟形的模式，此为理论上的能力差异正态分布。造成能力发展水平差异的原因很多，与遗传、疾病、营养、教育、实践等因素密切相关。

一个人往往具有多种能力、形成一个能力系统，通常有一种能力占优势，其他能力从属于他。优势能力在一个人的生活实践中占主导地位，其他能力起增强优势能力的作用。不少人都能顺利完成同样活动，但完成这项活动的组成因素所处的地位也可能不同，有的因素在一些人身上是优势能力，但在另一些人身上是非优势能力。例如：音乐能力的基本成分曲调感、节奏感和听觉表现，对每一个具有音乐才能的人来说，这 3 方面所起作用可能不同。所以优势能力在完成某种活动时可以补偿非优势能力的不足。有些人可以胜任某项工作，有的人胜任不了某项工作，这也是人的优势能力不同所形成的。

3）由于存在能力的个体差异，劳动组织中如何合理安排作业，人尽其才，发挥人的潜力，是管理者应给予重视的。

①人的能力与岗位职责要求相匹配。领导者在职工工作安排上应该因人而异，使人尽其才，去发挥和调动每个人的优势能力，避开非优势能力，使职工的能力和体力与岗位要求相匹配。这样可以调动工人的劳动积极性，提高生产率，保证生产

中的安全。相反人具有的能力高于或低于实际工作需要都是不合理，一方面造成人才浪费，引起职工不安心本职工作，产生不满情绪，影响生产，易出事故。另一方面能力低于实际工作需要，无法胜任工作，心理上造成压力，工作上不顺利必然影响作业安全，这也是事故发生的隐患。因此，任用、选拔人才时不仅考察其知识和技能还应考虑其能力及其所长。

②发现和挖掘职工潜能：管理者不但要善于使用人才还要善于发现人才和挖掘职工的潜能，这样可以充分调动人的积极性和创造性，使工人工作热情高，心情舒畅，心理得到满足，不但避免人才浪费，更有利于安全生产。

③通过培训提高人的能力：培训和实践可以增强人的能力，知识和技能的提高，也有助于能力的增长。因此，应对职工开展与岗位要求一致的培训和实践，通过培训和实践提高职工能力。

④团队合作时，人事安排应注意人员能力的相互弥补，团队的能力系统应是全面的，对作业效率和作业安全具有重要作用。

7. 气质

气质是一个人生来就有的心理活动的动力特征。心理活动的动力指心理过程的程度、心理过程的速度和稳定性以及心理活动的指向性。人的气质受神经系统的特点的制约，具有一定的先天性。婴儿一出生，就表现出不同的气质类型。气质具有一定的稳定性，一个人具有某种气质特点，在一般情况下总会经常表现在他的情感、活动中，尽管活动内容很不相同，但显现的气质类型相同。虽然气质特点在后天的教育、影响下会有所改变，但与其他个性特点相比，气质变化缓慢且困难。

古希腊医生希波克拉底被公认为是气质学说的创始者。他认为人体内有 4 种体液，即血液、黏液、黄胆汁和黑胆汁。这 4 种体液的数量在每个人体内各占的比例不是均匀的，其中有一种占优势，就决定了人的气质特点。在他看来，如果血液占优势，则为多血质的气质类型；黏液占优势，则为黏液质的气质类型；黄胆汁占优势，则为胆汁质的气质类型；黑胆汁占优势，则为抑郁质的气质类型。这 4 种气质类型在心理活动上所表现出来的主要特征是：

（1）胆汁质的人情绪产生速度快，表现明显、急躁，不善于控制自己的情绪和行动；行动精力旺盛，动作迅猛，外倾。

（2）多血质的人情绪产生速度快，表现明显，但不稳定，易转变；活泼好动，好与人交际，外倾。

（3）黏液质的人情绪产生速度慢，也表现不明显，情绪的转变也较慢，易于控制自己的情绪变化；动作平稳，安静，内倾。

(4) 抑郁质的人情绪产生速度快，易敏感，表现抑郁、情绪转变慢，活动精力不强，比较孤僻，内倾。

这种按体液的不同比例来分析人的气质类型的学说是缺乏科学根据的，但其分类有一定的参考价值。

气质类型没有好坏之分，气质对个人的成就不起决定作用，不管何种气质，只要品德高尚，意志力强，都能为社会作贡献，在事业上有所建树。根据前苏联心理学家研究，俄国四位著名作家普希金、赫尔岑、克雷洛夫、果戈理就是分别属于胆汁质、多血质、黏液质、抑郁质的。相反，品质低劣、意志薄弱，不管什么气质都会一事无成。在当今现实生活中，许多得过且过的人，绝对不会全是一种气质类型。

不同气质的人在不同种工作上工作效率是有显著差异的。因此在选择职业人才时，要考虑人的气质，对于飞行员、宇航员、大型系统调度员、大运动量的运动员，将选择大胆、勇敢、坚强、临危不惧、机智灵敏、坚韧不拔的人。而对于精密计算、医疗、气象、财会、打字员等职业不能挑选鲁莽急躁的人。

为达到安全生产的目的，在劳动组织管理中，要充分考虑人的气质特征的作用。进行安全教育时，必须注意从人的气质出发，施用不同的教育手段。例如，强烈批评，对于多血质、黏液质人可能生效；对胆汁质和抑郁质的人往往产生副作用，因而只能采用轻声细语商量的形式。

由此可见，4 种类型的人都具有积极和消极的两个方面，不能简单评价哪个好、哪个不好。在安全教育和安全检查中并非一定将某人划归为某类型，而主要是测定、观察每个人的气质特征，以便有针对性地采用不同方式进行有效的教育，从而真正减少生产过程中的不安全行为造成的事故，实现安全生产的目的。

8. 需要与动机

动机是由需要产生的，需要是个体在生活中感到某种欠缺而力求获得满足的一种内心状态，它是机体自身或外部生产条件的要求在脑中的反映。有什么样的需要就决定着有什么样的动机。

需要可分为生理性需要和社会性需要，前者是与生就有的、是人类共有的为了维持生命进行新陈代谢所需一切生理要求在头脑中的反映，如衣、食、住、行、休息、生育等。社会性需要是人在群体生活和和社会发展所提出的要求在头脑中的反映，如劳动、社交、学习等。

人的需要是受社会历史条件制约的，因此人的一切需要都带有社会性。需要是人的一种主观状态，它具有对象性、紧张性和起伏性等特点。正是由于这些特点，需要成为人们从事各种活动的基本动力。

根据马斯洛的需要层次论，人的需要大致可分为5类，即生理需要、安全需要、社交需要、自尊需要和自我实现需要。生理需要是最基本的需要，当生理需要得到一定程度的满足之后，对安全的需要逐渐产生和加强。安全需要基本满足之后，社交需要逐渐产生和加强……。人的需要在较低一级的需要基本满足后较高级的需要会逐渐产生和加强。

随着经济的发展、人们生活水平的提高，人对安全的需要已上升为第一位。作为基本需要的安全需要得不到满足，会对其较高级需要的产生和发展产生影响，也就是会影响人们的社会交往、对社会的贡献及社会的稳定和发展。因此安全管理者应以以人为本为原则，从安全对社会发展的较高层次上看到安全工作对社会发展的作用和重要性，努力搞好安全工作，满足劳动者的基本需要。

动机是一种内部的、驱使人们活动行为的原因。动机可以是需求、兴趣、意向、情感或思想等。如果将人比作一台机器，动机则是动力源。

动机是人们行为领域里最复杂的问题，它作为活动的一种动力，具有3种功能：第一，是引起和发动个体的活动，即活动性；第二，指引活动向某个方向进行，即选择性；第三，维持、增强或抑制、减弱活动的力量，即决策性。由于需要的多样性决定了人们动机的多样性。从需要的种类分，可以把动机分为生理性动机和社会性动机；根据动机内容的性质分为正确的动机与错误的动机，高尚的动机与低级、庸俗的动机；根据各种动机在复杂活动中的作用大小，分为主导性和辅助性动机；从动机造成的后果分为安全性动机和危险性动机。

有时人们做完某件事后往往后悔，这时由于冲动动机作用的结果。冲动动机往往使人们对问题不深思熟虑，而是凭一时的感情用事，等到冷静下来，后悔已晚。

当人们不具备客观事物中某些方面的知识时，便不能产生这方面的兴趣、爱好和动机，也很难从事这方面的活动，更不会对这方面活动产生浓厚的兴趣，无这方面的动机，自然也就没有这方面的行动。因此，安全管理中，首先应调动每个职工搞好安全工作的积极性，强化安全行为，预防不安全的消极行为。

对安全生产的积极性是一种内在的变量，是内部心理活动过程，通过人的行为表现出来。从行为追溯到动机，从动机追溯到需要。安全需要是调动安全积极性的原动力，安全需要满足了，调动安全积极性的过程也就完成了。

9. 非理智行为

通过事故调查和统计分析可知，由明知故犯而违章作业原因引起的事故占有较大比例，通过分析发现，由非理智行为而发生违章操作的心理因素经常表现在以下方面。

（1）侥幸心理。由侥幸心理导致的事故是很常见的。人们产生侥幸的原因，一是错误的经验。例如，某种事故从未发生过或多年未发生过，人们心理上的危险感觉便会减弱，因而易产生麻痹心理导致违章行为甚至酿成事故。二是在思想方法上错误的运用小概率容错思想。的确，事物的出现是存在着小概率随机规律，根据不完全统计，每300次生产事故中包含一次人身事故，每59次人身事故包含一次重大事故，每169次人身事故包含一次死亡事故。这说明事故是存在于小概率之中的。对于处理生产预测和决策之类的问题，有小概率为零的容错思想是科学的，但对安全问题，小概率容错的思想是绝对不容许的。因为安全工作本身就是要消除小概率规律发生的事故。如果认为概率小，不可能发生，而存侥幸心理，也许当次幸免于难，但随之养成的不安全动作和习惯，势必在今后工作中暴露在小概率之中而导致事故发生。因此，我们决不能忽略按小概率规律发生的事故，坚决杜绝侥幸心理，严格执行安全操作规程，进行安全生产。

（2）省能心理。省能心理使人们在长期生活中养成了一种习惯性地干任何事总是要以较少的能量获得最大效果，这种心理对于技术改革之类工作有积极意义，但在安全操作方面，这种心理常导致不良后果，许多事故是在诸如抄近路、不方便、嫌麻烦、怕啰嗦等省能心理状态下发生的。例如，某爆破工在加工起爆炸药包时，因一时手边找不到钳子，竟用牙齿去咬雷管接口，导致重伤事故。

（3）逆反心理。在某种特定情况下，某些人的言行在好奇心、好胜心、求知欲、思想偏见、对抗情绪之类的一时作用下，产生一种与常态行为相反的对抗性心理反应，即所谓逆反心理。例如，要工人按操作规程进行操作，他自恃技术颇佳，偏不按操作规程去做；要他在不了解机械性能情况下不要动手摸。他在好奇心的驱使下偏要东摸摸西触触，往往事故就出在这种情况下。因此，我们要克服生产中的不良的逆反心理，严格遵守规程，减少事故发生。

（4）凑兴心理。凑兴心理是人在社会群体生活中产生的一种人际关系反映，从凑兴中获得满足和温暖，从凑兴中给予同伴友爱和力量，以致通过凑兴行为发泄剩余精力。它有增进人们团结的积极作用，但也常导致一些无节制的不理智行为。诸如上班凑热闹，开飞车兜风，跳车，乱摸设备信号，工作时间嬉笑等凑兴行为，都是发生违章事故的隐患。由凑兴而违章的情况大多数发生在青年职工身上。他们往往精力旺盛而惹是生非，加之缺乏安全知识和安全经验而发生一些料想不到的违章行为。因此，应经常以生动方式加强对青年职工的安全知识教育，以控制无节制凑兴行为发生。

（5）从众心理。这也是人们在适应群体生活中产生的一种反映，不从众则感到一种社会精神压力。由于人们具有从众心理，因此不安全的行为和动作很容易被效仿。如果有几个工人不遵守安全操作规程而未发生事故，那么同班的其他工人也就跟着不按操作规程做，因为他们怕别人说“技术不行”“太怕死”等。这种从众心里严重地威胁着安全生产。因此，要大力提倡、广泛发动工人严格执行安全规章制度以防止从众违章行为的发生。

（6）精神文明。人的品德、责任感、修养、法制观念等心理是影响安全生产的一个极重要因素，许多违章作业事故都是在群众精神文明差的条件下发生的。例如，某一矿工偷走挂在溜井旁的安全照明灯，致使另一工人掉进溜井内死亡。据统计在“文革”时期，事故概率要比其他时期高 18%～20%，所以对职工进行道德、理想等精神文明教育，是搞好安全管理、保障安全的重要途径。

总之，在运用心理学预防伤亡事故的工作中，要针对不同的心理特征，“一把钥匙开一把锁”。还要结合个人的家庭情况、经济地位、健康状况、年龄、爱好、嗜好、习惯、性情、气质、心境以及不同事物的心理反应等，做深入细致的思想工作。

心理学非常重视心理相容在人才合作中的重要作用。心理相容是合作成员的特点协调一致地结合，这种结合保证了共同心愿与安全健康的共同要求，这样就使大家有心理相容的重要因素。心理相容可以密切个人之间的关系，有助于形成和谐的人际关系，可以促进安全生产。心理不容造成关系不和与人事紧张，妨碍安全制度的落实，事故常常发生。心理学认为友谊是人与人之间的一种情谊，是一种高尚的道德情操。友谊在安全生产中常常是一种鼓舞前进的心理力量。作为一个集体，提倡互相关心，互相体贴，心理相容，团结友爱精神，建立和谐的人际关系，这对于落实“安全第一，预防为主”的方针将有积极的推动作用。

二、颜色的心理作用

1. 颜色现象

颜色视觉有 3 种特性，即明度、色调和饱和度。颜色视觉每一种特性是光的物理属性和视觉属性的综合反应。既可以从客观刺激方面来定量，也可以从观察者的感觉方面来描述。描述客观刺激的概念叫物理学概念；描述观察者感觉的概念叫心理学概念。

表示光的强度的物理学概念为亮度。所有的光，不管是什么颜色，都可以用亮度来定量。与亮度相对应的心理学概念叫明度。

表示颜色视觉第二个特性的物理学概念是主波长，与主波长相对应的心理学概念是色调。光谱是由不同波长的光组成的，用三棱镜可以把日光分解成光谱上不同波长的光，不同波长所引起的不同感觉就是色调。比如 700 nm 光的色调是红色，510 nm 光的色调是绿色，若将几种主波长不同的光按适当的比例加以混合，则能产生不具有任何色调的感觉，也就是白色。主导波长与颜色的关系见表 3—11。

表 3—11　　光谱波长与颜色

波长（nm）	颜色
620～780	红
590～620	橙
560～590	黄
530～560	黄　绿
500～530	绿
470～500	青
430～470	蓝
380～430	紫

颜色视觉的第三种特性的物理学概念是颜色纯度，其对应的心理学概念是饱和度。纯色是指没有混入白色的窄带颜色，在视觉上就是高饱和度的颜色。由三棱镜分光产生的光谱色，例如主波长为 650nm 的颜色光是非常纯的红光。假如把一定数量的白光加在这个红光上，混合的结果便产生粉色，加入的白光越多，混合后的颜色光就越不纯，看起来也就越不饱和。3 个特性中的任何一个发生变化，颜色将发生变化。对于非彩色只能根据明度的差别辨别。

2. 颜色对人心理的影响

人们处于不同颜色环境中，除了视觉辨别力受到影响、视野发生变化外，人的心理感觉也会有所变化，不同的颜色会产生不同的抽象概念（见表 3—12）和不同感觉（见表 3—13）。

（1）冷暖感。通常人们把红色、黄色和橙色称为暖色调。如看到红色、黄色和橙色联想到火，人们在充满红色的房间里，会有温暖感。这些颜色给人以暖的心理感觉。通常把蓝、青、绿色称为冷色调，冷色给人以清凉、寒冷的感觉，如蓝色的衣服使人看上去凉爽。黄绿色和紫色为中间色。彩度越高的暖色暖的感觉越强，彩度越高的冷色寒冷感越强。在无色彩系中也存在冷暖感。相比较，白色与灰色有寒冷感，暗灰和黑色给人以暖的感觉。不论是冷色还是暖色并不使人有物理性温度变

表 3—12　　各种颜色表示的抽象概念

颜色	抽象概念
红	革命、热烈、牺牲、豪迈、危险、激动
绿	和蔼、悠闲、和平、娴雅、安静、健康、冷感
蓝	沉静、深远、冷淡、和平、善良
白	洁白、纯净、清洁、轻松、真挚
黑	恐怖、绝望、寂静、沉重、悲哀、神秘
黄	温暖、高贵、显赫、豪华、希望、光明、向上
赤黄	快乐、光明
紫	优雅、温厚

表 3—13　　各种颜色的心理作用

颜色	引起心理作用和感觉的联想																	
	兴奋	忧郁	安静	热情	爽快	轻松	沉重	遥远	接近	温暖	寒冷	安静	愤怒	力量	柔和	希望	警觉	安详
红	△			△			△		△	△			△					
橙	△									△				△			△	
橙黄	△			△					△									
黄	△			△		△			△	△								
黄绿						△				△		△						
绿			△		△			△			△	△			△	△		△
绿蓝						△		△			△	△						
天蓝						△		△			△	△						
浅蓝			△		△	△		△										
蓝		△			△		△	△			△				△			
紫		△			△		△	△			△							
紫红	△									△								
白					△	△												
浅灰						△												
深灰		△					△											
黑		△					△											

说明：表中有“△”的表示有该种心理作用或感觉联想。

化，引起的只是心理上的感觉。

（2）兴奋和抑制感。暖色系给人以兴奋感，使人情绪高涨、精神振奋、易于激动。冷色系使人冷静，抑制人的情绪。这种感觉与色彩的彩度相关，彩度越高兴奋和抑制作用越明显。

（3）前进和后退感。在同一位置上的不同颜色，看上去有的比较近，有的就比较远。这是因为不同色调的颜色会引起人们对距离感觉上的差异。一般而言，暖色系及明度大的颜色看上去生动突出，比较近，叫前进色；冷色系和低明度颜色看上去比较静止，有后退感，叫后退色。同一种颜色纯度高的有前进感，纯度低的有后退感。

（4）轻重感。色彩的轻重感主要是由明度决定的。一般，明度高的感觉轻，明度低的感觉重。明度相同时，彩度高的比彩度低的感觉轻，而暖色系又比冷色系感觉重。

（5）轻松和压抑感。明度高的颜色会使人产生轻松、自在、舒畅的感觉；明度低的颜色会使人产生压抑和不安的感觉。非彩色的白色和其他纯色组合使人感到活泼，而黑色使人感到抑郁。

（6）软硬感。色彩的软硬感与明度和彩度有关，明度高的颜色感觉软，明度低的颜色感觉硬。彩度高和彩度低的色彩都有硬的感觉，而彩度中等的有软的感觉。非彩色的白色和黑色是给人以坚硬感，而灰色给人以柔软感。

（7）膨胀色与收缩色。面积相同颜色不同物体，看起来不一样大，有的感觉比实际大，有的感觉比实际小。这是颜色给人感觉上的膨胀与收缩感。一般的暖色系的颜色感觉比实际大，称为膨胀色；冷色系的颜色感觉比实际小，称为收缩色。高明度的颜色看起来大，低明度的颜色看起来小一些。

3. 色彩调节在作业场所中的应用

作业场所是人们劳动、工作的地点。由于工业生产机械化、自动化的特点决定作业场所空间大小不一，设备、设施种类、数量多、噪声大，自动化生产线工作节奏紧凑。作业场所还具有一定的危险因素存在，威胁作业者的安全和健康。不同的色调、不同的明度或彩度给人不同的心理感觉，在工业生产中根据这一特性，合理选择环境和设备颜色，使之更加符合人的心理特征，使人在舒适、愉快中工作。

（1）工厂各区域以及设备和环境色彩的明度尽可能保持协调一致，以保证分辨力和避免色彩明暗变化大而引起的亮适应或暗适应反应。

（2）光源色对物体色会产生影响。物体色和光源色为同色系，物体色彩被加强；物体色和光源色为互补色关系，物体色被减弱甚至变为暗浊色。白炽灯照明能加重暖色调，使之更鲜艳，荧光灯使冷色调加重，冲淡暖色调。

(3) 工件色彩与工作面色彩应形成对比，色彩与设备的功能相适应，操纵装置的配色要突出重点，危险与示警部位的配色要醒目。即被加工对象为浅色，工作面应为深色，反之亦然。例如，各种开关、消防、配电设施等色彩醒目、突出。这样便于人们辨识和迅速准确地操作。

(4) 机械设备一般较重，体积较大，占用空间大。为减轻压抑感，大部分采用无刺激的中性色彩，较多采用的是无光泽、明亮、柔和的中浅灰、灰绿、灰蓝色系。特别是巨大设备更应采用无光泽浅色系。带有底座的较大型设备，一般上部为浅色系，下部为相对较深颜色，给人稳定、安全感。

(5) 工作车间不要色调单一。热加工车间选用冷色调，机加工车间选用暖色调。工作间温度较高，车间狭小应配冷色调如蓝绿色，低饱和度、稍低明度。空旷的车间用高明度、稍高饱和度。车间天花板采用青蓝色，采用反射系数高、明快、和谐的色彩。天棚比较低矮的厂房，可选用白色、乳白色。车间墙壁一般采用低纯度、高明度的后退色，如浅灰蓝、浅灰绿、浅米色。车间地面用稍高饱和度、低明度，如具有稳定感的中等明度含灰色系。

(6) 在视觉狭窄的建筑物内，如办公室、工间休息室等，加入适当装饰色，既可活跃气氛，又可以增加视觉层次，和谐建筑物有限空间的约束。人们在此环境中，既可提高工作效率又能够调节情绪。

第三节　人体生物力学特性

生物力学是研究生物系统运动规律的科学。人体生物力学侧重研究人体各部分的力量、活动范围和速度，人体组织对于不同阻力所发挥出力量的数值、人体各部分的重量、重心变化以及做动作时的惯性等问题，其研究目的是为了使人在人机系统中更好地发挥其作用，尽量避免做无用功，使人能有效地工作，提高活动效率，减少疲劳，确保人身安全。

一、人体各部分的操纵力

操纵力是指操作者在操作时为达到操作目的所付出的一定量的力。人的头、躯干、肩膀、四肢、手掌、手指、脚掌、脚趾均可以发挥出一定的操作力。故此在设计人机系统时，为了使操纵者发挥最大的主观能动性，而又不感到疲劳，既耗费能量最少，同时感到轻松愉快，就必须很好地考虑操纵力的数值以及操作者的生理状况是否能够付出所需要的操作力。

1. 人体操纵力特性

肢体的力量来自肌肉收缩，肌肉收缩时产生的力称为肌力。肌力的大小取决于以下几个生理因素：单个肌纤维的收缩力；肌肉中肌纤维的数量与体积；肌肉收缩前的初长度；中枢神经系统的机能状态；肌肉对骨骼发生作用的机械条件。研究表明，一条肌纤维能产生（1～2）$\times 10^{-3}$ N 的力量，若以肌肉生理横断面测算，约为40 N/cm^2，因而有些肌肉群产生的肌力可达上千牛顿。人体全部肌肉估计约有2.7$\times 10^8$条肌纤维，若以同一方向施力，至少可产生 25 吨的力。

在操作活动中，肢体所能发挥的力量大小除了取决于上述人体肌肉的生理特征外，还与施力姿势、施力部位、施力方式和施力方向有密切关系。只有在这些综合条件下肌肉出力的能力和限度才是操纵力设计的依据。图 3—8 所示为直立姿势下弯臂时，不同角度所能发挥出的力大小与体重的比值。由图 3—8 可知，大约在 70°处可达最大值，即产生相当于体重的力量。这正是许多操纵机构（例如方向盘）置于人体正前上方的原因。

（1）人用力的一般原则。

1）所有动作应该是有节律的，各个关节要保持协调，则可减轻疲劳。

2）在操作时，各关节的协同肌群与拮抗肌群的活动要保持平衡，才能使动作获得最大的准确性。

3）瞬时用力要充分利用人体的质量作尽可能快的运动。

4）大而稳定的力量取决于肌体的稳定性，而不是肌肉的收缩。

5）任何动作必须符合解剖学、生理学和力学的原理，以提高工效。

（2）人用力的特殊情况。

1）肘关节肌肉群屈曲时所产生的力的大小，依赖于手的方向，当手掌面向肩部时，产生的力最大。

2）人体发出的力，以坐在带固定靠背的椅子上，两脚蹬踩时产生的力最大。

3）提取重物时，必须用体重与负荷作对抗性平衡。

4）坐姿作业难以向下用力。

5）头部与脊柱上端在保持平衡的情况下进行操作最为有利。否则，易引起疲劳。

6）指、腕、肘、肩关节依次活动时，指关节力量最小，但精确性最高；肩关节力量最大，但精确性最低。

7）用脚施加压力时，动作的精确性是通过踝关节而不是以足跟运动来控制的。

2. 手的操纵力

(1) 坐姿操纵力。坐姿时不同角度上臂测试如图 3—9 所示，其测量结果见表 3—14，这些数据一般健康男子均可达到。通过表 3—14 可得出手臂操纵力的一般规律：

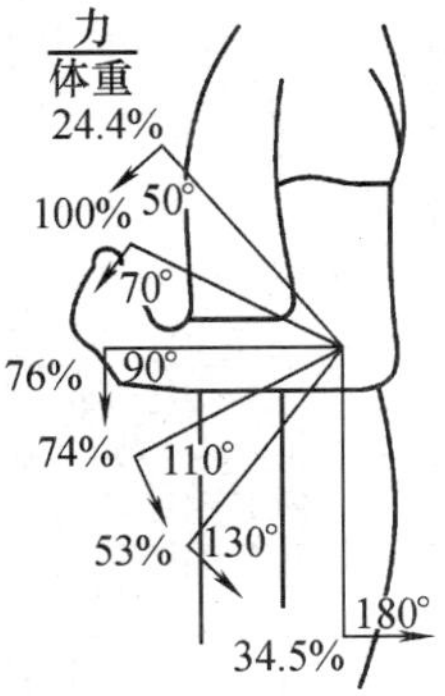

图 3—8　立姿弯臂时的力量分布

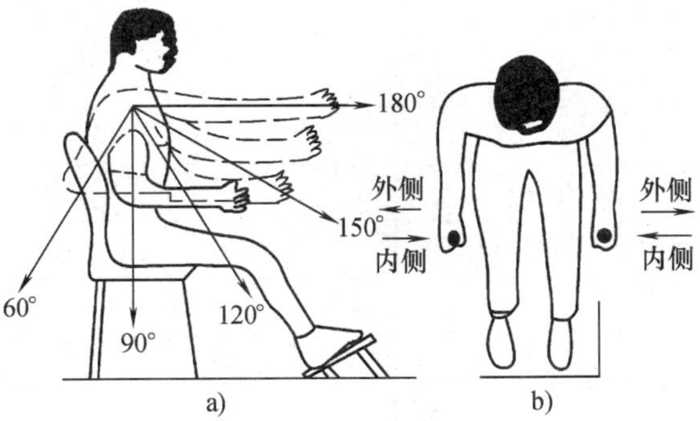

图 3—9　坐姿控制力侧视图

a）侧视图　b）俯视图

1）左手力量小于右手。

2）手臂处于侧面下方时，推拉力都较弱，但其向上和向下的力较大。

3）拉力略大于推力。

4）向下的力略大于向上的力。

5）向内的力大于向外的力。

(2) 立姿操纵力。立姿操纵时，手臂在不同角度上的拉力和推力分布如图 3—10 所示。由图可知，最大拉力产生在肩的下方 180°方向上，手臂的最大推力则产生在肩的上方 0°方向上。所以，以推拉形式操纵的控制装置，安装在这两个部位时操纵力最大。

(3) 握力。一般人右手的握力大于左手。一般青年男子右手平均瞬时最大握力约为 550 N，左手约为 421 N。保持 1 min 后，右手平均握力降到 274 N，左手降至 244 N。可见，握力与手的姿势和施力持续时间有关。表 3—15 为日本人的右手握力数据。

人们在劳动过程中，要使用各种手持工具进行操作，如钳子、镊子、锄头、斧头等。在使用手持工具时，人手和工具组成了统一的整体，因此，所设计的工具把柄必须和手统一起来。手持工具把柄的外形、大小、长短、重量以及制造材料除应满足操作的要求外，还要符合操纵者的生理特点和生物力学特点，以减轻劳动强

表 3—14　　坐姿时手臂在不同方向上的操纵力

手臂角度（°）	拉力（N）		推力（N）	
	左手	右手	左手	右手
	向后		向前	
180（向前平伸臂）	230	240	190	230
150	190	250	140	190
120	160	190	120	160
90（垂臂）	150	170	100	160
60	110	120	100	160
	向上		向下	
180	40	60	60	80
150	70	80	80	90
120	80	110	100	120
90	80	90	100	120
60	70	90	80	90
	向内侧		向外侧	
180	60	90	40	60
150	70	90	40	70
120	90	100	50	70
90	70	80	50	70
60	80	90	60	80

度，提高劳动效率和劳动质量，在人机系统设计时，要考虑操作者的握紧强度。握紧强度是人能够施加在手柄上的最大握紧力（可用测力计测量）。在设计手工工具、夹具和操纵机构时，都需考虑握紧强度的数值。

年龄在 30 岁以上时，可用式（3—4）近似计算手操纵的握紧强度：

$$T_s = 608 - 2.94A \qquad (3—4)$$

式中　T_s——手操纵握紧强度，N；

A——年龄，周岁。

利用手柄操纵时，最适合的操纵力大小与手柄距地面的高度、操纵方向、左右手等因素有关，表 3—16 给出了各种情况下，手柄操纵时最合适的操纵力的数值。

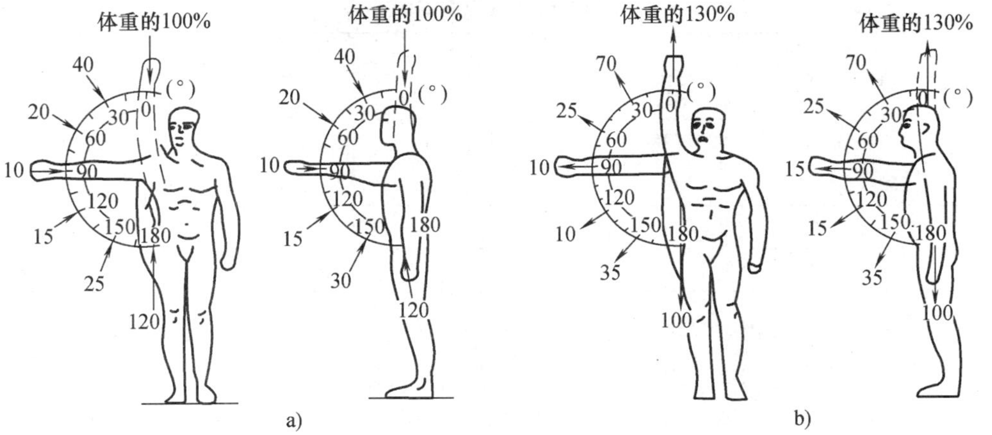

图 3—10　立姿操作时手臂在不同角度上的拉力和推力分布

a）拉力　b）推力

表 3—15　　**男女不同年龄段握力**

性别	年龄（周岁）	握力（N）		
		最小值	最大值	标准值
男	16	274	480	343～441
	18	324	529	392～460
	20	344	556	418～487
	23	373	579	442～510
	25	379	585	448～516
女	16	202	314	239～276
	18	211	332	248～285
	20	218	330	256～293
	23	226	338	264～301
	25	230	343	268～305

（4）拉力与推力。在立姿手臂水平向前自然伸直的情况下，男子平均瞬时拉力可达 689 N，女子平均瞬时拉力为 378 N。若手做前后运动时，拉力要比推力大。瞬时最大压力可达 1 078 N，连续操作的拉力约为 294 N。当手做左右方向运动时，则推力大于拉力，最大推力约为 392 N。

（5）扭力和提力。双臂做扭转操作时一般可分为身体直立、双手扭转，身体扭

表 3—16　　应用手柄操纵时最合适的力

手柄距地高度（mm）	左手最适合的用力（N）			右手最适合的用力（N）		
	向上	向下	向侧方	向上	向下	向侧方
500～650	140	70	40	120	120	30
650～1 050	120	120	60	100	100	40
1 050～1 400	80	80	60	60	60	40
1 400～1 600	90	140	40	40	60	30

曲、双手扭转和弯腰双手扭转 3 种不同姿势。其中，身体直立、双手扭转长的把手时，男子的扭力为 381±127 N，女子的扭力为 200±138 N。有些把手很短，需要弯腰操作。据测量，弯腰双手扭转时，男子的扭力为 943±335 N，女子的扭力为 416±196 N。前臂水平前伸，手臂向下，然后往上提物料，平均提力为 214 N。

由于手臂弯曲时，手在人的前方活动能发挥出较大的操纵力，所以操纵机构布置在操纵者的正前方可以得到最好的操纵效果，操作者站时臂伸直的最大拉力产生在 180°的位置上，即产生在垂直向上拉的位置上。所以需要向上拉的操纵机构布置在下面能得到最大操纵力，操作者站立时臂伸直的最大推力产生在 0°的位置上，即垂直向上推的位置上，但由于受空间、设备和人的习惯所限，不在此方向布置操纵机构。人在伸直前臂时向前推较向侧面推所产生的力大一些，所以推力操纵的机构尽量布置在操作者的前面（即最佳位置）。

一般人在平稳动作时，手臂所产生的最大操纵力可达 800 N，人在猛烈瞬间动作时，所产生的最大操纵力可达 1 000～1 100 N。正常情况下用手操纵时，操纵机构所需要的操纵力不应大于 127～150 N，否则将不能持久地进行劳动，极易出现疲劳，若在这种情况下，继续坚持劳动，则可能导致事故发生。

3. 脚的操纵力

在生产中，用脚操作的情况很多。最常见的是汽车的离合器踏板和刹车踏板，缝纫机踏板，加工机械（如冲床、蒸汽锤等）的脚踏控制装置等。

脚产生力的大小与下肢的位置、姿势和方向有关。下肢伸直时脚所产生的力大于下肢弯曲时脚产生的力。坐姿有靠背支持时，脚可产生最大的力；立姿时，脚的用力比坐姿时用力大。一般坐姿时，右脚最大蹬力平均可达到 2 568 N，左脚为 2 362 N。据测定膝部伸展角在 130°～150°或在 160°～180°之间时，腿的出力最大，脚产生的操纵力一般都是以压力的形式出现，压力的大小随着脚离开人体中心对称线向外偏转的程度有关，图 3—11 所示为脚在各个角度时出力及其比值。

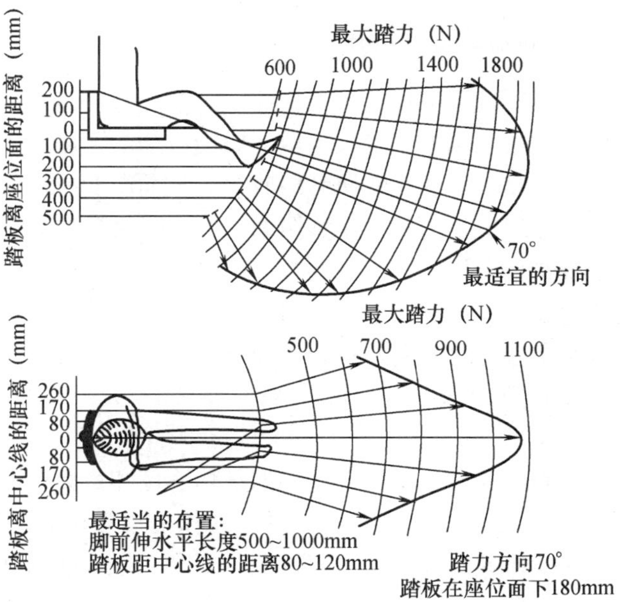

图 3—11　不同体位下脚的蹬力及在各个角度时的压力比值

一般地说，在坐姿的情况下，脚的伸展力大于屈曲力，右脚的操纵力大于左脚的操纵力，男的脚力大于女的脚力。表 3—17 为脚的操纵力比较。脚力控制器的操纵力最好不超过 264 N，否则易引起疲劳。对于需要快速操纵的踏板，用力不应超过20 N。

右脚用力的大小、速度和准确都优于左脚。操纵频繁的作业应考虑双脚交替操作。在操纵力较大（大于 50 N）时，宜用脚掌着力，此时脚掌与脚趾同时起作用；对于操纵力较小（小于 50 N）或需连续、快速操作时，宜用脚趾操作。

表 3—17　　　　　　　　　脚的操纵力比较

脚别	屈曲力（N）		伸展力（N）	
	男	女	男	女
右脚	326	234	478	344
左脚	299	209	421	299

需要注意的是，肢体所有力量的大小都与持续时间有关。随着时间的延续，人的力量很快衰减。例如，拉力经过 4 min 后即衰减到最大值的 1/4，而且，任何人力量衰减一半时所需要的持续时间都是差不多的。

二、人体运动的速度与准确度

1. 肢体的动作速度

肢体动作速度的大小，基本上取决于肢体肌肉收缩的速度。中枢神经系统根据需要时而使慢肌纤维收缩，时而使快肌纤维收缩。从而改变肌肉的收缩速度。收缩速度还取决于肌肉收缩时所发挥的力量和阻力的大小。发挥的力量越大，外部阻力越小，则收缩速度越快。

对于操作动作速度，还取决于动作方向和运动轨迹等特征。另外，不同的动作特点对运动速度影响十分显著，因此，合理地设计操作运动可明显提高工效。

人的无条件反应时间为 0.1～0.15 s，听觉反应为 0.1～0.2 s，手指叩击速度 1.5～5 次/s，判断时间为 1～5 s。

人体从事快而准确的直线运动，其运动的平均速度和最大速度随移动距离的增加而增加（研究中的最大距离为 406.4 mm），动作准确度的误差率，以短距离时最大，随距离的增加动作准确度的误差率减少。要求又快又准的做一种动作时，距离为 25 mm，100 mm 及 400 mm 时的平均最大速度分别为 330 mm/s，960 mm/s 及2 420 mm/s较为适宜，用右手从左到右的运动要略快于从右到左的运动，以优势手完成运动的时间略短于两手运动，在准确度上却又存在差别。

在准确度及运动距离受一定限制的条件下，测定工业劳动中的手动速度，其结果与原来所述类似，即 203 mm，406 mm，609 mm 距离时，手动速度分别为 850 mm/s，1 600 mm/s 及 2 210 mm/s，这些数据提示，若运动距离限制在 600 mm左右及以下，而且若运动范围及准确度不加限制，而只是强调速度，则速度可超过6 000 mm/s。

使用转动型控制器时，操作者在能与指针运动相协调的连续操作中转动手轮的最大速度约为 250～300 r/min。大号手轮摩擦系数增加，不适合的体位以及把手的不称手等均可使该速度降低。不同操作情况的最适合速度区（即误差率最低速度范围）不同，一般认为 180 r/min 的速度是大多数操纵者的最适速度。

有的操作常常不需要用眼睛观察而迅速准确地操纵控制器，如司机加大油门的操作，就需要控制设计使操作者能准确迅速安全地连续操作，如果把控制器安排在便于精确和快速调节的位置上就可以提高操作者的准确性，避免一些事故的发生。表 3—18 至表 3—20 给出人体不同部位运动速度与频率值。

对于那些要求身体做较大范围动作的操纵工作，需要合理地选择，使操作者具有灵活动作的轨迹，动作灵活性包括动作速度和频率。

表 3—18　　人体各部位运动速度与频率限度

项目	动作速度或频率	
	数值	单位
手的运动	35	$cm \cdot s^{-1}$
控制操纵杆位移	8.8～17	$cm \cdot s^{-1}$
手指敲击的最大频率	3～5	次 · s^{-1}
旋转把手或驾驶盘	9.42～29.46	$r \cdot s^{-1}$
身体转动	0.72～1.62	次 · s^{-1}
手控制的最大谐振截止频率	0.8	Hz
手的弯曲与伸直	1.0～1.2	次 · s^{-1}
脚掌与脚的运动	0.36～0.72	次 · s^{-1}

表 3—19　　动作速度表

动作部位	动作特点	动作一次最少的平均时间（s）
手	抓取动作：直线的	0.07
	抓取动作：曲线的	0.22
	旋转动作：克服阻力	0.72
	旋转动作：不克服阻力	0.22
脚	直线的	0.36
	克服阻力的	0.72
腿	直线的	0.36
	脚向侧面	0.72～1.45
躯干	弯曲	0.72～1.62
	倾斜	1.26

表 3—20　　人体各部分的最大频率

动作部位	动作最大频率（次 · min^{-1}）	动作部位	动作最大频率（次 · min^{-1}）
手	204～406	臂	99～344
手指	360～431	腿	300～373
前臂	160～292	脚	330～400

最大动作速度与负载的重量成正比，而达到最大速度所需要的时间与负载成正比，动作的方向和轨迹应当满足工作动作准确性的要求。

人体较短部位的动作比较长部位的动作灵活；人体较轻部位的动作比较重部位的动作灵活；人体体积较小部位的动作比较大部位的动作灵活。

在进行安全人机系统设计时，为了使动作速度、频率和准确性、灵活性很好地结合，必须遵循下面的规律：

（1）人体劳动时，不论长时间或短时间的连续动作，都应在最有利的位置开始和结束。

（2）操作者沿曲线的、直线的或不规则轨迹的动作，都应该让操作者的动作从容不迫。

（3）具有急剧改变方向的曲线或直线的动作，应该尽量采用流畅而连续的动作。

（4）手在水平内动作比在垂直面内的动作要准确。

（5）人在工作时动作的次数应尽量减少，频率应降低。

（6）一些重要的作业尽可能由一个人的动作完成。

（7）最重要的和常用的装置或工具应当放在最有利范围之内。

（8）操纵者的操纵动作，按适宜的半径作圆周运动比沿直线运动好。

（9）从一个操纵位置到另一个操纵位置的动作应当平稳，不允许有跳跃式动作。

（10）如果操作者不可避免地按不正确的轨迹动作时，应当考虑改变手的动作，这时采用直线形式的轨迹要灵活些。

2. 人体运动的精度

通常，人体运动的精度比速度更为重要。比如，司机在驾驶的时候是踩油门还是刹车，对汽车驾驶的安全就显得十分重要。人体运动精度主要考虑两方面的内容，即具有视觉反馈的运动精度和没有视觉反馈的运动精度。

对于具有视觉反馈的运动精度，主要与运动时间有关。如果给予足够的时间，运动精确性都会较高。

对于没有视觉反馈的运动精度的问题就要复杂一些，也是人机工程研究的重点。出现没有视觉反馈的控制，可能是由于当时环境过于黑暗或者是由于当时人的关注点不在其自身的动作。还有一种情况是由于运动速度过快，无法利用视觉进行控制。没有视觉反馈的运动精度，受到目标位置、运动距离和运动速度等因素的共同影响。图 3—12 所示说明了距离对运动精度的影响。

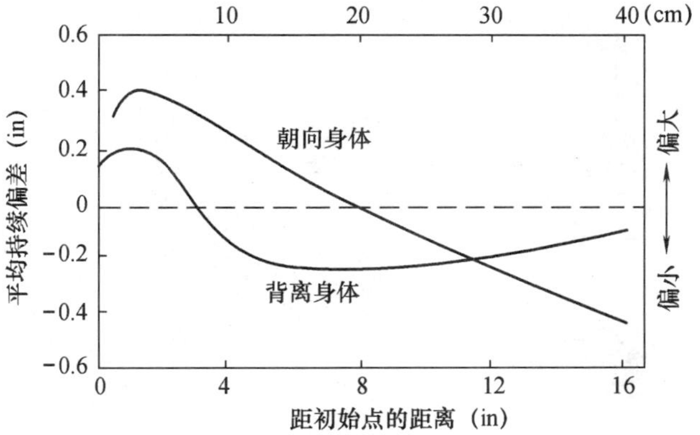

图 3—12　距离对动作精度的影响

三、影响人体作用力的因素

1. 体重

体重对人体作用力的发挥存在着有利和不利两个方面。例如，在提取地上重物时，身体及头部随重物的被提起而向上移动（抗重力），此时体重为不利因素，而向下用力时，体重又提高了力的使用效率。如果将物体放置在地面上（向下用力），站姿比坐姿更好。

操作时应尽量避免将力耗费在不合理的动作和身体的运动上。图 3—13 所示就说明了这一点。

作业中动作要对称，避免因用力过度而破坏身体的稳定性；动作要有节奏，防止肢体过度减速而浪费能量；动作要自然，力求在最合适的肌肉和位置、最自然的关节采取相应姿势尽量使体重发挥作用。

有些工作要求人的各种动作必须连续、准确、有力、及时，并使动作协调才能安全地完成一次，由于运动速度不适、力量不够而造成事故是常有的事。

控制器应能承受静止肢体的重量，这一点对防止意外启动，保证安全和消除肢体静态作业非常重要。例如，汽车的足控蹬板应能承受驾驶员下肢的静止重量，不同人群（包括体格和性别）的身体各部分的重量是不同的，其中以躯干和大腿的重量差别最大。

当然控制器所承受的只是人体重量的一部分，如操作者的脚放在蹬板上，该蹬板所承受的重量是脚、小腿的重量和一部分大腿的重量。一般认为，大腿、小腿与

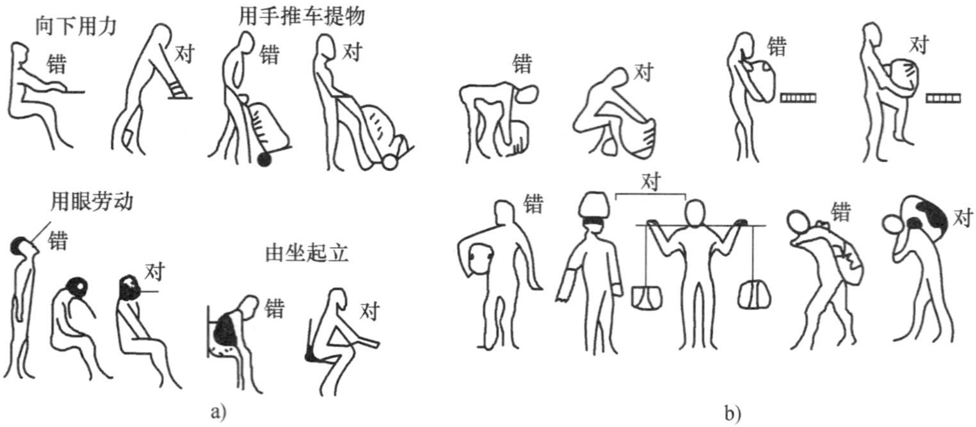

图 3—13　力的应用
a）重量分布　b）提取和搬运

上臂、前臂及手的重心在距离各肢体上端的该肢体长度的 45%处，而脚的重心则是从足跟算起，为全足长度的 1/3 处。

2. 体位

操作者的体位（立位、坐位、躺位）、躯干的稳定性对人体的作用也有一定的影响。

操作者立位作业可以经常改变姿势，活动范围也大，站立时易用力，但单调作业会引起生理性和心理性疲劳，立位可适当地走动，有助于维持工作能力，但立位又不易进行精确而细致的工作，不易转换操作，而且肌肉要做更多的功来维持体重，易引起疲劳。

坐位则可以进行较长时间的精确而细致的工作，可以手足并用，但是坐位作业不易改变姿势，用力受限制，工作范围受局限，久坐会导致生理性疲劳。

躺位（如汽车修理工修理汽车时就有时必须仰躺着工作）操作易疲劳。

在设计人机系统时，应综合考虑操作的工作体位、姿势的改变等。体位正确可减少静态疲劳，有利于身体健康和保证工作质量，提高劳动生产效率并能保证安全。

3. 个体因素

不同人的力量相差很大，强壮的人的人体力量是虚弱的人的人体力量的 6～8 倍。影响人体力量因素，如基因、人的尺寸、训练、动机、年龄和性别等。人在 25～35 周岁时，力量达到最大值，在此以后，随着年龄的增长人体力量开始下降。

第四节　疲劳与恢复

一、疲劳的概念

1. 疲劳的定义

疲劳的概念很难准确解释，由于它涉及许多现象，迄今尚无统一的确切的定义。但随着关于疲劳的研究不断深入，对疲劳本质的认识也在不断深化，其定义有以下两种说法：一种定义为："所谓疲劳，就是在人体发生可以概括为失去功能或打乱功能的变化，也就是发生机能变化、物质变化、自觉疲劳和效率变化的现象。"另一种定义为："所谓疲劳就是人体内的分解代谢和合成代谢平衡不能维持，换言之，当高位与低位的代谢反应平衡不正常时叫疲劳。"由上述定义可以看出，对疲劳问题研究早期是以物质代谢为重点的生理学的疲劳，后来才发展为考虑了功能的综合作用和社会影响，在概念上是一个扩展。

2. 疲劳的特点

(1) 疲劳可能是将身体的一部分过度使用之后发生的，但并不是只发生在身体的这一部分，可能出现在整个身体上。通常，疲劳所产生的症状，不仅在局部有疲劳、倦累的感觉，而且也会带来全身筋疲力尽的感觉和不愉快，之后出现疲劳自觉症状。由于疲劳引起全身症状，因而也表现出大脑疲劳，这种大脑与疲劳有关的现象，乃是人身疲劳的最大特征。

(2) 疲劳不但使作业能力降低，同时也有作业意志减弱的迹象，这种现象主要是人体自动无意识限制和对休息的需要而产生的。这种限制过度的劳动以减少疲劳的发生，可以说具有防护身体安全的作用。

(3) 人体疲劳后，具有恢复原状的能力，而不会留下损伤痕迹。这种现象与机械不同，当机械疲劳达到破坏程度时，并不能再自动恢复原状，而身体疲劳后，却能够自动恢复原状。人体与机械的疲劳形态又有相同之处，即都是一种累积的形态。越是过度作业，疲劳出现得越早越严重。反之越是轻松而短暂的工作，越不易发生疲劳，或疲劳现象发生得越晚。

(4) 有一种疲劳状态是由作业内容和环境变化太少引起的，当作业内容和环境改变，疲劳可以减弱或消失。

(5) 从有疲倦感到精疲力竭，感觉和疲劳有时并不一定同步发生，当人们对作业不感兴趣、缺乏动力时，已有疲劳感觉，但机体并未到达疲劳状态。当人们过于关注自己的工作、责任心很强、积极性很高时，会发生机体已过度疲劳、但主观并未感觉疲劳。

二、疲劳的分类和产生机理

1. 疲劳的分类

关于疲劳的分类，并无统一方法，主要是根据研究的目的和方法进行分类。按疲劳的原因来分，有生理性疲劳和心理性疲劳；按疲劳所发生的部位分，有精神疲劳、肌肉疲劳和神经疲劳；按疲劳的程度分，有一般疲劳、过度疲劳和重度疲劳。另外，根据疲劳产生的时间长短不同可分为急性疲劳和慢性疲劳。按作业方式，可分为动态作业疲劳和静态作业疲劳。根据中心器官还是外周器官的功能发生变化，分为中心性疲劳和外周性疲劳等。

2. 疲劳产生的机理

（1）疲劳物质累积机理。作业者短时间内从事大强度体力劳动，消耗较多能量，能量代谢需要的氧供应不充分，产生无氧代谢，乳酸在肌肉和血液中储积，使人感到身体不适，即产生疲劳感。

（2）力源耗竭机理。作业者从事轻或中等劳动强度作业，由于时间较长，造成肌糖原耗竭，使人产生全身不适，即产生全身性疲劳。

（3）中枢变化机理与生化变化机理。前苏联学者认为，全身或中枢性疲劳是强烈或单调的劳动刺激引起大脑皮层细胞存储的能源迅速消耗，这种消耗引起恢复过程的加强，当消耗占优势时，会出现保护性抑制，以避免神经细胞进一步损耗并加速其恢复过程，这一机理称为中枢变化机理。

美、英学者认为全身性疲劳是由于作业及其环境所引起的体内平衡紊乱，引起紊乱的原因除包含局部肌肉疲劳外还有其他许多原因，如血糖水平下降、肝糖原耗竭、体液丧失、体温升高等，此机理称为生化变化机理。

（4）局部血流阻断机理。静态作业时，肌肉收缩，肌肉变得坚硬，其内压增大，可达几十千帕，引起部分或全部血流阻断。能量代谢在缺氧或无氧状态下进行。血液中产生乳酸堆积，产生局部疲劳感。

一般认为机体疲劳是上述四种机理共同作用的结果。

三、影响疲劳程度的因素

人的疲劳往往与各种形式的劳动（体力和脑力）速度、强度和持续时间等因素有关。劳动速度快、强度大，疲劳出现越早；持续时间越长，疲劳越容易发生。

生理性疲劳除与劳动方式、速度、强度和持续时间、身心活动简单的因素有关外，还与照明、气候、温度、湿度等工作环境因素有关。因为这些环境条件都能对大脑皮层产生刺激作用，一旦超限，就会出现疲劳。比如在昏暗灯光下看书学习，视觉易疲劳；在较大［如 60 dB（A）以上］的噪声环境中，身心易感到疲劳；在温度高、湿度大的生产环境中，肌体易疲劳；因家务事多、子女淘气、与同事口角、受领导批评等精神易疲劳。此外疲劳的产生还与年龄、健康状况有关，如青年易感疲劳，身体有病易疲劳。

人的大脑皮层，有一种保护自己的能力。当一个区域经过太久的兴奋过程后，兴奋区就会进入抑制状态引起整个机体的共济失调，在血液和肌肉及其他许多器官中，产生一系列复杂的生理变化而达到保护大脑的作用。所以，疲劳是人所共有的现象，它是提醒人们应该休息，告诫人们不可过于劳累而影响身体健康。

心理性疲劳受环境的影响很大，周围环境稍有改变就会产生不同的效果。精神面貌和工作动机对心理性疲劳的影响更为明显。竞争中（或战争、体育比赛等）胜负双方的疲劳感觉截然不同就是明显的例子。

劳动内容单调极易引起心理性疲劳，而所做工作的效率如何，对疲劳的出现也有一定的影响。有人研究的工人在 8 h 内工作效率的变化规律，发现随着工作时间的推移，工人的工作效率逐渐下降；但在工作日结束前的短时间内，工人的工作效率又一次出现回升，这一现象证明人具有短时间掩盖疲劳的能力。造成下班前工作效率短时间回升的原因或者是工人想赶着完成当天的任务，或者是受到即将回家的鼓舞，提高劳动积极性，这同样说明心理因素在疲劳问题上的重要地位。

国外心理学家还发现，性格差异和智能水平的高低使人们在工作中产生厌倦和疲劳的程度是不同的。比如智商高于 140 的人，就不宜分派去做单调、重复的工作，像流水线的作业等。因为智商水平越高的人，对单调重复的事容易感到不满足而产生厌倦疲劳之感，智商水平低的人则不易有那样的情绪。生性欢悦好动的人，在工作中易感疲劳；性格沉静安分的人，在工作中不易感疲劳。

四、疲劳症状调查和测量

一旦发生疲劳，就会以各种形式表现出来，以提醒人们注意。那么疲劳的形式是什么？怎样测定疲劳症状呢？日本工业健康协会工业疲劳研究委员会制定了一套疲劳主观症状表（见表 3—21），此表系该委员会对不同单位的 250 种职业的 11 789名工作人员，进行广泛的调查了解的结果。被调查对象有体力劳动者、脑力劳动者，有上白班、长夜班，也有轮班制的。此表可以在作业前、作业中或作业后

表 3—21　疲劳自觉症状调查表

A 感觉疲倦变得迟钝（生理上）	B 注意力难以集中（心理上）	C 表示出健康上的损害（生理上）
（1）感到头痛	（1）感到思考有困难	（1）头痛
（2）全身感到疲乏	（2）对谈话不耐烦	（2）感到肩膀僵直
（3）两腿发软	（3）神经质	（3）背痛
（4）打哈欠	（4）不能集中注意力	（4）感到呼吸急促
（5）头脑发热、糊涂	（5）对事物失去兴趣	（5）感到口渴
（6）开始打瞌睡	（6）健忘	（6）嗓子沙哑
（7）看东西费劲	（7）缺乏自信心	（7）头晕目眩
（8）行动呆板手脚不灵	（8）遇事焦虑不安	（8）眼睑痉挛
（9）站立不稳	（9）难以端正姿势	（9）四肢震颤
（10）想躺下	（10）失去耐心	（10）觉得生病了

填写。

疲劳的测量可以依据生理学、心理学、生化学等测量方法和指标进行，如血液、体温、尿，肌力、肌电图，呼吸次数、呼吸量，心率、血压，视力、听力，反应时间等。常见的疲劳测量方法主要有反应时间测定法、闪光融合频率测定法和综合测定法等几种。

五、疲劳的改善与消除

疲劳对一切工作在数量上、质量上和伤害程度上有相当影响。要完全消除疲劳是困难的，但减轻疲劳程度和由疲劳引起的伤害是可能的，也是大有潜力可挖的。

病态疲劳出现，首先要查明原因对症治疗。而心理性疲劳，则应树立正确人生观，眼光放远，不拘于个人圈子之中，注意个人情绪的陶冶，特别是那些健康向上的美妙音乐，多能促进良好情绪的发展，减少疲劳的发生。

体力劳动以不快不慢的速度进行，维持时间最长久，不易疲劳。重体力劳动因节律太快，消耗体力太严重，无法维持高速度的工作，为了减轻疲劳，只能以较低的速度工作。这种情况与马拉松比赛相似，运动员必须把力量均匀地使用，这样才能有效地跑完全程。

工间休息是减轻体力劳动者疲劳的行之有效的方法。经验表明，工间休息应该在劳动者感到疲劳前开始，并且劳动者越感劳累，工间休息时间也相应长一些。合理的膳食也可以帮助减少疲劳。过重的体力活动要消耗大量的蛋白质和糖，饮食中应该注意加以补充。再配以保健按摩、欣赏音乐和其他形式的文艺活动，疲劳将消除得更快。

坚持正常的作息时间，安排好合理的休息时间，既是人体生物节律的要求，也能减轻人体的生理紧张。例如，长期在噪声环境下工作，让工人在工作中有适当的短期休息时间和做工间操，设立安静的休息室为工间休憩场所和午休等，可防治听觉疲劳，积极预防职业性耳聋。又例如，让操作风动工具等强振动环境中的工人，进行工间休息，可减少事故发生率。且振动的频率越高，休息次数和时间相应地增加和延长。若风动工具振动频率每分钟1 200次时，工作 1 h 应休息 10 min，若振动频率达每分钟5 000次，则应休息 30 min。有人对化铁炉操作工人进行的研究结果表明，用工作 1 h 的方法来安排工作，把全班分成 4 段，中间穿插 4 次休息时间，实行这种“1 h 休息制”以后，平均心律恢复曲线在上午有所降低，但下午曲线的水平就显著降低。若工作半小时后，休息 30 min，把整个班分为 8 个，中间穿插 8 次休息，实现这种“半小时定期休息制”，能够得到满意的效果。

脑力劳动要注意合理用脑，一旦发生脑力疲劳现象，就应立即设法消除。最积极的是体育锻炼，尤以放松式运动项目最佳，如太极拳、气功、散步、健身跑、冷水浴等，这些活动促进大脑营养状况的改善，调节其功能，有助于大脑的镇静与放松。

改进工作的环境条件是人减轻疲劳的有效方法之一。目前国外有的地方为提高工作效率和产品质量，防止工作人员疲劳带来的安全事故，已开始模拟某种自然环境。如在前苏联的一些工厂车间里，布置一种“人造天空”。早晨在车间的天棚上呈现蓝色；随着时间的推移天棚慢慢变成白天的颜色；下班时，天空上出现一片夕阳西下的景象。这对减轻工人的疲劳很有效。又如在美国的一些工作车间，当劳动者感到疲劳的时候，便开动阴离子发生器，向车间输送类似瀑布、山林和海滨空气的“人工电气候”。因为这些地方的空气中含有较多的阴离子，这种离子能净化空气、除尘，也能消除人的生理性疲劳。经长期的观察证明，阴离子对人体生理的作用是多方面的，它可以调节中枢神经系统的兴奋和抑制；可改善大脑皮层的功能状态；可刺激造血系统功能，使异常血液成分趋于正常；改善肺的换气功能，促进机体的新陈代谢，增强了机体的免疫能力。人的健康水平显著提高，专心工作程度加强，操作错误减少。

注意休息能改善疲劳。工作过程中，连续工作时间，最好不要太长，太长能使工作效率降低更多、伤害事故的可能性大大增加。例如，在英国有一个兵工厂，当每周工作由 58 h 减至 50 h 的工作，每小时产量增加 39%，每周总产量增加 21%，为什么 58 h 工作，竟比不上 50 h 的工作，其余 8 h 效率哪里去了？答案很简单，被疲劳“吞食”了。

意大利专家研究发现，工作间隙中，多次短期积极休息，比一次长的休息好处更多。工作时间适度或适当减少，能使工人聚精会神，努力工作，产量反而提高。所以，在工作过程中，当疲劳发生的时候，就应考虑适当的休息，以减轻、消除疲劳，从而提高劳动效率和减少工伤事故。

本章小结

人准确、快速感知信息是人机系统安全、高效运转的前提。人的主要感觉是视觉和听觉。人通过视觉、听觉获得的信息占95%以上。人的视觉和听觉特征与显示器的匹配决定了人是否能准确、快速获得信息；人对信息的反应时间决定了人接受信息的能力，人的反应时间受感觉通道、运动器官、刺激性质、执行器官、刺激数目、颜色、年龄、训练等影响；人在体力、脑力劳动中的感觉水平影响人的信息的接收和处理能力。

心理因素影响人的决策，进而影响人的行为。员工不同的心理过程和个性心理特征影响安全生产，管理者应用各自特点在人事安排、安全教育、安全管理等方面有效开展工作。环境噪声和色彩调节也是对人的心理产生影响的重要因素。

生物力学通过对肌肉、骨骼等的研究，总结出人体运动的特征，得到人体各部分的力量、活动范围、速度和人体组织对于不同阻力所发挥出力量的数值，进而避免做无用功，确保人身安全。

疲劳是影响信息获取和动作协调和准确的重要因素。根据疲劳的机理获得疲劳的原因，从而确定防治疲劳的措施。

复习思考题

1. 何谓人的感觉适应性、感觉有效刺激及感觉相互作用？对上述特性的研究对安全生产有什么作用？
2. 人的视觉、听觉各有哪些特征？
3. 何谓人的反应时间？如何能缩短人的反应时间？
4. 如何能提高人的信息处理能力？
5. 何谓注意？有哪些特征？
6. 由非理智行为而发生违章操作的心理因素有哪些表现？
7. 如何应用能力的个体差异搞好安全工作？

8. 色彩对人有哪些生理、心理影响？作业场所和工作面色彩选择应注意哪些问题？

9. 噪声对不同工作内容的影响主要体现在哪些方面？

10. 人体活动范围可分为哪几类？如何根据作业特点确定适宜的作业范围？

11. 人体四肢操纵力有哪些特点？对操纵器布置有哪些影响？

12. 在进行安全人机系统设计时，为了使动作速度、频率和准确性、灵活性很好的结合，必须遵循哪些规律？

13. 影响人体作用力的因素有哪些？

14. 何谓疲劳？疲劳形成的原因？

15. 如何能减少或改善作业人员的疲劳？

第四章　安全人机功能分配

本章学习目标

1. 掌握人的主要功能与机的主要功能的比较；能进行一般性的人机功能匹配；掌握机械安全设计的要求。

2. 理解人机功能匹配的不合理表现；理解机械危险的主要伤害形式和机理。

3. 了解人机系统的类型；了解机械的组成及在各状态的安全问题。

第一节　人机系统的基本概念

一、人机系统的类型

在人机系统中，由于人与机器所处地位和作用不同，可将人机系统分为以下几种类型：

1. 按有无反馈分类

（1）开环人机系统。开环人机系统是指系统中没有反馈回路，或输出过程也可提供反馈的信息，但无法用这些信息进一步直接控制操作，即系统的输出对系统的控制作用没有直接影响。如操纵普通车床加工工件，就属于开环系统。

（2）闭环人机系统。闭环人机系统是指系统有封闭的反馈回路，输出对控制作用有直接影响。若由人来观察和控制信息的输入、输出和反馈，如在普通车床加工工件，再配上质量检测机构反馈，则称为人工闭环人机系统；若由自动控制装置来代替人的工作，如利用自动车床加工工件，人只起监督作用，则称为自动闭环人机系统。

2. 按系统自动化程度分类

（1）人工操作人机系统。这类系统包括人和一些辅助机械及手工工具。由人提供作业动力，并作为生产过程的控制者。如图 4—1 所示，人直接把输入转变为输出，系统的效率主要取决于人。

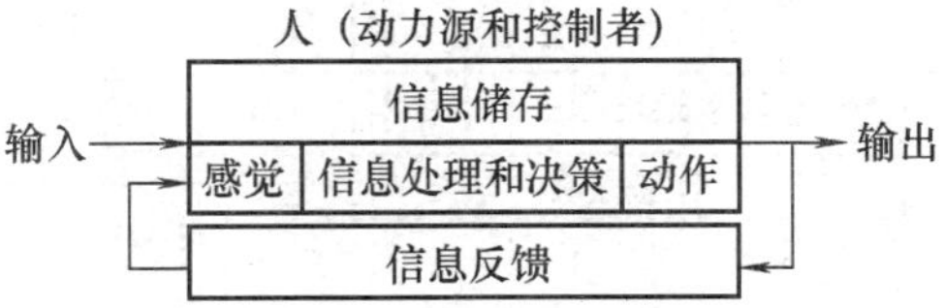

图 4—1　人工操作人机系统

（2）半自动化（机械化）人机系统。这类系统由人和机器设备或办自动化机器设备构成，人控制具有动力的机器设备，人也可能为系统提供少量的动力，对系统做某些调整或简单操作。这种系统中，人与机器之间信息交换频繁复杂。在生产过程中人通过感知来自机器、产品的信息，经人的处理成为进一步操纵机器的依据，如图 4—2 所示。这样不断地反复调整，保证人机系统得以正常运行。

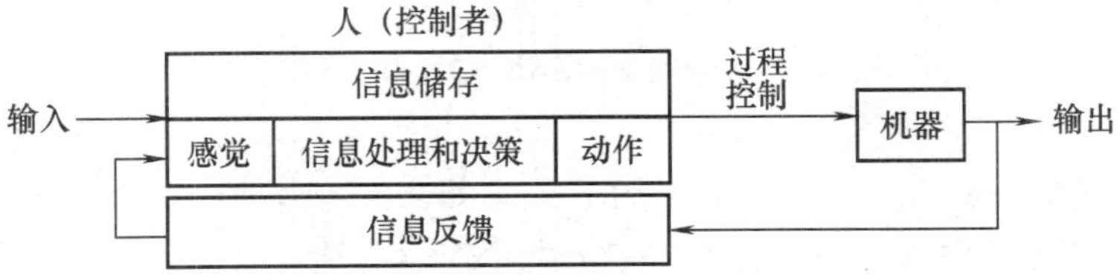

图 4—2　半自动化人机系统

（3）自动化人机系统。这类系统由人和自动化机器设备构成，如图 4—3 所示。系统中信息的接受、储存、处理和执行等工作，全部由机器完成，机器本身就是一个闭环系统，人只起管理和监督作用，只有发生意外情况，人才采取强制措施。系统的能源从外部获得，人的具体功能是启动、制动、编程、维修和调试等。为了安全运行，系统必须对可能产生的意外情况设有预报及应急处理的功能。值得注意的是，不应脱离现实的技术、经济条件过分追求自动化，把本来一些适合于人操作的功能也自动化了，其结果引起系统的可靠性和安全性下降，人与机器不相协调。

3. 按人机结合方式分类

按人机结合方式可分为人机串联，人机并联和人与机串、并混联 3 种类型，如图 4—4 所示。

（1）人机串联系统。人机串联结合方式，如图 4—4a 所示。作业时人直接介入

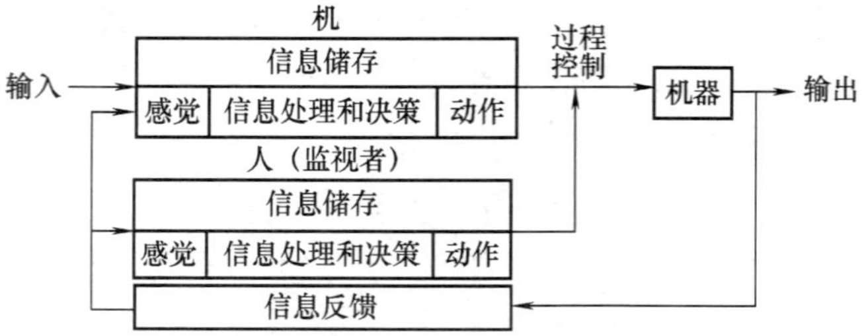

图 4—3　自动化人机系统

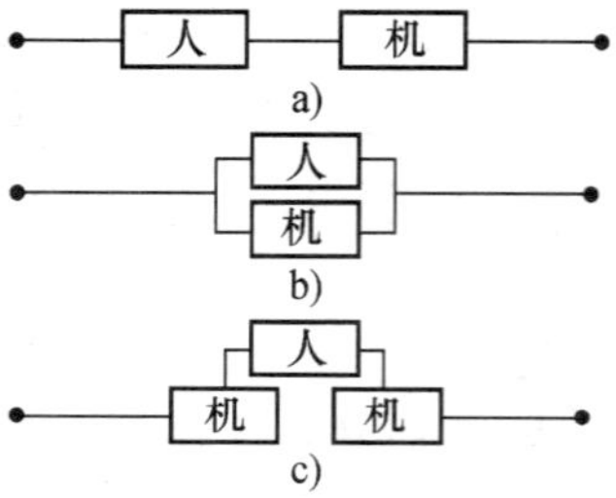

图 4—4　人与机的结合方式

工作系统，操纵工具和机器，人通过机器的作用产生输出，这种人机结合使人的长处和作用增大了，但是也存在人机特性互相干扰的一面。由于受人的能力特性的制约，机器特长不能充分发挥，而且还会出现种种问题。例如，当人的能力下降时，机器的效率也随之降低，甚至由于人的失误而发生事故。所以，采用串联系统时，必须进行人机功能的合理分配，使人成为控制主体，并尽量提高人的可靠性。

（2）人机并联系统。人机并联结合方式，如图 4—4b 所示。作业时人间接介入工作系统，人的作用以监视、管理为主，手工作业为辅，人通过显示装置和控制装置，间接地作用于机器，产生输出。采用这种结合方式，当系统正常时，人管理、监视系统的运行，系统对人几乎无操作要求，人与机的功能有互相补充的作用，如机器的自动化运转可弥补人的能力特性的不足。但是人与机结合不可能是恒定不变的，当系统正常时机器以自动运转为主，人不受系统的约束；当系统出现异常时，机器由自动变为手动，人必须直接介入到系统之中，人机结合从并联变为串联，要求人迅速而正确地判断和操作。

（3）人与机串、并混联系统。人与机串、并联又称混合结合方式，也是最常用的结合方式，如图 4—4c 所示。这种结合方式有多种多样，实际上都是人机串联和人机并联的两种方式的综合，往往同时兼有这两种方式的基本特性。

在人机系统中，无论是单人单机、单人多机、单机多人，还是多机多人，人与机之间的联系都发生在人机界面上。而人与人之间的联系主要是通过语言、文字、文件、电讯、信号、标志、符号、手势和动作等。人与人之间的信息交流属于人机系统中人的子系统范畴，也是人机界面研究的内容。

二、人机系统的功能

人机系统是为了实现安全与高工效的目的而设计的，也是由于能满足人类的需要而存在的。在人机系统中，虽然人和机器各有其不同的特征，但在系统中所表现的功能却是类似的。这些功能概括起来可分为 4 个部分，即人机系统为满足人类的需要，必须具备 4 大功能：信息接受、信息储存、信息处理和执行等，其关系如图 4—5 所示。信息接受、信息处理和执行功能是按系统过程的先后顺序发生的。而信息储存与其他功能均有联系，都表示在其他机能之上，并与 3 个主要过程相联系。

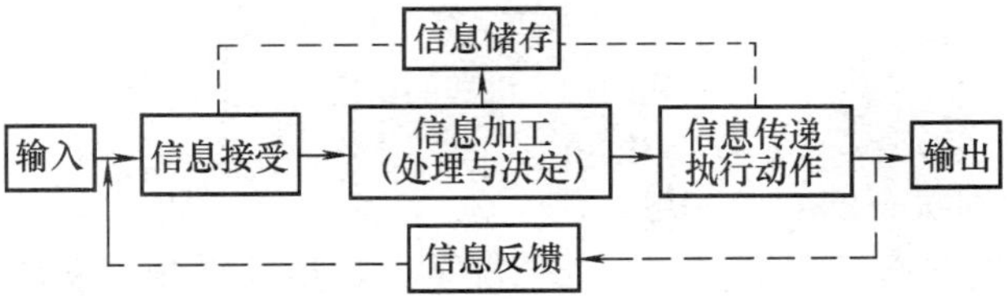

图 4—5　人机系统的功能

第二节　机械的安全特性

一、机械的组成及在各状态的安全问题

GB/T 15706.1—1995《基本概念与设计通则第 1 部分：基本术语、方法学》给出了机械（机器）的定义。机械（机器）是指“由若干个零、部件组合而成，其中至少有一个零件是可运动的，并且有适当的机器制动机构、控制和动力系统等。它们的组合具有一定的应用目的，如物料的加工、处理、搬运或包装等”。“机械这一术语也包括为了同一个应用目的，将其安排、控制得像一台完整机器那样发挥它们功能的若干台机器的组合”。

1. 机械的组成

机器的种类繁多，形状大小差别很大，应用目的也各不相同。从机器最基本的特征入手，把握机器组成的基本规律后可以发现，从最简单的千斤顶到复杂的现代化机床，机器组成的一般规律是：由原动机将各种形式的动力能变为机械能输入，经过传动机构转换为适宜的力或速度后传递给执行机构，通过执行机构与物料直接作用，完成作业或服务任务，而组成机械的各部分借助支撑装置连接成一个整体，其组成结构如图 4—6 所示。

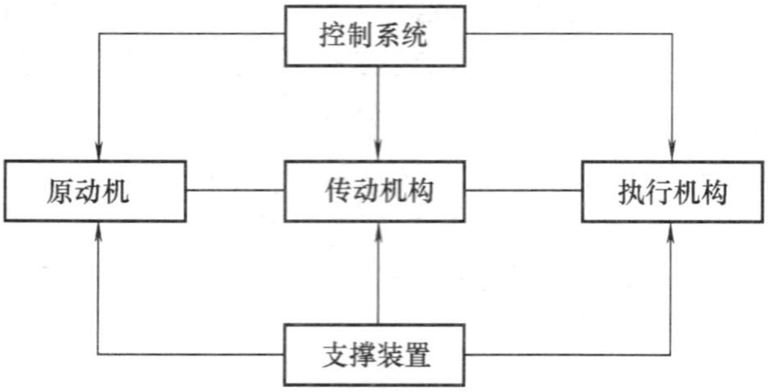

图 4—6　机器的组成

2. 机械在各种状态的安全问题

（1）正常工作状态。在机器完好的情况下，机器完成预定功能的正常运转过程中，存在着各种不可避免的但却是执行预定功能所必须具备的运动要素，有些可能产生危害后果。例如，大量形状各异的零部件的相互运动、刀具锋刃的切削、起吊重物、机械运转的噪声等，在机械正常工作状态下就存在着碰撞、切割、重物坠落、使环境恶化等对人身安全不利的危险因素。对这些在机器正常工作时产生危险的某种功能，人们称为危险的机器功能。

（2）非正常工作状态。在机器运转过程中，由于各种原因（可能是人员的操作失误，也可能是动力突然丧失或来自外界的干扰等）引起的意外状态。例如，意外启动、运动或速度变化失控，外界磁场干扰使信号失灵，瞬时大风造成起重机倾覆倒地等。机械的非正常工作状态往往没有先兆，会直接导致或轻或重的事故危害。

（3）故障状态。故障状态是指机器设备（系统）或零部件丧失了规定功能的状态。设备的故障，哪怕是局部故障，有时都会造成整个设备的停转，甚至整个流水线、整个自动化车间的停产，给企业带来经济损失。而故障对安全的影响可能会有两种结果。有些故障的出现，对所涉及的安全功能影响很小，不会出现大的危险。例如，当机器的动力源或某零部件发生故障时，使机器停止运转，处于故障保护状态。有些故障的出现，会导致某种危险状态。例如，由于电气开关故障，会产生不能停机的危险；砂轮轴的断裂，会导致砂轮飞甩的危险；速度或压力控制系统出现故障，会导致速度或压力失控的危险等。

（4）非工作状态。机器停止运转处于静止状态时，在正常情况下，机器基本是安全的；但不排除由于环境条件不够，导致人员与机械悬凸结构的碰撞；结构垮塌；室外机械在风力作用下的滑移或倾覆；堆放的易燃易爆原材料的燃烧爆炸等。

（5）检修保养状态。检修保养状态是指对机器进行维护和修理作业时（包括保养、修理、改装、翻建、检查、状态监控和防腐润滑等）机器的状态。尽管检修保养一般在停机状态下进行，但其作业的特殊性往往迫使检修人员采用一些超常规的做法。例如，攀高、钻坑、将安全装置短路、进入正常操作不允许进入的危险区等，使维护或修理容易出现在正常操作不存在的危险。

二、机械危险的主要伤害形式和机理

机械危险是指由于机器零件、工具、工件或飞溅的固体、流体物质的机械作用可能产生伤害的各种物理因素的总称。机械危险的基本形式主要有：挤压、剪切、切割或切断，缠绕、吸入或卷入，冲击、刺伤或扎穿，摩擦或磨损，高压流体喷射等。机械的危险可能来自机械自身、机械的作用对象、人对机器的操作，以及机械所在的场所等。有些危险是显现的，有些是潜在的；有些是单一的，有些交错在一起，表现为复杂、动态、随机的特点。因此，必须把人、机、环境这个机械加工系统作为一个整体研究对象，用安全系统的观点和方法，识别和描述机械在使用过程中可能产生的各种危险、危险状态以及预测可能发生的危险事件，为机器的安全设计以及制定有关机械安全标准和对机械系统进行安全风险评价提供依据。

机械危险的伤害实质，是机械能（动能和势能）的非正常做功、流动或转化，导致对人员的接触性伤害。无论机械危险以什么形式存在，总是与质量、位置、速度和力等物理量及运动形式有关。

1. 机器零件（或工件）产生机械危险的条件

由机器零件（或工件）产生的机械危险是有条件的，主要由以下因素产生：

（1）形状。切割要素、锐边、角形部分，即使它们是静止的。

（2）相对位置。机器零件运动时可能产生挤压、剪切、缠绕等区域的相对位置。

（3）质量和稳定性。在重力的影响下可能运动的零部件的位能。

（4）质量和速度。可控或不可控运动中的零部件的动能。

（5）加速度。

（6）机械强度不够。可能产生危险的断裂或破裂。

（7）弹性元件（弹簧）的位能或在压力或真空下的液体或气体的位能。

2. 机械伤害的基本类型

（1）卷绕和绞缠。引起这类伤害的是作回转运动的机械部件（如轴类零件），包括联轴节、主轴、丝杠等；回转件上的凸出物和开口，例如轴上的凸出键、调整螺栓或销、圆轮形状零件（链轮、齿轮、皮带轮）的轮辐、手轮上的手柄等，在运动情况下，将人的头发、饰物（如项链）、肥大衣袖或下摆卷缠引起的伤害。

（2）卷入和碾压。引起这类伤害的主要危险是相互配合的运动部件，例如，相互啮合的齿轮之间以及齿轮与齿条之间，皮带与皮带轮、链与链轮进入啮合部位的夹紧点，两个作相对回转运动的辊子之间的夹口引发的卷入；滚动的旋转件引发的碾压，例如，轮子与轨道、车轮与路面等。

（3）挤压、剪切和冲撞。引起这类伤害的是作往复直线运动的零部件，诸如相对运动的两部件之间，运动部件与静止部分之间由于安全距离不够产生的夹挤，作直线运动部件的冲撞等。直线运动有横向运动（例如，大型机床的移动工作台、牛头刨床的滑枕、运转中的带链等部件的运动）和垂直运动（例如，剪切机的压料装置和刀片、压力机的滑块、大型机床的升降台等部件的运动）。

（4）飞出物打击。由于发生断裂、松动、脱落或弹性位能等机械能释放，使失控的物件飞甩或反弹出去，对人造成伤害。例如：轴的破坏引起装配在其上的皮带轮、飞轮、齿轮或其他运动零部件坠落或飞出；螺栓的松动或脱落引起被它紧固的运动零部件脱落或飞出；高速运动的零件破裂碎块甩出；切削废屑的迸甩等。另外，弹性元件的位能引起的弹射。例如，弹簧、皮带等的断裂；在压力、真空下的液体或气体位能引起的高压流体喷射等。

（5）物体坠落打击。处于高位置的物体具有势能，当它们意外坠落时，势能转化为动能，造成伤害。例如，高处掉下的零件、工具或其他物体（哪怕是很小的）；悬挂物体的吊挂零件破坏或夹具夹持不牢引起物体坠落；由于质量分布不均衡，重心不稳，在外力作用下发生倾翻、滚落；运动部件运行超行程脱轨导致的伤害等。

（6）切割和擦伤。切削刀具的锋刃，零件表面的毛刺，工件或废屑的锋利飞边，机械设备的尖棱、利角和锐边；粗糙的表面（如砂轮、毛坯）等，无论物体的状态是运动的还是静止的，这些由于形状产生的危险都会构成伤害。

（7）碰撞和剐蹭。机械结构上的凸出、悬挂部分（例如，起重机的支腿、吊杆，机床的手柄等），长、大加工件伸出机床的部分等。这些物件无论是静止的还是运动的，都可能产生危险。

（8）跌倒、坠落。由于地面堆物无序或地面凸凹不平导致的磕绊跌伤，接触面摩擦力过小（光滑、油污、冰雪等）造成打滑、跌倒。假如由于跌倒引起二次伤害，那么后果将会更严重。

机械危险大量表现为人员与可运动物件的接触伤害，各种形式的机械危险、机械危险与其他非机械危险往往交织在一起。在进行危险识别时，应该从机械系统的整体出发，考虑机器的不同状态、同一危险的不同表现方式、不同危险因素之间的联系和作用，以及显现或潜在的不同形态等。

三、机械安全设计的要求

机械设计不合理、未满足安全人机工程学要求、计算错误、安全系数不够、对使用条件估计不足等，均容易留下事故隐患，导致事故甚至伤害。机械设备安全应考虑其“寿命”的各阶段，包括设计、制造、安装、调整、使用（设定、示教、编程或过程转换、运转、清理）、查找故障和维修、拆卸及处理。还应考虑机器的各种状态，包括正常作业状态、非正常状态和其他一切可能的状态。无论是机器预定功能的设计还是安全防护的设计，都应该遵循以下两个基本途径：一是选用适当的设计结构，尽可能避免危险或减小风险；二是通过减少对操作者涉入危险区的需要，限制人们面临危险。所以，决定机械产品安全性的关键是设计（机械产品设计和制造工艺设计）阶段采用安全措施，还要通过使用阶段采用安全措施来最大限度地减小风险。机械安全设计应该考虑以下几个因素：

1. 合理设计机械设备的结构型式

机械设备的结构型式一定要与其执行的预定功能相适宜，不能因结构设计不合理而造成机械正常运行时的障碍、卡塞或松脱；不能因元件或软件的瑕疵而引起微机数据的丢失或死机；不能发生任何能够预计到的与机械设备的设计不合理的有关事件。

通过选用适当的设计结构尽可能避免或减少危险，是指在机器的设计阶段，从零件材料到零部件的合理形状和相对位置，从限制操纵力、运动件的质量与速度到减小噪声和振动，采用本质安全技术与动力源，应用零部件间的强制机械作用原理，遵循安全人机工程学原则等多项措施，通过选用适当的设计结构，尽可能避免或减小危险。也可以通过提高设备的可靠性、操作机械化或自动化，以及实行在危险区之外的调整、维修等措施。

通过实现机器预定功能的设计不能避免、限制或充分减小的某些风险，在利用机械进行生产活动的过程中，特别是在各个生产要素处于动态作用的情况下，可能对人员造成伤害事故和职业危害。因此，在机械的设计阶段就应加以考虑，不是为了加强机器预定生产功能，而是从人的安全需要出发，针对防止危险导致的伤害而采用一些技术措施或增加配套设施。特别是对一些危险性较大的机械设备以及事故频繁发生的机器部位，更要进行专门的研究。

2. 足够的抗破坏能力及环境适应能力

(1) 足够的抗破坏能力。机械的各组成受力零部件及其连接，应满足完成预定最大载荷的足够强度、刚度和构件稳定性，在正常作业期间不应发生由于应力或工作循环次数产生断裂破碎或疲劳破坏、过度变形或垮塌。另外还必须考虑在此前提下机械设备的整体抗倾覆或防风抗滑的稳定性，特别是那些由于有预期载荷作用或自身质量分布不均的机械及那些可在轨道或路面行驶的机械，应保证在运输、运行、振动或有外力作用下不致发生倾覆，防止由于运行失控而产生不应有的位移。

(2) 对使用环境具有足够的适应能力。机械设备必须对其使用环境（如温度、湿度、气压、风载、雨雪、振动、负载、静电、磁场和电场、辐射、粉尘、微生物、动物、腐蚀介质等）具有足够的适应能力，特别是抗腐蚀或空蚀，耐老化磨损，抗干扰的能力，不致由于电气元件产生绝缘破坏，使控制系统零部件临时或永久失效，或由于物理性、化学性、生物性的影响而造成事故。

3. 尽可能使机器设备达到本质安全

通过机器的设计和制造，把实现机器的预定功能与实现机器使用安全的目标结合起来，以达到机械本质安全的目的。机器设备的本质安全，是指利用技术手段进行机器预定功能的设计和制造，不需要采用其他安全防护措施，就可以在预定条件下执行机器的预定功能时能够满足机器自身安全的要求。机器设备的本质安全主要从以下几个方面着手：

(1) 在不影响预定使用功能前提下，机械设备及其零部件应尽量避免设计成会引起伤害事故的锐边、尖角，粗糙的、凸凹不平的表面和较突出的部分。金属薄片的棱边应倒钝、折边或修圆。可能引起刮伤的开口端应包覆。

(2) 利用安全距离防止人体触及危险部位或进入危险区，是减小或消除机械风险的一种方法。在规定安全距离时，必须考虑使用机器时可能出现的各种状态、有关人体的测量数据、技术和应用等因素。

(3) 在不影响使用功能的情况下，根据各类机械的不同特点，限制某些可能引起危险的物理量值来减小危险。例如，将操纵力限制到最低值，使操作件不会因破坏而产生机械危险；限制运动件的质量或速度，以减小运动件的动能；限制噪声和振动等。

(4) 对预定在爆炸气氛中使用的机器，应采用全气动或全液压控制系统和操纵机构，或“本质安全”电气装置，也可采用电压低于“功能特低电压”的电源，以及在机器的液压装置中使用阻燃和无毒液体。

（5）应采用对人无害的材料和物质（包括机械自身的各种材料、加工原材料、中间或最终产品、添加物、润滑剂、清洗剂，以及与工作介质或环境介质反应的生成物及废弃物）。对不可避免的毒害物（例如粉尘、有毒物、辐射、放射性、腐蚀等），应在设计时考虑采取密闭、排放（或吸收）、隔离、净化等措施。在人员合理暴露的场所，其成分、浓度应低于产品安全卫生标准的规定，不得构成对人体健康的有害作用，也不得对环境造成污染。

（6）机械产生的噪声、振动、过热和过低温度等指标，都必须控制在低于产品安全标准中规定的允许指标，防止对人的心理及生理危害。

（7）有可燃气体、液体、蒸气、粉尘或其他易燃易爆或发火性物质的机械生产设备，应在设计时考虑防止跑、冒、滴、漏，根据具体情况配置监测报警、防爆泄压装置及消防安全设施，避免或消除摩擦撞击、电火花和静电积聚等，防止由此造成的火灾或爆炸危险。

4. 符合安全人机工程学的要求

显示装置、控制（操纵）装置、人的作业空间和位置以及作业环境，是人机要求集中体现之处，应满足人体测量参数、人体的结构特性和机能特性以及生理和心理条件。在机械设计中，通过合理分配人机功能、适应人体特性、人机界面设计、作业空间的布置等方面履行安全人机工程学原则，提高机器的操作性能和可靠性，使操作者的体力消耗和心理压力尽量降到最低，从而减小操作差错。因此，机械设计时应考虑安全人机工程学要求如下：

（1）合理分配人机功能。在机械的整体设计阶段，要分析、比较人和机的各自特性，合理分配人机功能。在可能的条件下，尽量通过实现机械化、自动化，减少操作者干预或介入危险的机会。随着微电子技术的发展，人机功能分配出现向机器转移，人从直接劳动者向监控或监视转变的趋势，向安全化生产迈进。

（2）适应人体特性。在确定机器的有关尺寸和运动时，应考虑人体测量参数、人的感知反应特性以及人在工作中的心理特征，避免干扰、紧张、生理或心理上的危险。

（3）友好的人机界面设计。人、机相互作用的所有要素，如操纵器、信号装置和显示装置，都应使操作者和机器之间的相互作用尽可能清楚、明确，信息沟通快捷、顺畅。

（4）作业空间的布置。这是指显示装置和操纵装置的位置，以及确定合适的作业面。它对操作者的心理和行为可产生直接影响。作业空间布置应遵从重要性原则、使用顺序原则、使用频率原则、使用功能原则。其中，重要性原则是第一位的，首先应考虑对安全关系重大的、对实现系统目标有重要影响的操纵器和显示器，即使使用频率不高，也要将其布置在操作者操作和视野的最佳位置，这样可以防止或减少因误判断、误操作而引起的意外伤害事故。

5. 可靠有效的安全防护

任何机械都有这样那样的危险，当机械设备投入使用时，生产对象（各种物料）、环境条件以及操作人员处于动态结合情况下的危险性就更大。只要存在危险，即使操作者受过良好的技术培训和安全教育，有完善的规程，也不能完全避免发生机械伤害事故的风险。因此，必须建立可靠的物质屏障，即在机械上配置一种或多种专门用于保护人的安全的防护装置、安全装置或采取其他安全措施。当设备或操作的某些环节出现问题时，靠机械自身的各种安全技术措施避免事故的发生，保障人员和设备安全。危险性大或事故率高的生产设备，必须在出厂时配备好安全防护装置。

6. 机械的可维修性及维修作业的安全

（1）机械的可维修性。机器出现故障后，在规定的条件下，按规定程序或手段实施维修，可以保持或恢复其执行预定功能状态，这就是机器的可维修性。因此，在设计机器时，应尽量考虑将一些易损而需经常更换的零部件设计得便于拆装和更换。设备的故障会造成机器预定功能丧失，给工作带来损失，而危险故障还会引发事故。从这个意义上讲，解决了危险故障，恢复安全功能，就等于消除了安全隐患。

（2）维修作业的安全。在按规定程序实施维修时，应能保证人员的安全。由于维修作业是不同于正常操作的特殊作业，往往采用一些超常规的做法，如移开防护装置，或是使安全装置不起作用。为了避免或减少维修伤害事故，应在控制系统设置维修操作模式；从检查和维修角度，在结构设计上考虑内部零件的可接近性；必要时，应随设备提供专用检查、维修工具或装置；在较笨重的零部件上，还应考虑方便吊装的设计。

第三节　人机功能分配

在人机系统中，人和机器各自担负着不同的功能，在某些人机系统中还通过控制器和显示器将人和机器联系起来，共同完成系统所担负的任务。为使整个人机系统高效、可靠、安全以及操纵方便，就必须了解人和机的功能特点、长处和短处，并进行合理的功能分配。

一、人的主要功能

人在人机系统的操纵过程中所起的作用，可通过心理学提出的带有普遍意义的公式：刺激（S）→意识（O）→反应（R）来加以描述，即在信息输入、信息处理和行为输出 3 个过程中体现出人在操作活动中的基本功能（见图 4—7）。

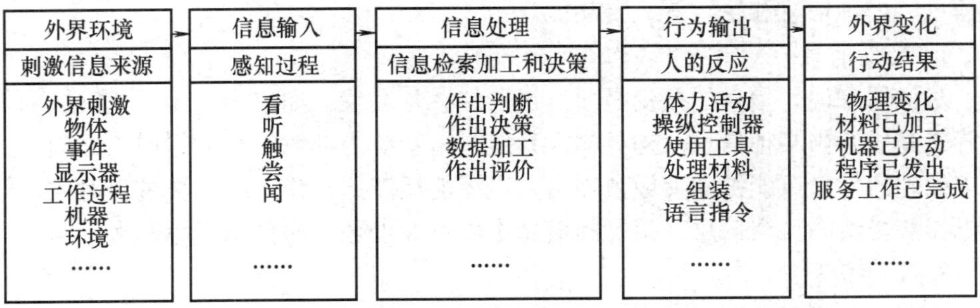

图 4—7　人在操作活动中的基本功能示意图

从上图可知，人在人机系统中主要有 3 种功能：

1. 人的第一种功能——传感器

人在人机系统中首先是感觉功能，或叫信息发现器。通过感觉器官接受信息，即用感觉器官作为联系渠道，通常指的是声和光、味的传递、感知工作情况和机的使用情况，这时感觉器官便成了联系人机之间的枢纽和信息接受者。

2. 人的第二种功能——信息处理器

关于人作为信息处理器，现正在进行大量的研究工作。

人的判断可分为相对判断和绝对判断。相对判断即有条件的判断，是在已有的两种或两种以上事物中进行比较后作出的。

绝对判断是在没有任何标准或比较对象的情况下作出的。据估计，在相对判断的基础上，大多数人可以分辨出 1～30 万种不同的颜色，而绝对判断仅能有11～15 种，因此，一个系统总是建立在相对判断上。

3. 人的第三种功能——操纵器

人的第三种功能是操纵器，即通过机器的控制器进行操纵，控制器的设计就像显示器的设计一样，让使用它的人使用方便和少出差错。

在人机系统中，控制器的作用被认为是对能得到的刺激的一种反应。任何显示—反应，如果要求违反原有的习惯，很可能出现差错。不论在什么特殊情况，设计人员总要求操作者改变其已成为习惯的行为方式，都是错误的。

二、机的主要功能

本书所指的机是广义的，但为了说明问题，此处的机侧重于机器。机器是按人的某种目的和要求而设计的，机器虽然与人相比有其不同的特征，但在人机系统工作中所表现的功能都是类似的，尤其是自动化的机器更是如此，具有接受信息、储存信息、处理信息和执行等主要功能。

1. 接受信息

对机器来说，信息的接受是通过机器的感觉装置，如电子、光学或机械的传感装置来完成。当某种信息从外界输入系统时，系统内部对信息进行加工处理，这些加工处理的信息可能被储存或被输出，也可能反馈回到输入端而被重新输入，使人或机器接受新的反馈信息。接受的信息也可不经处理，而直接存储起来。

2. 储存信息

机器一般要靠磁盘、磁带、磁鼓、打孔卡、凸轮、模板等储存系统来储存信息。

3. 处理信息

对接受的信息或储存信息，通过某种过程进行处理。

4. 执行功能

一是机器本身产生控制作用，如车床自动加深或减少铣削深度；二是借助于声、光等信号把指令从这个环节输送到另一个环节。

三、人机特性比较

随着科学技术的发展，机器设备逐渐地代替了手工劳动。然而机器设备终究不能全部承担人的劳动。而且大多数机器仍需由人来操纵，即使是完全自动化的机器设备，其输入信号、调整和维修也是由人来进行的，因此是“人机共存（同工）”的。对于人机共存的人机系统来说，设计的主要困难已不在于产品的本身，而在于是否能找出人与技术之间最适宜的相互联系的途径与手段，在于是否能全面考虑到操作者在人机系统中的功能作用特点和机器与人的特性相吻合的程度。因此，设计者对人机特性比较的重视是至关重要的。

从科学的观点来看，人与机的不同性质应从相当多的方面加以区别（见表4—1）。

由此可见，人和机各有自己的能力和长处，归纳起来各表现在：人的功能的限度是准确性、体力、速度和知觉能力；机器功能的限度是性能维持能力、正常动作、判断能力、造价及运营费用。

表 4—1　　人与机的优缺点比较

项目	机器	人
速度	占优势	时间延时为 1 s
逻辑推理	擅长于演绎而不易改变其演绎程序	擅长于归纳，容易改变其推理程序
计算	快且精确，但不善于修正误差	慢且易产生误差，但善于修正误差
可靠性	按照恰当设计制造的机器，在完成规定的作业中可靠性很高，而且保持恒定，不能处理意外的事态。在超负荷条件下可靠性突降	就人脑而言，其可靠性远远超过机械，但在极度疲劳与紧急事态下，很可能变成极不可靠，人的技术水平、经验以及生理和心理状况对可靠性很有影响，可处理意外紧急事态
连续性	能长期连续工作，适应单调专业，需要适当维护	容易疲劳，不能长时间连续工作，且受性别、年龄和健康状态等影响，不适应单调作业
灵活性	如果是专用机械，不经调整则不能改作其他用途	通过教育训练，可具有多方面的适应能力
输入灵敏度	具有某些超人的感觉，如有感觉电离辐射的能力	在较宽的能量范围内承受刺激因素，支配感受器适应刺激因素的变化，如眼睛能感受各种位置、运动和颜色，善于鉴别图像，能够从高噪声中分辨信号，易受（超过规定限度的）热、冷、噪声和振动的影响
智力	无（智能机例外）	能应付意外事件和不可能预测事件，并能采取预防措施
操作处理能力	操纵力、速度精密度、操作量、操作范围等均优于人的能力。在处理液体、气体、固体方面比人强，但对柔软物体的处理能力比人差	可进行各种控制，手具有非常大的自由度，能极巧妙地进行各种操作。从视觉、听觉、变位和重量感觉上得到的信息可以完全反馈给控制器
功率输出	恒定——不论大的、固定的或标准的	1 471 kW 的功率输出只能维持 10 s，367.75 kW的功率输出可维持几分钟，150 kW 以下的功率输出能持续 1 天
综合能力	多种途径	单一手段
记忆	最适用于文字的再现和长期存储	可存储大量信息，并进行多种途径的存取，擅长于对原则和策略的记忆

四、人机功能分配

1. 人机功能分配的含义

从人机的特性机能比较中可以知道，人与机相差甚远。机器虽然有比人有利的方面，但即使在高度自动化的系统中，也必须是人控制机。因此不管自动化程度多高的系统，都是与人相关的。这样，就需要合理地分配人与机器的功能，使人体特性与机器特性做到合理匹配和互补。

对人和机的特性进行权衡分析，将系统的不同功能恰当地分配给人或机，称为人机的功能分配。人机功能分配就是通过合理的功能分配，将人与机器的优点结合起来，取长补短，从而构成高效与安全的人机系统。从人机特性比较可以看出人机各有所长，根据两者特性利弊进行分析，将系统的不同功能合理地分配给人或机器，是提高人机系统效率的关键，同时也是确保安全的有效途径之一。

人与机器的结合形式，依复杂程度不同可分为劳动者——工具，操作者——机器，监控者——自动化机器，监督者——智能机器等几种。机器的自动化与智能化使操纵复杂程度提高，因而对操纵者提出了严格要求。同时操纵者的功能限制也对机器设计提出特殊要求。人机结合的原则改变了传统的只考虑机器设计的思想，提出了同时考虑人与机器两方面因素，即在机器设计的同时把人看成是有知觉有技术的控制机、能量转换机、信息处理机。凡需要由感官指导的间歇操作，要留出足够的间歇时间；机器设计中，要使操纵要求低于人的反应速度，这便是获得最佳效果的设计思想。在这种思想指导下，机器设计（应为广义机器）同工作设计（含人员培训、岗位设计、动作设计等）结合起来了。

根据机器要求选拔与培训操纵者学习和掌握机器的构造、性能及操作要领，并创造客观环境，使操纵者熟练地掌管机器，反复适应环境要求，熟练操纵。由于熟练可以提高操作者的反应能力，熟练的过程是人与机器默契合作程度（协调性）提高的过程，也是改变人们旧习惯建立新的习惯，提高适应能力的过程。例如，初学者对按钮反应，每秒钟只能反应 1.5 个，经几个月训练后可达每秒钟 3 个，而熟练的钢琴家可达每秒 20～23 个。

从安全的角度出发，人机匹配主要解决的问题是：信息由机器的显示器传递到人，选择适宜的信息通道，避免信息通道过载而失误，以及显示器的设计如何符合安全人机工程学原则；信息从人的运动器官传递给机器，如何考虑人的极限能力和操作范围，控制器如何设计得高效、安全、可靠、灵敏；如何充分运用人和机各自的优势；怎样使人机界面的通道数和传递频率不超过人的能力，以及机如何适合大多数人的应用。

2. 人机功能分配的一般原则

美国人机学家E·F麦科米克总结出，人能完成并能胜过机器的工作有：发觉微量的光和声，接受和组织声、光的型式，随机应变和应变程度，长时间大量储存信息并能回忆有关的情节，进行归纳推理和判断并形成概念和创造方法等。

目前机器能完成并胜过人的工作有：对控制信号迅速作出反应，平稳而准确地产生“巨大力量”，做重复的和规律性的工作，短暂地储存信息然后废除这些信息，快速运算，同一时间执行多种不同的功能。

采用机器时和采用人时各有其有利点，见表4—2。

表4—2　　采用人机时有利点

采用机器时的有利点	采用人时的有利点
（1）重复性的操作、计算，大量的情报资料存储	（1）由于各种干扰，需要判断信息时
（2）迅速施加大的物理力时	（2）在图形变化情况下，要求判断图形时
（3）大量的数据处理	（3）要求判断各种各样的输入时
（4）根据某一特定范围，多次重复作出判断	（4）对发生频率非常低时的事态需要进行判断时
（5）由于环境约束，对人有危险或操作容易犯错误时	（5）解决问题需要归纳、判断时
（6）当调节、操作速度非常重要，具有决定意义时	（6）预测不测事件的发生时
（7）控制力的施加要求非常严格时	
（8）必须长时间地施加控制力时	

人机功能分配是一个复杂问题，要在功能分析的基础上依据人机特性进行分配，其一般原则为：笨重的、快速的、精细的、规律性的、单调的、高阶运算的、支付大功率的、操作复杂的、环境条件恶劣的作业以及需要检测人不能识别的物理信号的作业，应分配给机器承担；而指令和程序的安排，图形的辨认或多种信息输入时，机器系统的监控、维修、设计、创造、故障处理及应付突发事件等工作，则由人承担。

3. 人机功能匹配对人机系统的影响

过去，由于不明人与机的匹配关系特性，使机的设计与人的功能不适应而造成的失误很多，如作战飞机的高度计等仪表的设计与人的视觉不适应是造成飞机失事的主要原因，这给人们以深刻的教训。过去的设计，总是把人和机器分开，当作彼此毫不相关的个体。事实上，机器给人以很大的影响，而人又操纵机器，相互之间是一个紧密联系的整体，不能把它们分割开来考虑。因此，我们首先必须掌握人体的各种特性，同时也应明了机的特性，然后才能设计出与此适应的机器。否则，人机作为一个整体（系统）就不可能安全、高效、持续而又协调地进行运转。

随着现代化的发展，操作者的工作负荷已成为一个突出的问题。在工作负荷过高的情况下，人往往出现应激反应（即生理紧张），导致重大事故的发生。芬兰有一锯木厂，机械化程度较高。但有些工序如裁边，还须手工劳动。工人对每块木块作出选择和判断的时间仅为 4 s，不仅要考虑木板的尺寸、形状，而且要考虑加工质量。这种工作对工人来说，不论是体力还是精神负担都较重。每个工作班到了最后一个阶段，不仅时常出现废品，而且易诱发人身事故。后来把选择和判断的时间从 4 s 又缩短到 2 s，问题就更加突出。1971 年库林卡对锯木机作了一些小改革，收到一些效果。后来，这种工作所用的机器通过重新考虑人机之间的匹配关系，重新设计，终于造出了一台全新的自动裁边机。

在设备（机器）的设计中，必须考虑人的因素，如果不考虑人与机器的适应，那么人既不舒适也不会高效工作，如图 4—8 所示就说明了这个问题。

进行合理的人机功能分配，也就是使人机结合面布置得恰当，从安全人机工程

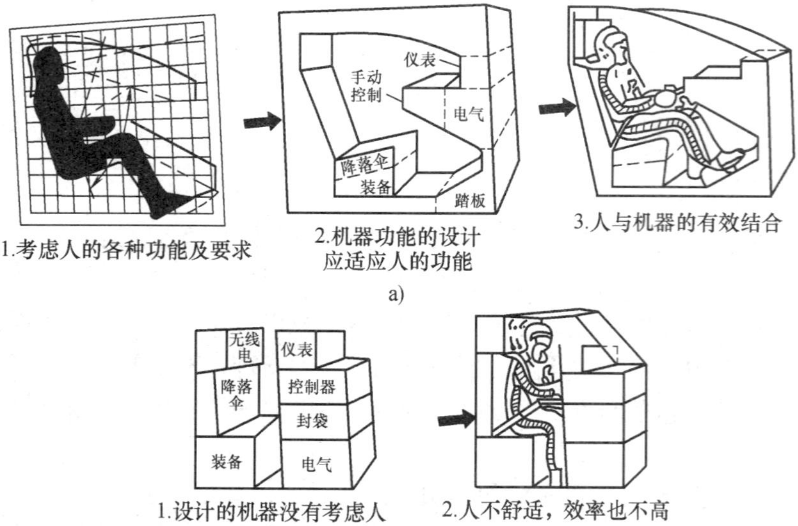

图 4—8　设备设计中人的因素工程

a）正确　b）错误

学的观点出发，分析人机结合面失调导致工伤事故，进而采取改进措施。

在企业工伤事故原因分析中，不少的事故是人因失误造成的，特别是违章操作，而违章操作的主要原因，有相当一部分是因为人机结合面失误，即人机系统协调失控而导致事故发生。如一位青年工人操作辊矫直机时，在违背正常操作程序的情况下，擅自打反车，也未与操作台人员联络好应急措施，用手将 $\phi11$ 的钢筋送入矫直辊时竟连手臂也被带入矫直辊之中，造成手臂截断的事故。此事故证明，操作者一方面出自贪多图快急于完成任务的心理状态，不仅违章打反车，而且双方联系脱节，连人的子系统关系也未处理得当。另一方面存在人机协调性差，人机结合面失调，操作姿势不当，手握钢条位置与机器距离过近，导致来不及脱手，致使手臂连同钢条一并卷入。再一方面，操纵器、显示器、报警器设计上存在问题，未能达到最佳的人机匹配要求。针对这种情况应该特别对人机结合面加以考虑，提出改进措施，以防同类事故重现，最好的办法是建立安全保护系统，如触电保护器的应用等。

4. 人机分工不合理的表现

（1）可以由人很好执行的功能分配给机器而把设备能更有效地执行的功能分配给人。如在公路行驶的汽车驾驶员应由人去执行，但要求人同时记下汽车跑过的公里数，则是不适当的，这项工作应由机器去执行。

（2）让人承担超过其能力所能承担的负荷或速度。如德国某工厂安装了一台缝纫机，尽管其外形、色彩十分美观，但由于操作速度太快（1 min 可缝6 000针），超出大多数人的极限，结果 80 名女工，只有一个能坚持到底，因此其实际效率是不高的。

（3）不能根据人执行功能的特点而找出人机之间最适宜的相互联系的途径与手段。如在不少使用压力机的工厂经常发生手指被压断的事故，就是因为在压力机设计中忽视了人的动作反应特点而造成的。当操作者左手在扒料时，除非思想高度集中，否则会由于赶速度，右手又同时下意识压操纵压把而造成事故。

5. 人机功能分配应注意问题

为达到人机系统的安全卫生、高效、舒适，在进行人机功能分配时必须注意以下几个问题：

（1）信息由机器的显示器传递到人，选择适宜的信息通道，避免信息通道过载而失误。同时，显示器的设计应符合安全人机工程的原则。

（2）信息从人的运动器官传递给机器，应考虑人的权限能力和操作范围，控制器设计要安全、高效、可靠、灵敏。

（3）充分考虑人和机的各自优势。

（4）使人机结合面的信息通道数和传递频率不超过人的能力，以及机适合大多数人的应用。

（5）一定要考虑到机器发生故障的可能性，以及简单排除故障的方法和使用的工具。

（6）要考虑到小概率事件的处理，有些偶发性事件如果对系统无明显影响，可以不必考虑，但有的事件一旦发生就会造成功能的破坏，对这种事件就要事先安排监督和控制方法。

本章小结

任何一类人机系统要达到安全、可靠与高效，都必须做到要“机宜人”“人适机”“人机协调”，以使人机之间达到最佳匹配。

本章介绍了人机系统的类型、功能，还从机械的组成及在各状态的安全问题、机械危险的主要伤害形式和机理及机械安全设计的要求几方面阐述了机械的安全特性；通过分析人机系统中人与机的功能及各自的特性，得出了人机功能分配的一般原则，介绍了人机功能匹配对人机系统的影响、人机功能匹配的不合理表现以及在人机功能分配中应注意的问题。

复习思考题

1. 何为开环与闭环人机系统？
2. 举例说明机械设备的危险部位。
3. 常见的机械事故有哪些？
4. 机器设备的本质安全设计应从哪几个方面着手？
5. 机械设计需要考虑哪些安全人机工程学要求？
6. 何谓“人机功能分配”？为何要对人与机进行功能分配？
7. 人、机各有哪些优势和劣势？如何合理分配其功能？
8. 人机功能分配的原则是什么？
9. 举例说明人机功能分配不当造成的危害。
10. 举例说明人与机的不同特点。

第五章　人机系统的安全设计与评价

本章学习目标

1. 掌握显示器、控制器与作业环境的设计要求与设计方法，可靠性的定义及其量化指标间的关系，提高人机系统安全可靠性的途径。

2. 理解显示器与控制器配置设计原则，安全色及安全标志的意义，安全防护装置的设计原则。

3. 了解人机系统安全设计的内容及原则，指针式显示形式的选择，控制器的类型，温度环境对人体的影响与体温调节，照明对工效的影响，色彩与工效的关系，有毒环境、噪声、振动环境及其他环境的评价标准，安全防护装置的作用与分类。了解人的可靠性影响因素及人因失误分析；了解机械的可靠度计算。

4. 具有人机系统设计的初步能力；具备对一般企业中人机系统进行安全分析与评价的能力。

传统的产品设计以实现产品的功能为主要目标，虽然或多或少地涉及了人的因素，但主要是考虑如何让人适应机，而不是机宜人。而人机系统的安全设计不仅要让机宜人，而且还要考虑人—机之间的相互协调性、安全性等。就人机系统所发生的事故而言，大体可以分为两类：一类是不可预料的，一类是可以预料的。不可预料的事故大多是客观原因占支配地位，人类主观及科学技术发展还达不到有效预测和控制程度（如山崩、滑坡、地震、海啸、台风等）；可以预料的事故大多是人的因素诱发的，或者可以避免而未能避免，主观原因占支配地位，而这类事故是完全可以预测、防范的。

生活、生产（工作）中所发生的事故绝大多数是可以预测和防范的。这就给我们提出一个课题，要减少事故发生，就需要从设计开始重视安全，对人机系统进行安全设计。人机系统的安全设计主要包括人机界面的安全设计、作业环境设计、安全防护装置设计以及人机系统的安全可靠性设计等内容。

第一节　人机界面的安全设计

人机界面是人和机器进行信息传递、人对机器进行控制的界面，它包括显示器、控制器以及报警系统等，是将人和机械系统联系为一个整体的纽带。人机界面设计的好坏将直接影响到人机系统的整体性能、影响到人机之间的信息交互。在工业领域，人们发现许多重大的事故都源于人机界面设计不当。因此，对人机界面的安全设计非常重要。大量的经验和教训表明，设计良好的人机界面不仅能够提高系统的整体安全、可靠性能，而且能够提高运行人员操作的准确度、舒适性，减少由于长期在特定环境、特定工况下工作引起的职业病的发生，减少重大操作事故和对操作人员造成的生理或心理上的伤害。

一、显示器的设计

人机系统中，显示器将机器的信息传递给人，人们根据显示信息来了解和掌握机器的运行状况，从而做出判断、控制和操纵。因此对一个成熟的操作系统而言，运行人员能否正确把握系统的行为、做出准确、及时的控制行为的关键性的第一步就是显示器设计是否合理，是否符合人的认知特性和满足系统的快速性和精确度。理想的显示器除了要准确反映机的状态外，还应根据人的感觉器官的生理特征来确定其结构，使得人与机充分协调。也就是说设计显示器的形状、大小、颜色、标度、刻度、空间布置、响度、亮度、频率、照明、背景、距离等都必须适合人的生理、心理特征，使操作者对显示器所显示的信息辨认速度快、可靠性高、误读率少，并减轻精神紧张和身体疲劳。

1. 显示器的性能要求

对显示器的性能有以下基本要求：

（1）用简单明了的方式传递信息，使传递信息的形式尽量能直接表达信息的内容，以减少译码的错误。

（2）显示精度要适当，保证最少的认读时间，避免因精度超过需要，反而使阅读困难和误差增大。

（3）显示形式要符合操作者的习惯及操作能力极限，易于了解，避免换算，减少训练时间，减少受习惯干扰造成解释不一致的差错。

（4）根据作业条件（如照明、速度、振动、操作者的位置、运动的约束等），运用最有效的显示技术和显示方法，要使显示变化速度与操作者的反应能力相适应，不要让显示速度超过人的反应速度。

2. 显示器设计的基本原则

（1）明显度高。使之醒目，消除背景干扰、提高区别能力。

（2）可见度高。对观察距离、观察角度、显示符号的大小，给以最佳处理。

（3）可读性好。形状、图案等与底板间的分辨力高，颜色和明亮度反差恰当，显示器的大小、形状不会因照明而发生畸变，认读时无幻影等。

（4）阐明力强。在所处环境中显示的意义明确，推断准确可靠，掌握容易。

（5）简单明了。尽量减少装饰，不用易引起误解的装饰，一切装饰都必须以有利于认读、减少差错、提高效率为目的。

（6）确保安全。对重要的显示器，为表明显示器是否动作正常，应设置仪表失效警告装置（光、声等）。

（7）使视力有缺陷者（如视弱、色弱者）也不会误认。

（8）显示器的显示方式和操作者的思维过程应当和谐一致。

3. 视觉显示器的设计

（1）指针式仪表的设计。指针显示装置是依靠指针与刻度盘的相对运动显示信息的装置。依刻度盘的形状，指针显示器可分为圆形、弧形和直线形（见表5—1）。

在人机系统中，人对机实施控制必须掌握机的运行状态，机的运行状态通过显

表5—1　　　　指针显示器的刻度盘分类

类别	圆形指示器			弧形指示器	
度盘	圆形	半圆形	偏心圆形	水平弧形	竖直弧形
简图					
类别	直线指示器			说明	
度盘	水平直线	竖直直线	开窗式	开窗式的刻度盘也可以是其他形状	
简图	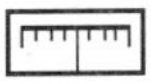				

示装置间接取得信息。在机械化程度较高的系统中，这种要求尤其突出，各种显示装置必须尽可能无误地传递信息。对于指针式仪表，要使人能迅速而准确地接受信息，必须使刻度盘、指针、字符和色彩匹配的设计与选择适合于人的生理和心理特性。飞行员对仪表的错误反应分析表明：真正由于仪表故障引起失误不到10%，不少失误是由于仪表设计不当引起的。例如使用多针式指示仪表，表面上看似乎减少了仪表个数，实际上指针不止一个，增加了误读的可能性，其失误超过10%。因此，设计指针式仪表时应考虑安全人机工程学的问题是：指针式仪表的大小与观察距离是否比例适当；刻度盘的形状与大小是否合理；刻度盘的刻度划分、数字和字母的形状、大小以及刻度盘色彩对比是否便于监控者能迅速而准确地识读；根据监控者所处的位置，指针式仪表是否布置在最佳视区范围内。

1）刻度盘的设计。

①刻度盘的形状。刻度盘的形状主要取决于仪表的功能和人的视觉运动规律。实验研究表明，不同形式刻度盘的误读率不同（见表5—2）。开窗式刻度盘优于其他形式，因为开窗显露的刻度少、识读范围小、视线集中、识读时眼睛移动的路线也短，所以误读率低。设计开窗式仪表时，要求刻度盘无论转至任何位置，都能在观察窗口内至少可以看到相邻两个刻有数字的刻度线，否则会引起混淆。圆形和半圆形刻度盘的识读效果优于直线形刻度盘，因为眼睛对圆形、半圆形的扫描路线短，视线也较为集中，所以识读准确些。水平直线优于竖直直线形的原因，主要是水平直线形更符合眼睛的运动规律，即眼睛水平运动比垂直运动快，准确度高。

表5—2　　5种显示器读数准确度的比较（圆形仪表为100%）

显示器类型	最大可见度盘尺寸（mm）	读数错误率（%）
开窗式	42.3	45
圆形	54.0	100
半圆形	110	153
水平直线形	180	252
竖直直线形	180	325

②刻度盘的大小。刻度盘的大小取决于盘上标记的数量和观察距离。以圆形刻度为例，当盘上标记数量多时，为了提高清晰度，需相应增大刻度盘。但是，这必将增加眼睛的扫描路线和仪表占用面积。而缩小刻度盘又会使标记密集不清晰。刻度盘的最佳直径与监控者的视角有关。实验证明，最佳视角为2.5°～5°。因此，由

最佳直径和最佳视角便可确定最佳视距，或已知视距和最佳视角便可推算出仪表刻度盘的最佳直径。怀特（W. J. White）等人对圆形刻度盘最优直径作过实验，将仪表安装在仪表盘上，然后测试反应速度和误读率。结果表明，圆形刻度盘的最优直径是44 mm（见表5—3）。关于圆形刻度盘的直径、观察距离和标记数量的推荐值参见表5—4。

表5—3 认读速度和准确度与直径大小的关系（视距750 mm）

圆形度盘直径（mm）	观察时间（s）	平均反应时间（s）	误读率（%）
25	0.82	0.76	6
44	0.72	0.72	4
70	0.75	0.73	12

表5—4 观察距离和标记数量与刻度盘直径的关系

刻度标记的数量	刻度盘的最小允许直径（mm）	
	观察距离500 mm时	观察距离900 mm时
38	25.4	25.4
50	25.4	32.5
70	25.4	45.5
100	36.4	64.3
150	54.4	98.0
200	72.8	129.6
300	109.0	196.0

2）刻度与刻度线的设计。识读速度、识读准确性还与刻度的大小、刻度线的类型、刻度线的宽度和刻度线的长短有关。

①刻度的大小。刻度盘上最小刻度线间的距离称为刻度。刻度的大小可根据人眼的最小分辨能力和刻度盘的材料性质及视距而确定。人眼直接读识刻度时，刻度的最小尺寸不应小于0.6～1 mm。当刻度小于1 mm时，误读率急剧增加。因此，刻度的最小尺寸一般在1～2.5 mm之间选取，必要时也可采用4～8 mm。采用放大镜读数时，刻度的大小一般取$1/x$ mm（x为放大镜放大倍数）。

刻度线的最小值还受所用材料的限制，钢和铝的最小刻度为1 mm；黄铜和锌白铜为0.5 mm。

②刻度的类型。常见的刻度类型有单刻度线、双刻度线和递增式刻度线，如图5—1所示。递增式刻度线的形象特征可以减小识读误差。

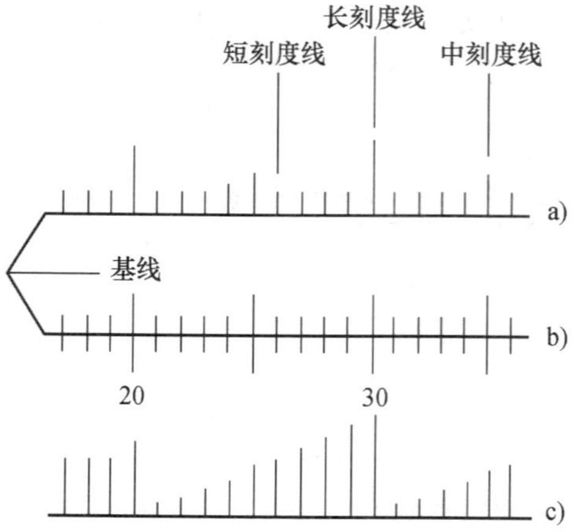

图5—1　刻度线

a）单刻度线　b）双刻度线　c）速增式刻度线

③刻度线的宽度即刻度线的粗细。刻度线的宽度取决于刻度的大小，当刻度线宽度为刻度的10%左右时，读数的误差最小。因此，刻度线宽度一般取刻度的5%～15%，普通刻度线通常取0.1±0.02 mm；远距离观察时，可取0.6～0.8 mm，精度高的测量刻度线取0.001 5～0.1 mm。

④刻度线长度。刻度线长度选择合适与否，对识读准确性影响很大。刻度线长度受照明条件和视距的限制。当视距为 L 时，刻度线最小长度为：

长刻度线长度＝$L/90$　中刻度线长度＝$L/125$

短刻度线长度＝$L/200$　刻度线间距＝$L/600$

刻度线长度还受刻度大小的影响，不同刻度范围的刻度线长度按表5—5选取。

⑤刻度方向。刻度盘上刻度值的递增顺序称为刻度方向。刻度方向必须遵循视觉规律，水平直线型应从左至右；竖直直线型应从下到上；圆形刻度应按顺时针方向安排刻度值。

⑥数字累进法。一个刻度所代表的被测值称为单位值。每一刻度线上所标度的数字的累进方法对提高判读效率、减少误读也有非常重要的作用。数字累进法的一般原则见表5—6。这是美国海军的研究成果。

一般应采取上表中“优”的累进法，只是在不得已的情况下才使用“可”，而绝对不能使用“差”的累进法。因为人最易读取自然增加的数字。

表 5—5　　　　刻度线长度选择表　　　　单位：mm

刻度线	刻度大小								
	0.15～0.3	>0.3～0.5	>0.5～0.8	>0.8～1.2	>1.2～2	>2～3	>3～5	>5～8	>8
	长度								
L_1	1.0	1.2	1.5	1.8	2.0	2.5	3.0	4.0	$0.5\Delta L$
L_2	1.4	1.7	2.2	2.6	3.0	4.5	4.5	6.0	$0.75\Delta L$
L_3	1.8	2.2	2.8	3.3	4.0	6.0	6.0	8.0	ΔL

注：(1) L_1、L_2、L_3 分别代表短、中、长 3 种刻度线，ΔL 为刻度大小。

(2) 只有两种刻度线的情况下取 L_1 和 L_2，只有一种刻度线的情况取 L_3。

(3) 三度划分时：$L_1 : L_2 : L_3 = 1 : 1.5 : 2$ 或 $1 : 1.3 : 1.7$。

(4) 二度划分时：$L_2 : L_3 = 1 : 1.5$ 或 $1 : 2$。

表 5—6　　　　数字累进法

优					可					差			
1	2	3	4	5	2	4	6	8	10	3	6	9	12
5	10	15	20	25	20	40	60	80	100	4	8	12	16
10	20	30	40	50	200	400	600	800	1 000	1.25	2.5	5	7.5
50	100	150	200	250						15	30	45	60

⑦刻度设计注意事项：不要以点代替刻度线；刻度线的基线用细实线为好，图 5—2 所示中采用的粗线不利于识读；刻度线不可很长而且很挤，如图 5—3 所示不利于识读；不要设计成间距不均匀的刻度，如图 5—4 所示。

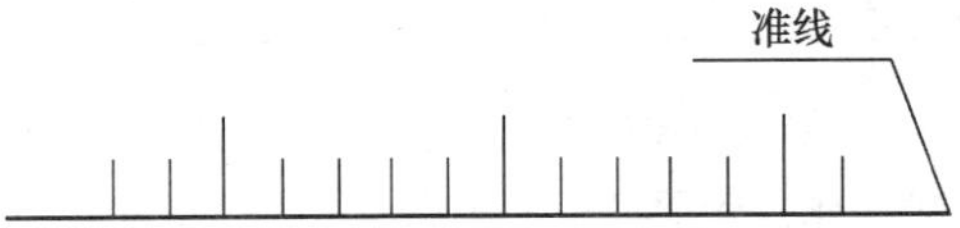

图 5—2　准线太粗

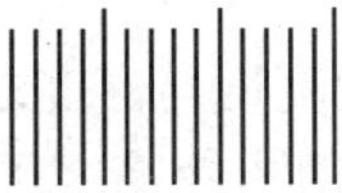

图 5—3　刻度线太长，排得太挤

a)　　b)

图 5—4　不均匀刻度举例

3）字符设计。仪表刻度盘上印刻的数字、字母、汉字和一些专用的符号，统称为字符。由于刻度的功能通过字符加以完备，字符的形状、大小和立位又直接影响着识读效率，因此，字符的设计应力求能清晰地显示信息，给人以深刻的印象。

①字符的形体。字符形体设计时，为了使字符形体简明醒目，必须加强各字符的特有笔画，突出“形”的特征，避免字体的相似性。

②字符的大小。在刻度大小已定的条件下，为了便于识读，字符应尽量大一些。字符的高度通常取为$L/200$，也可按近似公式（5—1）计算

$$H=\frac{L}{3\ 600}\theta \qquad (5\text{—}1)$$

式中 H——字符高度，mm；

L——视距，mm；

θ——最小视角，′，θ一般由实验决定，θ常取10′～30′。

对于安装在仪表盘上的仪表，视距为710 mm时，其字符高度可参考表5—7；若视距不等于710 mm时，需将表列数值乘以变化比率加以修正，见式（5—2）。

$$变化比率=\frac{实际视距（mm）}{710（mm）} \qquad (5\text{—}2)$$

表5—7　　仪表盘上仪表的字符高度　　单位：mm

字母或数字的性质	低亮度下（约0.103cd/m²）	高亮度下（约3.43cd/m²）
重要的（位置可变）	5.1～7.6	3.0～5.1
重要的（位置固定）	3.6～7.6	2.5～5.1
不重要的	0.2～5.1	0.2～5.1

字符的宽度与高度之比一般取0.6～0.8，笔画宽与字高之比一般取0.12～0.16。笔画宽与字高之比还受照明条件的影响，笔画宽与字高比值的推荐值见表5—8。

③标度数字的原则。刻度线上标度数字应遵守下述原则：指针运动盘面固定的仪表标度的数字应直排（正立位）；盘面运动指针固定的仪表标度的数字应辐射定向安排；最小刻度可不标度数字，最大刻度必须标度数字；指针在仪表面内时，如果仪表盘面空间足够大，则数字应在刻度的外侧，以避免其被指针挡住；指针在仪表外侧时，数字应标在刻度的内侧；开窗式仪表的窗口应能显示出被指出的数字及上下相邻的两个数字，标数应顺时针辐射定向安排。为了不干扰对显示信息的识读，刻度盘上除了刻度线和必要的字符外，一般不加任何附加装饰；一些说明仪表

表 5—8　　不同照明条件下字符笔画粗细取值

照明和背景亮度情况	字体	笔画宽∶字高
低照度下	粗	1∶5
字母与背景的亮度对比比较低时	粗	1∶5
亮度对比值大于 1∶12（白底黑字）	中粗～中	1∶6～1∶8
亮度对比值大于 1∶12（黑底白字）	中～细	1∶6～1∶8
黑色字母于发光的背景上	粗	1∶5
发光字母于黑色的背景上	中～细	1∶8～1∶10
字母具有较高的明度	极细	1∶12～1∶20
视距较大而字母较小的情况下	粗～中粗	1∶5～1∶6

使用环境、精度的字符应安排在不显眼的地方。

4）指针设计。指针是仪表不可缺少的组成部分。其功能是用于指示所要显示的信息。为了使监控人员能准确而迅速地获得信息，指针的大小、宽窄、长短和色彩配置等必须符合监控人员的生理与心理特性。

指针的形状应以头部尖、尾部平、中间等或狭长三角形为好，形状要尽可能简单、指针明确、不附加装饰。指针尖宽度应与最短的刻度针等宽，或取刻度大小的 10^{-n}倍。如果针尖的宽度小于最短刻度线宽度或大于最短刻度线宽度，当指针在刻度线上摆动时，易产生读数误差。为了减少双眼视差和双眼视觉的不对称等因素的影响，指针与刻度盘的配合应尽量贴近。对高精度的仪表，指针与刻度盘必须装配在同一平面内。指针的长度要合适，指针长会覆盖刻度标记，指针短会离开刻度，从而给准确判读带来困难。一般认为指针尖距刻度 1.6 mm 左右为宜。

5）指针式仪表的色彩匹配。为了精确地判读，指针、刻度线和字符的颜色应有鲜明的对比，避免模糊的配色。研究表明，墨绿色和淡黄色仪表面分别配上白色和黑色的刻度时，其误读率最小。而黑色和灰黄色仪表面分别配上白色刻度线时，其误读率最大，不宜采用。此外，大刻度线和小刻度线的颜色不同，则较容易读取。

（2）数字显示器的设计。数字显示是直接用数字和字符等显示参数或状态的仪表，除了少量机械式数字显示器外，显示器几乎全是电子显示器，其基本形式有两种：一种是以显示数字为主并有少量字符的显示器，多数为开窗式，如液晶显示器、数码管显示器等；一种是以显示参数、表格、模拟曲线或图形，以及数量较多的各种字符为主的显示器，多数为屏幕式，如各种监视器、计算机显示器等。

1）机械式数字显示器设计。机械式数字显示的字符变化装置常用的有两种：一种是把字符印制在卷筒上，用转动卷筒的办法变化字符显示，这种方法结构简单，但难以用检索的方法控制显示；另一种是将字符印制在可翻转的薄金属片上，这种方法使用较方便，可以准确地控制显示。不论哪种方法前后显示两组数字的时间间隔都不能少于 0.5 s，否则将无法连续认读。

机械显示器缺点是容易出现卡住或在窗口显出上下各半个字符等现象。

2）电子数字显示器设计。常用的电子显示装置有液晶显示（LCD）和发光二极管显示（LED）。

电子显示的主要问题有两个：一是因字形由直线段组成，因而失去常态的曲线，带来认读的不方便；二是各字间隔会因字的不同而变化，忽大忽小；如图 5—5 所示。

实验表明，由亮小圆点阵来构造字符（见图 5—6），认读性好，使混淆的可能性大为减小。发光二极管多用于机床数显、仪器、计算机等需远距离认读或光照不很好的条件下；液晶较为经济，且光线扩散的条件下认读性也很好，多用于小型设备或近读的显示器。

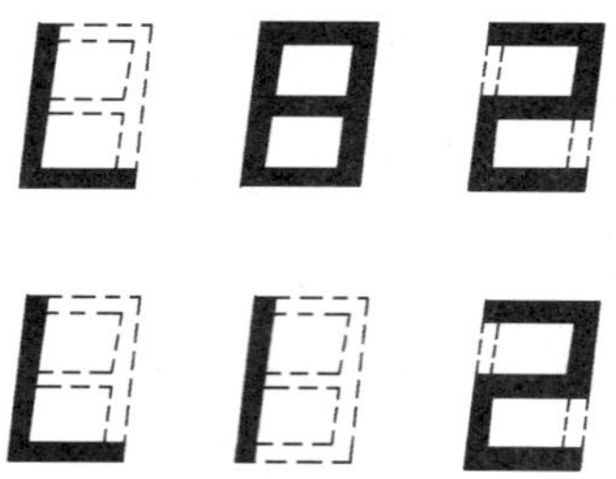

图 5—5　电子数码显示

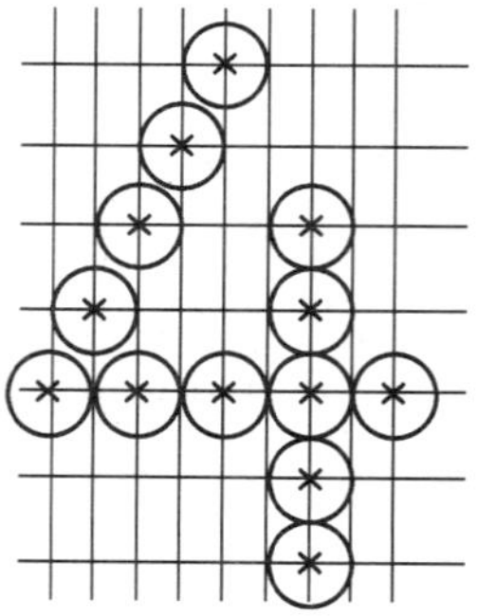

图 5—6　圆点阵显示

（3）信号灯设计。信号灯通常用于指示状态或表达要求，有时也用于传递信息，信号灯设计的原则为：

1）清晰、醒目和必要的视距。例如，驾驶室的信号灯要保证能被看清，又不致眩目而影响司机夜间对室外的观察。

2）合乎使用目的。各种情况的指示灯应当用不同颜色，信号灯很多时，不但在颜色上，还要在形状、标记上加以区别，而形状、标记应与其所代表的意义有逻辑联系，如“→”表示指向，“×”表示示禁，“!”表示示警，慢闪光表示慢速等。

为引起注意，可用强光和闪光信号，闪光频率为 0.67～1.67 Hz。闪光方式可为明灭、明暗、似动（并列两灯交替明灭）等，但闪光信号会造成分心，不宜滥用。

3）按信号性质设计。重要的信号（危险信号等）为引起注意，可考虑采用听觉、触觉显示方式，或者采用多重显示（视听、视触），以引起不随意注意。

4）信号灯位置与颜色的选择。重要信号灯与重要仪表一样，必须安置在最佳视区（视野中心 3°范围）。一般信号灯在 20°内，极次要的信号灯才安排在离视野中心 60°～80°外，但仍需在不必转头即能看到。常用的 10 种信号灯编码颜色的不易混淆次序为：黄、紫、橙、浅蓝、红、浅黄、绿、紫红、蓝、黄粉。但在单个信号灯情况下，以蓝绿色最为清晰。

5）信号灯与操纵杆和其他显示器的配合。信号显示如与操纵或其他显示有关时，应与有关器件位置靠近，组成排列，而且信号灯的指示方向与操作方向保持一致。例如开关向上时上方灯亮等。

信号灯的使用与改进意义很大，例如飞机着陆事故和汽车追尾事故占总事故的一半以上，通过改进汽车尾灯设计和采用信号灯辅导着陆，可以大大降低事故发生率。

交叉路口信号由红转绿时，往往发生“抢行”，所以采用筒罩来减弱对信号变换的敏感。为了防止色盲、色弱、色觉异常者（多为红、绿色盲）对交通信号的误认，有的城市采用如图 5—7 所示的信号灯。

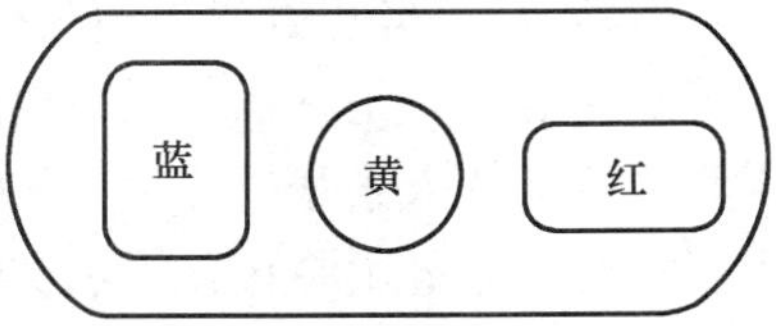

图 5—7　改进的交通信号灯

（4）符号标记设计。符号标记使用广泛，从交通路标、航标、气象标记，到毒物、危险标记、工程图、地图、电子路线、商标、元器件上的标记等，种类繁多，形式不一，但通常都采用与其指示的含义相一致的简化图形。

符号标记的评价标准为：识别性、注目性、视认性、可读性、联想性。日本公路路标调查会按照上述标准对公路路标进行分析研究，他们将路标分为交通规划路标（禁止通行、单行）、指示路标（停车处、人行横道）、公路局规定路标（检查口、限载）和警戒路标（弯道、叉路口）等。认为路标的具体评价依次是：标记的识别距离，文字的识认距离，认读时间，判断时间和对应动作时间 5 项。而影响各项标准的因素分别为：

1）影响标记识别的因素。视力、天气、交通条件、环境以及标记的位置、底色、色彩、大小、照明等。

2）影响文字识认的因素。知识、动视力、行驶速度、对方来车、明度对比、静视力、紧张程度、汽车前灯照度以及文字的种类大小、复杂程度、与底色的对比，与标记的相配性。

3）影响认读的因素。行驶速度、注视角度、对文字内容的关心程度以及文字的信息量、数量、地名数量、字节数、复杂性、标志位置、知识和眼力情况。

4）影响判断的因素。身心疲劳情况、行动点、标记消失点以及选择标准、复杂性、熟练程度。

5）影响反应的因素。运动能力、运动特性以及汽车性能、操作装置、操作量。

广告、霓虹灯对于路标的辨认会有干扰。

4. 听觉显示器的设计

在人机系统中，也利用声音这一媒介来显示、传递人与机之间的信息。所以在工业生产和日常生活中听觉显示器在仪表中也占一定位置。各种音响报警装置、扬声器和医生的听诊器均属听觉传示装置（听觉显示器），而超声探测器、水声测深器等则是声学装置，不属听觉传示装置。

（1）音响及报警装置的设计。

1）音响和报警装置的类型及特点。

①蜂鸣器。它是音响装置中声压级最低、频率也较低的装置。蜂鸣器发出的声音柔和，不会使人紧张或惊恐，适合于较宁静的环境。它常配合信号灯一起使用，作为提示性听觉显示装置，提示操作者注意，或提示操作者去完成某种操作，也可用于指示某种操作正在进行。例如，汽车驾驶员在操纵汽车转弯时，驾驶室的显示仪表板上就有信号灯闪亮和蜂鸣器鸣笛，显示汽车正在转弯，直至转弯结束。

②铃。铃因其用途不同，其声压级和频率也有较大差别。例如，电话铃声的声压级和频率只稍大于蜂鸣器，主要是在宁静的环境下让人注意；而用做指示上下班的铃声和报警器的铃声，其声压和频率就较高，因而可用于具有较高强度噪声的环境中。

③角笛和汽笛。角笛的声音有吼声［声压级 90～100 dB（A）、低频］和尖叫声（高声强、高频）两种。常用作高噪声环境中的报警装置。汽笛声频率高，声强也高，较适合于紧急状态的音响报警装置。

④警报器。警报器的声音强度大，可传播很远，频率由低到高，发出的声调有上升和下降的变化，可以抵抗其他噪声的干扰，特别能引起人们的注意，并强调性地使人们接受，它主要用作危急状态报警，如防空、救火报警等。表 5—9 是一般音响、报警装置的强度和频率参数，可供设计时参考。

表 5—9　　　　一般音响显示和报警装置的强度和频率参数

使用范围	装置类型	平均声压级［dB（A）］		可听到的主要频率（Hz）	应用举例
		距装置 2.5 m 处	距装置 1 m 处		
用于较大区域（或高噪声场所）	4 英寸铃	65～67	75～83	1000	用于工厂、学校、机关上下班的信号以及报警的信号
	6 英寸铃	74～83	84～94	600	
	10 英寸铃	85～90	95～100	300	
	角笛	90～100	100～110	5000	
	汽笛	100～110	110～121	7000	主要用于报警
用于较小区域（或低噪声场所）	低音蜂鸣器	50～60	70	200	用作指示性信号
	高音蜂鸣器	60～70	70～80	400～1000	可作报警用
	1 英寸铃	60	70	1100	用于提醒人注意的场合，如电话、门铃，也可用于小范围内的报警信号
	2 英寸铃	62	72	1000	
	3 英寸铃	63	73	650	
	钟	69	78	500～1000	用作报时

注：1 英寸＝25.4 mm。

2）音响和报警装置的设计原则。

①音响信号必须保证使位于信号接受范围内的人员能够识别并按照规定的方式作出反应。因此，音响信号的声级必须超过听阈，最好能在一个或多个倍频程范围内超过听阈 10 dB（A）以上。

②音响信号必须易于识别，特别是有噪声干扰时，音响信号必须能够明显地听到并可与其他噪声和信号区别。因此，音响和报警装置的频率选择应在噪声掩蔽效应最小的范围内。例如，报警信号的频率应在 500～600 Hz 之间。其最高倍频带声级的中心频率同干扰声中心频率的区别越大，该报警信号就越容易识别。当噪声声级超过 110 dB（A）时，最好不用声信号来作报警信号。

③为引起人注意，可采用时间上均匀变化的脉冲声信号，其脉冲声信号频率不低于 0.2 Hz 和不高于 5 Hz，其脉冲持续时间和脉冲重复频率不能与随时间周期性起伏的干扰声脉冲的持续时间和脉冲重复频率重合。

④报警装置最好采用变频的方式，使音调有上升和下降的变化，例如紧急信号，其音频应在 1 s 内由最高频（1 200 Hz）降低到最低频（500 Hz），然后听不见，再突然上升，以便再次从最高频降低到最低频。这种变频声可使信号变得特别刺耳，可明显地与环境噪声和其他声信号相区别。

⑤显示重要信号的音响装置和报警装置，最好与光信号同时作用，组成“视

听”双重报警信号，以防信号遗漏。

（2）语言传示装置的设计。人与机之间也可用语言来传递信息。传递和显示语言信号的装置称为语言传示装置，如像麦克风、扬声器就是语言显示装置。经常使用的语言传示系统有：无线电广播、电视、电话、报话器和对话器及其他录音、放音的电声装置等。

用语言作为信息载体，可使传递和显示的信号含义准确、接受迅速、信息量大，不受方向和光照的影响，缺点是易受噪声的干扰。

1）语言的清晰度。所谓语言的清晰度，是指人耳通过语言传达能听清的语言（音节、词或语句）的百分数。语言清晰度可用标准的语句表通过听觉显示器来测量。例如，若听清的语句或单词占总数的 20%，则该听觉传示器的语言清晰度就是 20%。对于听对和未听对的记分方法有专门的规定，此处不作论述。表 5—10 是语言清晰度（室内）与主观感觉的关系。由此可见，设计一个语言传示装置，其语言的清晰度必须在 75%以上，才能正确传示信息。

表 5—10　　语言清晰度的评价

语言清晰度百分率×100	人的主观感觉
65 以下	不满意
65～75	语言可以听懂，但非常费劲
75～85	满意
85～96	很满意
96 以上	完全满意

2）语言的强度。据研究表明，当语言强度接近 120 dB（A）时，受话者将有不舒服的感觉；当达到 130 dB（A）时，受话者耳中有发痒的感觉，再高便达到痛阈，将有损耳朵的机能。因此，语言传示装置的语言强度最好在 60～80 dB（A）之间。

3）噪声对语言传示的影响。当语言传示装置在噪声环境中工作时，噪声将影响语言传示的清晰度。据研究表明，当噪声声压级大于 40 dB（A）时，这时噪声对语言信号有掩蔽作用，从而影响语言传示的效果。

5. 仪表盘总体布局设计

一个控制室内有多块仪表盘，而每一块仪表盘上又装有许多仪表时，则仪表盘和仪表布置得是否合理，是否适合人的生理和心理特性，关系到识读效果、巡检时间、工作效率和安全。

（1）仪表盘的识读特点与最佳识读区。人眼的分辨能力随视区而异。以视中心线为基准，在其上下各 15°的区域内误读概率最小，视角增大差错率增高（见表 5—11）。若仪表盘上的仪表布局为：4 只仪表位于监控者中心视线 15°角区域内，5 只仪表位于 15°～30°角区域内，1 只仪表位于 30°～45°角区域内，则各仪表识读一次均不发生误读的概率为 $(1-0.0001)^4(1-0.001)^5(1-0.0015)^1=0.99312$。

表 5—11　　不同视线角度的误读概率

视线上下的角度区域（°）	误读概率	视线上下的角度区域（°）	误读概率
0～15	0.000 1～0.000 5	45～60	0.002 0
15～30	0.001 0	60～75	0.002 5
30～45	0.001 5	75～90	0.003 0

当视距为 800 mm 时，若眼球不动，水平视野 20°范围为最佳识读范围，其正确识读时间为 1 s。当水平视野超过 24°以外范围的仪表时，需通过头部区域，然后再观察右部区域，所以 24°角以外区域的左半部正确识读时间比右半部正确识读时间短。

视线与盘面垂直，可以减少视觉误差。当人坐在控制台前时，头部一般略向前倾，所以仪表盘面应相应后仰 15°～30°，以保证视线与盘面垂直。

（2）仪表盘的总体设计。如果许多块仪表一字排开，结果是盘面增大，眼睛至盘面上各点的视距不一样。盘面的中心部位视距最短，在其他条件相同的情况下，识读效率最高，盘面的边沿部位由于视距延长，因而识读效率最差。虽然可以通过监控者的移动、眼球或头部的运动改善，终不如中心部位的识读效率高，而且人体的运动也会加速疲劳。

为保证工效和减少疲劳，一目了然地看清全部仪表，一般可根据仪表盘的数量选择一字形、弧形、弯折形布置形式。

一字形布置的结构简单，安装方便，适用于仪表盘较少的小型控制室。弧形布置的结构比较复杂，它既可以是整体弧形，也可以是组合弧形，这种弧形结构改善了视距变化较大的缺点，常用于 10 块盘以上的中型控制室。弯折式布置由多个一字形构成，其结构比弧形式简单，又使视距变化较大的缺点得到克服。因此该种布置形式常用于大中型控制室。

（3）仪表盘的垂直立面布置。盘面安装的仪表，按用途大体可分为生产管理仪表、过程控制仪表和操纵监视仪表 3 大类。按其作用，重要程度与操纵要求，其合理布置如图 5—8 所示。

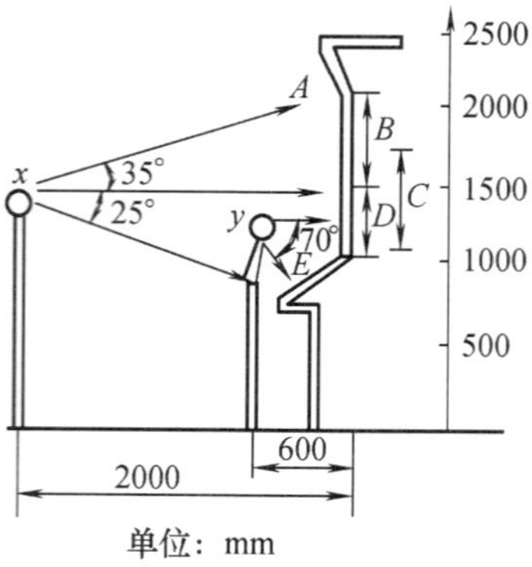

图 5—8　盘面上的仪表布置

在 A 区域可布置反映全局性、对生产过程有指导意义的生产管理仪表。如总电压表、总电流表、物料总流量表及紧急报警装置等，它们的位置应在人的身高以上比较醒目的地方。

在 B 区域布置监控者需要经常观察的各类指示仪表和记录仪。

在 D 区域布置指示调节器和记录及其操纵部件。

E 区域是仪表盘附带的操纵台，可布置启动和停止按钮、显示转换键和电话等辅助装置。

图中 x 是监控者眼睛高度（约为 1.5 m），y 是监控者俯位（约为 1.3 m）。无论监控者的视距为 2 m，还是 0.6 m 处，均能保证各类仪表在监控者的良好视区内。

二、控制器的设计

控制器是操作者用以控制机器运行状态的装置或部件，是联系人和机的重要部件之一，生产中的许多事故是因控制器的设计未能充分考虑人的因素所致。因此，在控制器设计中，重视人的因素，保证操作者能方便、准确、迅速、安全可靠地实施连续控制，也是人机系统安全设计的一个重要方面。

人在操纵控制器中，出现差错的现象是不少的。在生产过程中，由于操作失误所引起的事故，几乎与机器或生产系统的故障所引起的事故占同样高的比例。生产中许多事故，从表面看起来是操作人员缺乏训练或思想不集中所引起，但若进一步分析就会发现，许多操作错误的发生，其实是因为在设计控制装置时，没有充分考虑到人的因素而造成的。

1947 年，英国的费茨（P. M. Fitts）和琼斯（R. E. Jones）在分析飞行驾驶中出现的 460 个操作失误中，发现其中 68%的错误是由于控制器设计不当引起的。这足以说明控制器设计的重要性。如果把控制器设计成符合生物力学规律并布置在便于准确和迅速操纵的位置上，也许这些事故就不会发生。因此，设计控制器时，不仅要考虑其性能、寿命、可靠性、经济性和外观造型等问题，还应考虑其安全性。

1. 控制器的类型

（1）按操纵的动力装置分。

1）手控装置。如按钮、开关、选择器、旋钮、曲柄、杠杆及手轮等。

2）脚控装置。如脚踏板、脚踏钮等。

3）其他。如用声控、光控、电磁感应性的敏感元件制成的换能装置启动或关闭机件。

（2）按控制器的功能分。

1）开关控制器。只采取开或关就能实现启动或停止的控制装置，如常用的按钮、踏板、手柄、钮子开关等。

2）转换控制装置。用来把一种工作状态转到另一种工作状态的控制装置，常用的有手柄选择开关、选择按钮、操纵盘等。

3）调整控制装置。利用这种控制装置，可以使系统的工作参数稳定地增加或减小。常用的有手柄、按钮、操纵盘和旋钮等。

4）紧急停车控制装置。此种控制装置要求在最短的时间内产生效果。启动要十分灵敏，具有“一触即发”的特点。此类控制装置，无论是在仪表上还是在控制台上，都不宜与其他控制装置直接布置在一起，以免紧急操作时发生错误或误触。

2. 控制器设计的一般原则

（1）控制器设计的一般要求。

控制器类型很多，从安全人机工程的角度提出以下几个共同要求：

1）控制器设计要适应人体运动的特征，考虑操作者的人体尺寸和体力。对要求速度快且准确的操作，应采取用手动控制或指动控制器，例如按钮、扳动开关或转动式开关等；对用力较大的操作，则应设计为手臂或下肢操作的控制器，例如手柄、曲柄或转轮等。所有设计都应考虑人体的生物力学特性，按操作人员的中下限能力进行设计，使控制器能适合大多数人的操作能力。表 5—12 为一些控制器能允许的最大用力；表 5—13 为人的操作部位不同时，平稳转动控制器的最大用力。

2）控制器操纵方向应与预期的功能方向和机器设备的被控制方向一致。从功能角度认为，向上扳或顺时针方向转动意味着向上或加强；从被控设备角度则认为设备运动方向将向上运动或向右运动。例如，铲车的升降控制器是上下操纵的，如果是左右操纵，就容易发生差错。

3）控制器要利于辨认和记忆。控制器除了在外形、大小和颜色上进行区别外，还应有明显的标志，并力求与其功能有逻辑上的联系。这样，控制器无论数量多少，排列布置及操作顺序如何，都要求每个控制器能明确地被操作者辨认出来。

表 5—12　常用操纵机构所允许的最大用力

操纵结构的形式	允许的最大用力（N）
轻型按钮	5
重型按钮	30
脚踏按钮	20～90
轻型转换开关	4.5
重型转换开关	20
前后动作的杠杆	150
左右动作的杠杆	130
手轮	150
方向盘	150

表 5—13　平稳转动控制器的最大用力

操作特征	最大用力（N）
用手操纵的转动机构	＜10
用手和前臂操纵的转动机构	19～38
用手和上肢操纵的转动机构	78～98
用手以最高速度旋转的机构	8.8～19
在精确安装时的转动工作	19～29

4）尽量利用控制器的结构特点进行控制（如弹簧等）或借助操作者体位的重力（如脚踏开关）进行控制。对重复性连续性的控制操作，不应集中某一部位的力，以防疲劳和产生单调感。

5）尽量设计多功能控制器，并把显示器与之有机结合，如带指示灯按钮等。

（2）设计控制器时应考虑的因素。

1）控制信息的反馈。人在操纵控制器时，有两类反馈信息：一类是来自人体自身的反馈信息；一类是来自机的反馈信息。来自人体自身反馈信息的部位有：眼睛观察手脚的位移；手、臂、肩或脚、腿、臀感受的位移或压力信息。机反馈的信息主要有：仪表显示、音响显示、振动变化及操纵阻力 4 种形式。

音响显示有两种：一种是机器运行噪声的变化，如发动机加速时噪声变大，机器运行异常时噪声也会有变化。可以从研究噪声变化的规律中找出诊断机器运行状态的方法。简单的做法是凭经验判断，精确的方法可以装设噪声诊断系统。另一种是在控制器上设置到位音响，这种音响常可以由控制器定位机构自动发出，也可装设专门的联动音响装置。

振动变化可以反应在控制器上，也可以反应在人体感觉上（如机动车辆）。振动也常常转化为噪声的形式传递给操作者，影响操作精度。

操作阻力是设计控制器的重要参数。过小的阻力会使操纵者感觉不到反馈信息而对操作情况心中无数，过大的阻力又会使控制器动作不灵敏而难以驾驭，而且会使操纵者提前产生疲劳。

操纵阻力主要有静摩擦力、弹性力、粘滞力、惯性力 4 种形式。其特点见表 5—14。

表 5—14　　　　摩擦、弹性、粘滞性、惯性等控制器的阻力特性

阻力类型	举例	特性	优点	缺点	用途
摩擦力	1. 开关 2. 闸刀	开始时阻力大，开关滑动时阻力即下降	因阻力大可减少意外动作	控制准确度低	宜作不连续控制
弹力	弹簧作用等	阻力随控制器移动距离加长而增大	1. 控制准确度高 2. 控制器能自动归回空位	控制器移到中间位置要定位时，需设定位装置	可作连续控制
粘滞力	活塞作用等	阻力与控制器移动速度相对应	1. 控制准确度高 2. 运动速度均匀 3. 稳定性好	造价高	宜作连续控制
惯性力	起重机的摇把等	阻力由多级结构的惯性产生，一般较大	1. 允许平滑移动 2. 因需较大作用力故减少了意外移动的可能	1. 操作疲劳 2. 移动准确性差	可用于不精确控制

阻力大小与控制器的类型、位置、移动的距离、操作频率、力的方向等有关。一般操纵力必须控制在该施力方向的最佳施力范围内，而最小阻力应大于操纵者手脚的最小敏感压力。表 5—15 列出了不同控制器的最小阻力。

控制器操纵到位时应使阻力发生一种变化作为反馈信息作用于操纵者。这种变化有两种情况：一种是操纵到位时操纵阻力突然变小，另一种是操纵到位时操纵阻力突然增大。如果是多挡位控制器，每个挡位都应该有这种阻力变化信息传递给操纵者。

此外，还有一种按钮显示，将按钮做成透明体，内设小灯，当按钮到位时即发光。此种装置不但可以显示操作到位，还可以显示按钮的位置状态，并提示操作者注意。

表 5—15　不同控制器所要求的最小阻力

控制器类型	所需最小阻力（N）	控制器类型	所需最小阻力（N）
手动按钮	2.8	旋钮	0～1.7
扳动开关	2.8	摇柄	9～22
旋转选择开关	3.3	手轮	22
脚动按钮	5.6（如果脚停留在控制器上） 17.8（如果脚不停留在控制器上）	脚踏板	44.5（如果脚停留在控制器上） 17.8（如果脚不停留在控制器上）
手柄	9		

2）控制器的运动。控制器的运动方向应与人们在社会上与心理上的固定概念一致。如向上扳、顺时针方向转意味着接通或加强。运动方向还应符合控制器的其他特征，如朝某一方向时，产生最大力量，朝另一方向时，则速度起变化。另外，控制器的移动范围不能超过操作者可能的活动范围，并要给操作者留出足够的自由空间。

3）控制器上手或脚的使用部位的尺寸和结构。手或脚操作的控制器尺寸，首先取决于控制器上手或脚使用部位的尺寸，其次需根据操作时是否戴手套，或作业时鞋的形状来决定放宽的尺寸。显然对不同的控制器，由于压或握的用力方式不同，操纵件尺寸和形状也不同。

手或脚使用的部位还决定于控制器的重量分配。必须在保证空位时操纵者可以离开控制器自由活动，工作位时，不会因负担控制器的重量而引起疲劳。

如果是手用工具，又不是利用重力工作的，就应尽量使工作的重心落在手握的部位上，以免手腕肌肉承担较大的静力负荷而引起疲劳。

握把部位不宜太光滑或太粗糙，若过于光滑，操纵时不易抓稳或握住，特别是手上有油或水的情况下更易发生失手事故，或因长时间过大的静力负荷而使手疲劳，故一般选用无光泽的软纹皮包层为宜。

手柄的形状应尽量使手腕保持自然状态，使手与小臂处于一条直线上，如果使手腕向某一方向弯曲，就会使骨骼肌产生静力疲劳。因此设计原则是“宁肯弯曲手柄也不要使手臂弯曲”。对手动工具也是这样，更需要使握力充分发挥出来。影响握力的主要因素是手柄直径，手柄直径为 50 mm 时欧洲人握力最大，对亚洲人而言手柄直径可取 40～50 mm 之间。

由于脚对动作和压力的敏感度均较低，因此脚用按钮或踏板应有足够大的行程，以减小误踏时产生误动作的可能。脚用按钮还应有足够大的接触平面，以便于寻找和踩稳。脚踏板应有增加摩擦力的网纹。

将控制器进行合理编码，使每个控制器都有自己的特征，以便于操作者确认无误，是减少差错的有效措施之一。控制器编码一般有 6 种方式：形状、位置、大小、操作方法、色彩和文字符号编码。可根据需要，采用一种或几种方式的编码组合。

①形状编码。对各种不同用途的控制器，设计成不同的形状，不仅人的视觉可以识别，有的触觉也能辨别。形状编码应按控制器的性质设计成不同的形状，并能与控制器的功能有逻辑上的联系，这样不仅利于记忆，而且在紧急情况下也不容易出现错误。此外，控制器的形状应当便于使用操纵，方便用力。图 5—9 所示给出了常用旋钮的形状编码实例。

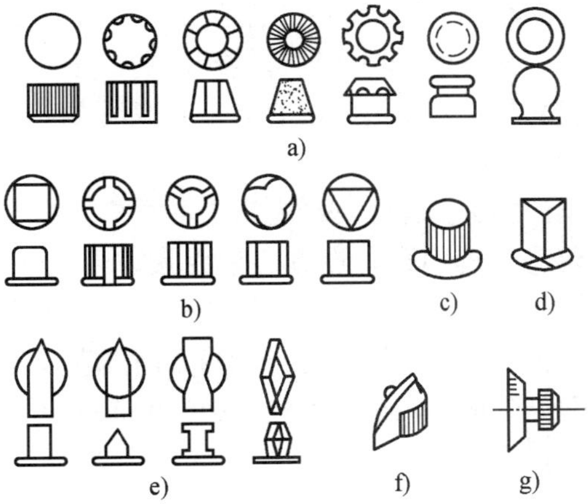

图 5—9　旋钮类型

a）多倍旋转旋钮　b）部分旋转旋钮　c）圆形　d）多边形　e）定位指示旋钮　f）指示形　g）转盘

②大小编码。根据控制器的功能，也可采用大小编码，但大小编码不如形状编码好，只凭尺寸不同，操作者往往难以识别。当小号旋钮的尺寸为大号的 5/6 或更小时才有识别把握。例如按钮、开关等小型控制器的大小编码都有类似情况，所以大小编码形式的使用是有限的，一般都与形状编码组合使用。

③位置编码。利用安装位置的不同来区分控制器，称为位置编码。这种编码操作者较容易识别。若实现位置编码的标准化，操作者可不必注视操作对象，就能正确地进行操作。

④操作方法编码。操作方法编码是根据特定控制器的不同操作方法进行编码。

为了有效地使用编码，应当使控制器在动作方向、变化量、阻力等方面有明显区别。例如，可用按、拨、旋等操作方法对控制钮进行编码。

⑤色彩编码。利用色彩的不同来区分控制器称为色彩编码。色彩只能靠视觉辨认，并且需要较好的照明条件，才不致被误认，因此，此种编码常与形状编码或大小编码组合使用。有时色彩种类过多，反而难以辨清，因此色彩编码的使用范围也受到一定限制，一般局限于红、橙、黄、绿、蓝 5 种色彩。

⑥文字、符号编码。用文字或符号来区分控制器称为符号编码或标号编码。此种编码一目了然，操作者不需特殊训练，但文字写得好坏对工作效率有决定性影响。一般可在控制器的上面，或在控制器旁侧标上文字或符号以示区别。这些符号应力求简单，形象能表达控制器的作用。当用文字来说明控制器的控制内容时，必须注意：说明文字应写在距控制器最近的位置，文字简单明了，通俗易懂，清楚地反映控制器控制的内容；尽可能采用人们都能理解的，尤其是通用的缩写；避免采用生僻的专业用语；应采用常用而清晰的字体；在说明文字部位应有良好的照明。

3. 控制器的设计

（1）手动控制器设计。手的操作功能有数十种之多。影响眼—脑—手之间配合的因素也十分复杂，既有生理因素，也有心理因素。因此如何科学地开发手的功能，设计出高效、可靠的控制器，是安全人机工程中一项极为重要的课题。手动控制器设计不仅涉及人体测量学与人体生物力学两方面因素，而且要考虑习惯、风俗等民族特点以及技术审美要求等，是一种较为细致的工作。本书重点是从人体尺寸及力学性能两方面进行研究。

1）旋钮。旋钮是供单手操纵的控制器，根据功能要求，旋钮可以旋转一圈、多圈、或不满一圈、可以连续多次旋转，也可以定位旋转。根据旋钮的形状，可分为圆形旋钮、多边形旋钮、指针形旋钮和手动转盘等。旋钮的大小应根据操作时使用手指和手的不同部位而定，其直径以能够保证动作的速度和准确性为前提。实验表明，对于单旋钮，直径以 50 mm 为最佳。多层旋钮必须使之在旋转某一层旋钮时不会无意中触动其他层旋钮。三层旋钮的中间一层旋钮直径取 50 mm 时，最上面的小旋钮直径应小于 25 mm，最下面的一个大旋钮直径 80 mm 左右为宜。各层旋钮之间应不相接触，多层旋钮应有足够的旋动阻力，才能保证不会发生相互影响。为了使手操纵旋钮时不打滑，常把钮帽部分做成各种齿纹或多边形，以增强手的握持力。

2）按钮。按钮有两种结构：一种是按则下降，松则弹起，这是单作用按钮；还有一种按下之后可以锁住，再按时才弹回，这是具有保持位的双作用按钮。按钮有 3 个主要参数：直径、作用力及移动距离。

①按钮直径。按钮尺寸主要按成人手指端的尺寸和操作要求而定。一般圆弧形按钮直径以 8～18mm 为宜，矩形按钮以 10 mm×10 mm，10 mm×15 mm 或 15 mm×20 mm 为宜，按钮应高出盘面 5～12 mm，行程为 3～6 mm，按钮间距一般为 12.5～25 mm，最小不得小于 6 mm。

按钮直径大于 15 mm 时，可将顶部做成球面形凹坑，以便于手感定位，当按钮布置在暗处时应在其内部装一小灯泡，按钮用透明材料制作，以保证快速准确的操作。

若按钮的关系重大，为防止疏忽，可将按钮设置在一凹坑中。这时按钮直径应不小于 25 mm，若需戴手套操作，则按钮直径不应小于 50 mm。对于发生疏忽会产生严重事故的按钮，则应加防护装置。防护装置种类很多，例如可以加装小盖和防护栏。

②按钮阻力。对于单指按钮的阻力，大拇指按钮可取 2.94～19.6 N，其他手指按钮可取为 1.47～5.89 N，按钮阻力不宜太小，以免稍有误碰就会起作用，造成事故。

按钮开关一般用声响如“咔嗒”声，或以阻力的变化作为到位的反馈信息，如果配备指示灯作为反馈信息时，也应有声响或阻力变化信息。因为指示灯有时也会因未注意而被忽略。不宜用声响长时间地鸣叫作为提示信号，因为这样会增加噪声，污染环境。

3）按键。随着科学技术的发展，在现代工业品和日用品中，按键用得日益广泛，如计算机的键盘、打字机、传真机、电话机、家用电器等，都大量使用按键。使用按键的好处是节省空间，便于操作，便于记忆，使用成熟后，不用视觉也能迅速操作。从操纵情况来看，按键有机械式、机电式和光电式，各种形式的按键设计都应符合人的使用。

按键的尺寸应按手指的尺寸和指端弧形设计，方能操作舒适。图 5—10a 所示为外凸弧形按键，操作时手的触感不适，只适用于小负荷而操作频率低的场合。按键的端面形式以中凹的图 5—10d 型为优，它可增强手指的触感，便于操作，这种按键适用于较大操作力的场合。按键应凸出面板一定的高度，过平不易感觉位置是否正确，如图 5—10b 所示；各按键之间应有一定间距，否则容易同时按着两个键，如图 5—10c 所示；按键适宜的尺寸可参考图 5—10e。对于排列密集的按键，宜做成图 5—10f 的形式，使手指端面之间相互保持一定的距离；纵向的排列多采用阶梯式，如图 5—10g 所示。

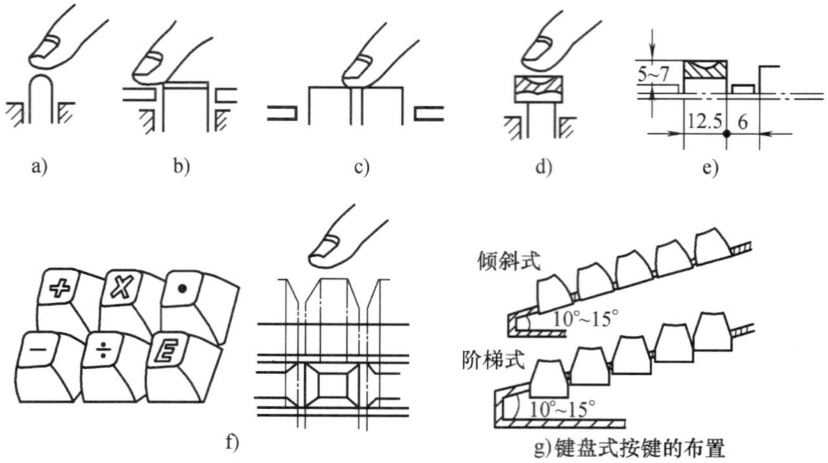

图 5—10　按键的形式和尺寸，mm

4）扳动开关。扳动开关只有开和关两种功能。常见的有钮子开关、棒状扳动开关、滑动开关、船形开关和推拉开关（见图 5—11）。其中以船形开关翻转速度最快，推拉开关和滑动开关由于行程和阻力的原因，动作时间较长。总之，扳动开关具有操作简便、动作迅速的优点。

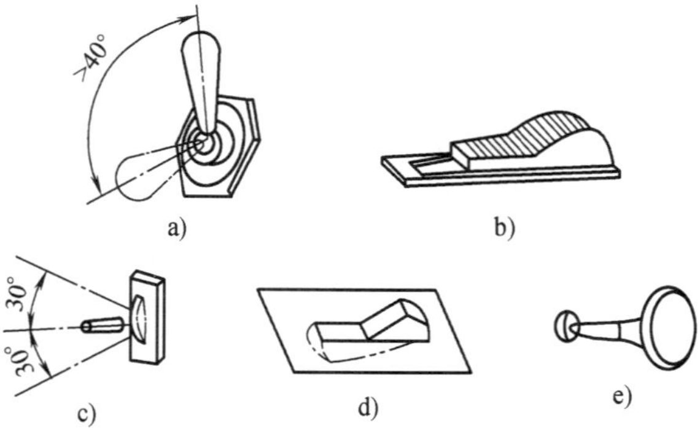

图 5—11　扳动开关

a）钮子开关　b）滑动开关　c）棒状扳动开关　d）船形开关　e）推拉式开关

5）杠杆。杠杆控制器通常用于机械操作，具有前、后、左、右、进、退、上、下、出、入的控制功能，其操纵角度通常为 30°～60°，如汽车变速杆就是常见的杠杆控制器。操纵角也有超过 90°的，如开关柜上刀闸操纵杆。杠杆操纵器虽然多数操纵角度有限，但可以实现盲目定位操作是它的突出优点。操纵用力与操纵功能有关，前后操纵用力比左右操纵用力大，右手推拉力比左手推拉力大，因此杠杆控制器通常安置在右侧。操纵杆的用力还与体位和姿势有关。

6）转轮、手柄和曲柄。转轮、手柄和曲柄控制器的功能与旋钮相当，用于需要较大的操作扭矩条件下。转轮可以单手或双手操作，并可自由的连续旋转操作，因此，操作时没有明确的定位值（见图 5—12）。利用手柄操纵时最适合的操纵力大小与手柄距地面的高度、操纵方向，左、右手等因素有关，操纵手柄时的合适操纵力的数值见表 5—16。

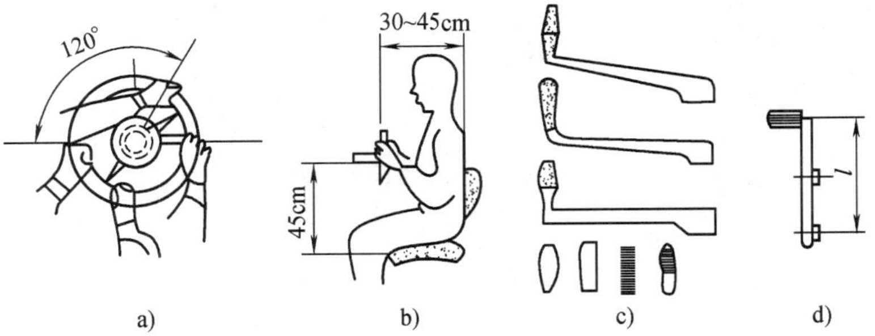

图 5—12　转轮、曲柄、手柄

a）转轮一例　b）垂直操作情况　c）曲柄　d）手柄

表 5—16　　**手柄的适宜用力**

手柄距地面的高度（mm）	手的用力（N）					
	左			右		
	向上	向下	向侧方	向上	向下	向侧方
500～650	140	70	40	120	120	30
650～1 050	120	120	60	100	100	40
1 050～1 400	80	80	60	60	60	40
1 400～1 600	90	140	40	40	60	30

控制器的大小受操作者有效用力范围及其尺寸的限制，在设计时必须给以充分考虑。手柄和曲柄可以认为是转轮的变形设计，此时应注意它们的合理尺寸，使其握持舒适，用力有效且不产生滑动。

（2）脚动控制器的设计。

1）脚动控制器的形式。脚动控制器主要有两种形式：脚踏板和脚踏钮。脚踏板的形式又有直动式、摆动式和回转式（包括单曲柄和双曲柄），如图 5—13 所示。自行车上即用双曲柄式脚踏板，它能连续转动，且省力。单曲柄式脚踏板可用于摩托车的启动等。由于使用脚踏板能施加较大的操纵力，且操作也方便，因而在无法用手操作的场合，脚踏板得到了广泛的应用，如汽车的加速器（油门）和制动器。图 5—14 所示给出了几种形式脚踏板操作效率的比较。而脚踏板则多用于操作力较小，但需要经常动作的场合，如控制空气锤的开停。脚踏钮的形式与按钮相似。

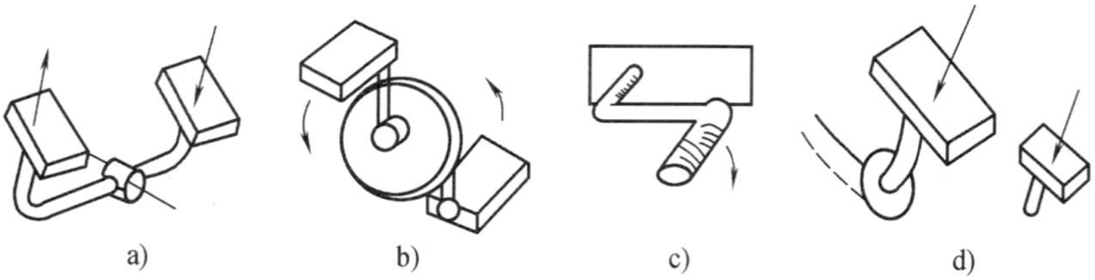

图 5—13　脚踏板的形式

a）摆动式　b）双曲柄式　c）单曲柄式　d）直动式

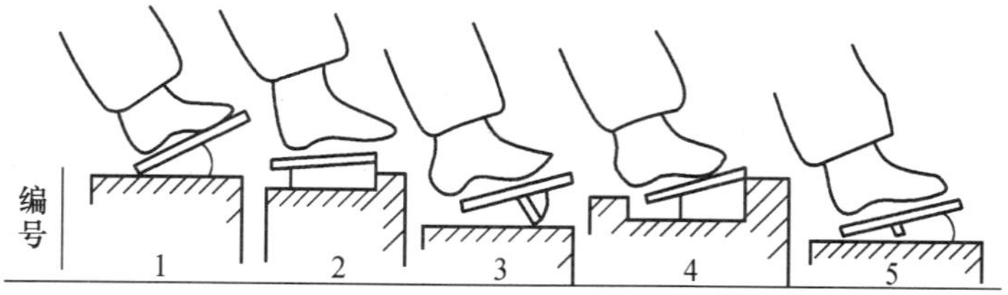

每分钟脚踏次数	187	178	176	140	171
效率比较	每踏一次所用时间最短	每踏一次比 1 号多用 5% 的时间	每踏一次比 1 号多用 6% 的时间	每踏一次比 1 号多用 34%的时间	每踏一次比1号多用 9%的时间

图 5—14　各种踏板效率比较

由于脚动控制器的功能特征、式样和布置的位置不同，脚的操纵方式也不相同。对于用力大、速度快和准确性高的操作，宜用右脚。但对于操作频繁、容易疲劳，且不是很重要的操作，应考虑两脚能交替进行。

即使同一只脚，用脚掌和脚趾或脚跟去控制脚动控制器，其控制效果也有差异，见表 5—17。因此，应根据具体的操纵要求来选择合适的脚动控制器和操纵方式，才能保证操纵的舒适性和效率。

表 5—17 脚踏板与操纵方式

操纵方式	操纵特征
整个踏板	操纵力较大（大于 50 N），操纵频率较低，适用于紧急制动器的踏板
脚掌踏	操纵力在 50 N 左右，操纵频率较高，适用于启动、机床刹车的脚踏板
脚掌或脚跟踏	操纵力小于 50 N，操纵迅速，可连续操纵，适用于动作频繁的踏板

2）脚动控制器的适宜用力。一般的脚动控制器都采用坐姿操作，只有少数操纵力较小（小于 50 N）才允许采用站姿操作。在坐姿下脚的操纵力远大于手。一般的脚蹬（或脚踏板）采用 14 N/cm^2 的阻力为好。当脚蹬用力小于 227 N 时，腿的曲折角应以 107°为宜；当脚蹬用力大于 227 N 时，腿的曲折角应以 130°为宜。用脚的前端进行操纵时，脚踏板上允许的用力不超过 60 N，用脚和腿同时操作时可达1 200 N，对于需要快速动作的脚踏板，用力应减小到 20 N。表 5—18 为脚动控制器适宜用力的推荐值。

表 5—18 脚动控制器适宜用力的推荐值 单位：N

脚动控制器	推荐的用力值
脚休息时脚踏板的承受力	18～32
悬挂的脚蹬（如汽车的加速器）	45～68
功率制动器	直至 68
离合器和机械制动	直至 136
飞机方向舵	272
可允许脚蹬力最大值	2 268
创纪录的脚蹬力最大值	4 082

操纵过程中，脚往往都是放在脚动控制器上的，为防止脚动控制器被无意碰移或误操作，脚动控制器应有一个启动阻力，它至少应超过脚休息时脚动控制器的承受力。

3）脚动控制器的设计。为便于脚施力，脚踏板多采用矩形和椭圆形平面板，而脚踏钮有矩形也有圆形，图 5—15 所示是几种设计较好的脚踏板和相关尺寸。

图 5—16 所示是常用脚踏钮的设计尺寸，可供参考。脚踏板和脚踏钮的表面都应设计成齿纹状，以避免脚在用力时滑脱。

脚操纵器的空间位置直接影响的施力和操纵效率。对于蹬力要求较大的脚操纵器，其空间位置应考虑到施力的方便性，即使脚和整个腿在操作时形成一个施力单

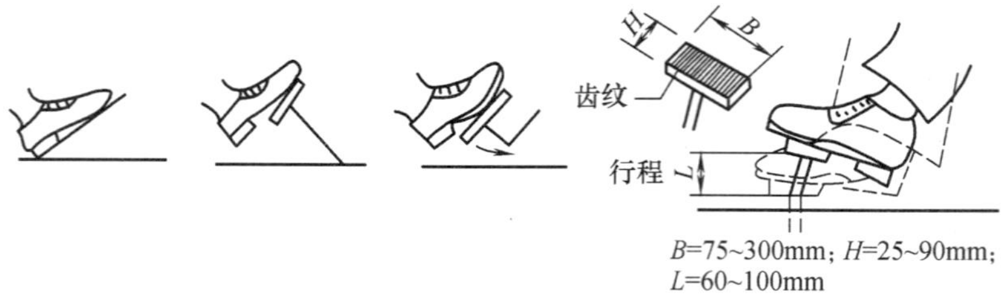

图 5—15　脚踏板尺寸

元。为此，大、小腿间的夹角应在 105°～135°范围内，以 120°为最佳，这种姿势下脚的蹬力可达 2 250 N，如图 5—17 所示。

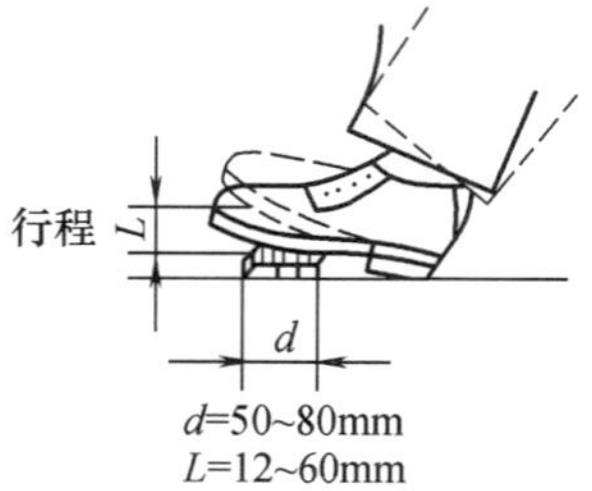

图 5—16　脚踏钮尺寸

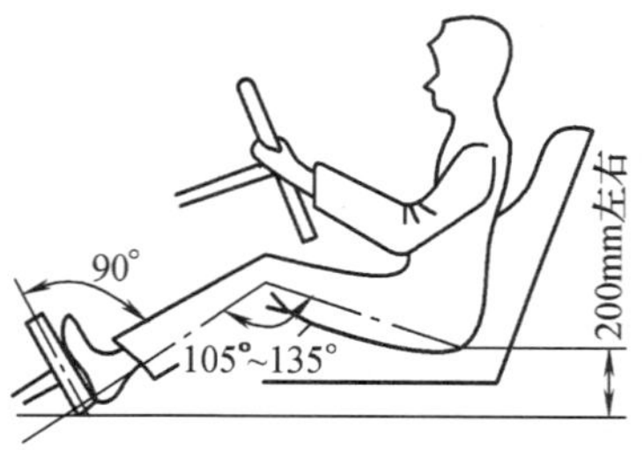

图 5—17　小汽车驾驶室脚踏板的空间布置

对于蹬力要求较小的脚操纵器，考虑坐姿时脚的施力方便，大、小腿夹角以 105°～110°为宜，如图 5—18a 所示为蹬力要求较大的脚踏板的布置情况，图 5—18b 所示为蹬力要求较小的脚踏板空间布置，可供设计时参考。

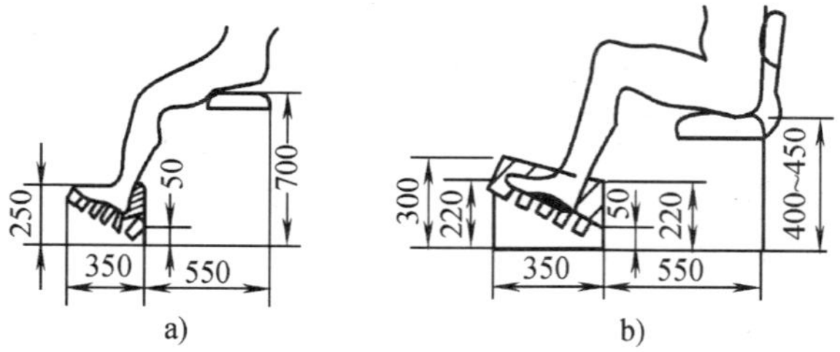

图 5—18　脚操纵器的空间布置（单位：mm）

a）蹬力要求较大的脚踏板　b）蹬力要求较小的脚踏板

4. 控制器的选择

控制装置的选择主要以功能和操作要求为依据。表 5—19 为各种控制装置的使用功能示例，表 5—20 为在不同情况下，控制装置的选择的建议，可供选择控制器时参考。

表 5—19　　各种控制装置的使用功能和使用情况

操纵装置名称	使用功能					使用情况					
	启动制动	不连续调节	定量调节	连续控制	输入数据	性能	视觉辨别位置	触觉辨别位置	多个类似操纵器的检查	多个类似操纵器的操作	复合控制
按钮	△					好	一般	差	差	好	好
钮子开关	△	△			△	较好	好	好	好	好	好
旋钮选择开关		△				好	好	好	好	差	较好
旋钮		△	△	△		好	好	一般	好	差	好
踏钮	△					差	差	一般	差	差	差
踏板			△	△		差	差	较好	差	差	差
曲柄			△	△		较好	一般	一般	差	差	差
手轮			△	△		较好	较好	较好	差	差	好
操纵杆			△	△		好	好	较好	好	好	好
键盘					△	好	较好	差	一般	好	差

表 5—20　　不同工作情况下选择控制器的建议

工作情况		建议使用的控制器
操纵力较小情况	2 个分开的装置	按钮、踏钮、拨动开关、摇动开关
	4 个分开的装置	按钮、拨动开关、旋钮、选择开关
	4～24 个分开的装置	同心成层旋钮、键盘、拨动开关、旋转选择开关
	25 个以上分开的装置	键盘
	小区域的连续装置	旋钮
	较大区域的连续装置	曲柄
操纵力较大情况	2 个分开的装置	扳手、杠杆、大按钮、踏钮
	3～24 个分开的装置	扳手、杠杆
	小区域连续装置	手轮、踏板、杠杆
	大区域连续装置	大曲柄

正确选择控制装置的类型对于安全生产，提高工作效率极为重要。一般来说，选择的原则如下：

（1）快速而精确的操作主要采用手控或手指控制装置；用力的操作则采用手臂及下肢控制。

（2）手控装置应安排在肘、肩高度之间而容易接触到的距离处，并易于看到。

（3）手指控制装置之间的间距可为 15 mm，手控装置之间的间距则为 50 mm。

（4）手动按钮、钮子开关或旋钮开关适用于用力小、移动幅度不大及高精度的阶梯式或连续式调节。

（5）长臂杠杆、曲柄、手轮及踏板则适合于用力大、移动幅度大和低精度的操作。

在操作过程中，只有在用脚动控制器优于用手动控制器时才选用脚动控制器。一般在下列情况时考虑选用：需要进行连续操作，而用手操作又不方便的场合；无论是连续性控制还是间歇性控制，其操纵力超过 50～150 N 的情况；手的工作控制量太大，不足以完成控制任务时。当操纵力超过 50～150 N，或操纵力小于 50～150 N，但需要连续操作时，宜选用脚踏板。对于操纵力较小，且不需连续控制时，宜选用脚踏钮或脚踏开关。

5. 显示器和控制器的配置设计

显示器和控制器的配置主要是考虑其兼容性。即控制器与显示器的关系与人们对它们的预测关系相一致，符合人们的习惯定型。

（1）运动相合性。一般来说，人对显示器和控制器运动有一定的习惯定型。例如，顺时针旋转或自下而上，人们自然认为是增加的方向。顺时针旋转收音机的开关旋钮，其音量增大。汽车的方向盘顺时针旋转，汽车向右转弯，反时针旋转，汽车左转弯，即右旋右转，左旋左转，控制器的运动与系统或显示器的运动有一定的兼容性。因此，在控制器和显示器的运动关系上的设计要考虑其兼容性，如图 5—19 所示。

（2）空间相合性。控制器和显示器配合使用时，控制器应该与其相联系的显示器紧密布置在一起。最好布置在显示器的下方或右方（右手操作）。当布置的空间受到限制的时候，控制器和显示器的布置在空间位置上应有逻辑关系。例如，左上角的显示器应用左下角的控制器去操作；右上角的显示器应用右下角的控制器去操作；中间的控制器用中间的显示器表达其控制量等。如图 5—20 所示，列出控制器和显示器的空间安排。如图 5—20a 所示，由于空间限制，两个显示器的控制钮左右排列。左边的控制器与下面的显示器相关联，右边的控制器与上面的显示器相关

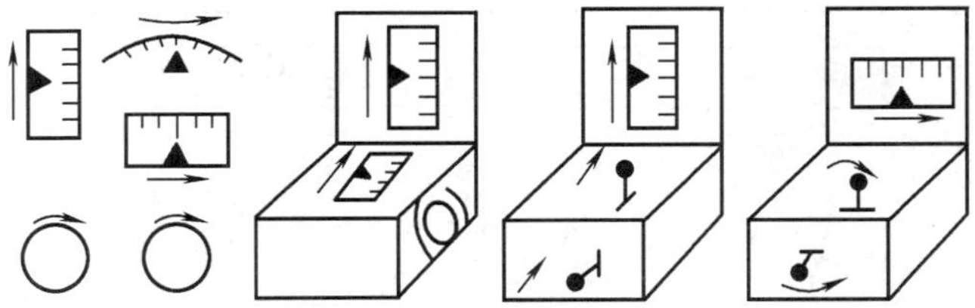

图 5—19 控制器与显示器的运动关系

联。这种安排就违背了人们的空间习惯定型。因此，在使用控制器时就很容易造成相互混淆。如果空间限制，不可能有其他的安排方法，图 5—20b 安排比较可取，左边的控制器与上面的显示器相关联，右边的控制器与下面的显示器相关联，但是也应尽量避免这种布置。图 5—20c 的安排就完全符合人们的空间习惯。图 5—20d 的安排，控制器和显示器的空间关系就更为清晰。这种安排就很少发生混淆的现象，当然，控制器与显示器的空间位置如果违反人们的习惯，经过一定的培训，在正常情况下也是可以安全操作。但如果遇到紧急、危险的情况时，就要恢复到原有的习惯去操纵，这样就极易发生误操作的事故。

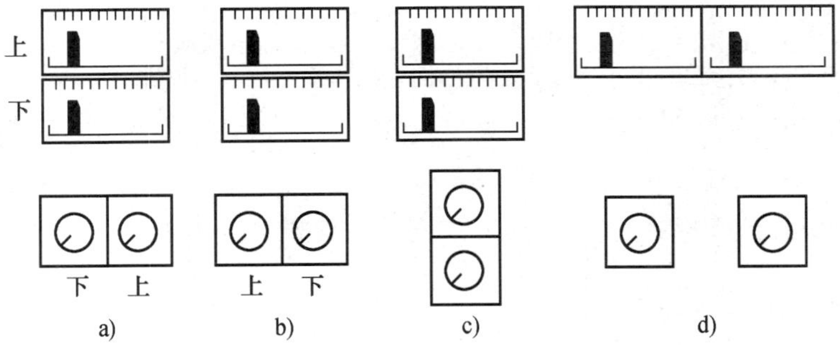

图 5—20 控制器与显示器的空间关系

（3）控制—显示比。在操作中，通过控制装置对设备进行定量调节或连续控制，控制量则通过显示装置（也可以是设备本身。例如，方向盘的转动与车身转弯程度）来反映。控制—显示比就是控制器和显示器移动量之比，即 C/D。这个移动量可以是直线距离（如直线形刻度盘的显示量，操纵杆的移动量），也可以是旋转的角度和圈数（如圆形刻度盘的显示量，旋钮的旋转量等）。C/D 是反映控制—显示系统的灵敏度高低：C/D 值高，说明控制—显示系统灵敏度低；C/D 值低，灵敏度高，如图 5—21 所示。

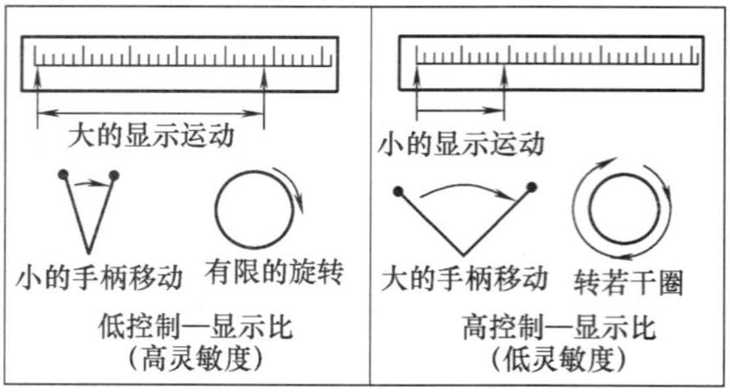

图 5—21　C/D 与控制—显示的灵敏度

一般来说，设备上的控制—显示系统具有粗调和细调两种功能。C/D 的选择则考虑精调时间和粗调时间，而不是简单地选择高 C/D，还是低 C/D。最佳的 C/D 则是两种调节时间曲线相交处。这样可以使总的调节时间降低最低，如图 5—22 所示。

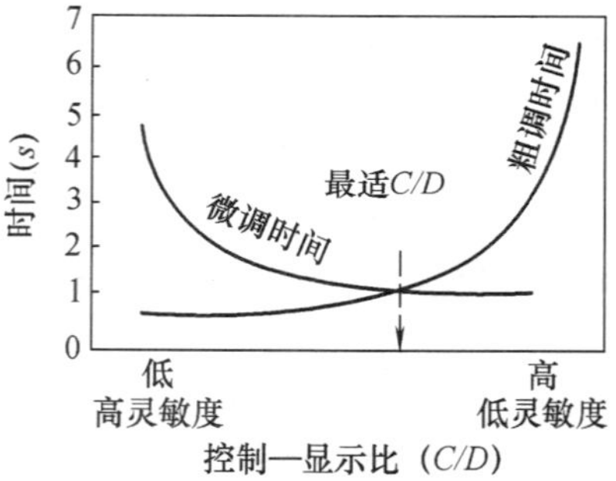

图 5—22　C/D 与调节时间

最佳的 C/D 选择还要受到许多因素的影响。例如，显示器的大小、控制器的类型、观测距离以及调节误差的允许范围等。对于最佳 C/D 选择往往是通过实验获得的，而没有一个理想的计算公式。国外曾有人经过实验得出：旋钮的最佳 C/D 范围为 0.2～0.8，对于曾有操纵杆或手柄则为 2.5～4.0 之间较为理想。

三、可维修性设计

在各行各业中，维修的质量都与设备的可用率、系统的运行安全息息相关，维修的速度则直接影响企业的经济效益，因此为了保证维修工作的质量与效率，保证维修工作的安全，必须在设施或设备设计时就考虑其可维修性；而对现成设施或设备进行维修作业时，则应考虑如何应用安全人机工程学的观点和方法，发现并消除不符合安全人机工程学的缺陷，以减少维修差错，提高维修的质量和效率。前者属于“未雨绸缪”，而后者属于“亡羊补牢”的做法。对人机系统进行可维修性设计正是人机界面安全设计不可缺少的内容。

1. 维修性与可维修性设计

（1）维修性。在规定的时间、条件、程序和方法等约束下完成维修的能力称为维修性。所谓“规定的条件”，主要是指维修的机构和场所以及相应的资料条件（包括维修人员、设施、设备技术资料等)。所谓“规定的程序和方法”，是指按规程规定的维修工作类型、步骤和方法等。而“维修”作为维修与检修的统称，则是为保持、恢复或改善设施或设备的规定技术状态而进行的全部活动。

(2) 可维修性设计。可维修性设计就是在产品（包括系统、设施或设备）设计中除了满足其他设计要求外，还要使设施或设备具有实现“安全、及时、快速、有效、经济”的维修能力。其任务是：一旦设施或设备发生故障，要保证能安全地尽快修理好，甚至能在未出故障前就已经采取措施来消除故障产生的条件。从安全人机工程学的角度考虑维修性设计，从“便利于人维修”和“安全地维修”出发来进行设计，这就是可维修性设计的主要要求，它使维修工作系统中“人—机—环境系统”整体协调，以有利于提高人的维修工作绩效、减少维修差错、实现维修安全。

可维修性设计的过程包括：建立维修性模型（若是简单设备，就无此需要)；进行维修性分配和预计（若是简单设备，就无此需要)、故障模式和影响分析、维修性分析；建立维修性设计准则；最后进行具体设计、维修性试验与评定等工作。这方面的书籍和资料已经很多，在此不再赘述。

2. 可维修性设计的一般指导原则

从安全人机工程学角度出发，根据现代维修的特点和维修性要求，可以得出可维修性设计的一般指导原则，吴当时、盛菊芳等编著的《以人为本的维修—人类工效学在维修中的应用》(北京，中国电力出版社）提出了7个导则，介绍如下：

(1) 确保维修安全。一般来说，为了保证维修安全，避免维修人员伤亡或设备损坏，在今后需要维修的任何系统、设施或设备的设计中，都应遵守以下导则：

1）设备、机具、零部件等的设计，应保证其储存、运输、使用和维修时的人身安全，从根本上防止储存、运输、使用和维修中的伤亡事故。

2）在可能发生危险的部位上，应提供醒目的标志或声、光警告设施等预防手段，提醒维修人员不要接近。

3）在严重危及安全的部位上，应有自动防护措施，杜绝人身伤害。

4）不将损坏后容易发生严重后果的部分布置在易被损坏的地方（如表面)，以免伤人。

5）凡与维修操作安全有关的地方，都应在维修技术文件（如维修规程、维修程序、维修手册等）中提出注意事项。

6）对于装有高压流体、装有弹簧、带有高电压等储备很大能量且维修时需要拆卸的装置，应设置释放能量的结构并备有安全可靠的拆装机具或设备，以保证拆装安全。

(2) 尽可能简化以减轻维修人员负担。过分复杂的系统结构和设备结构必然增加维修难度，增加维修人员负担，影响维修性。为此应遵守以下导则：

1) 尽可能简化系统、设施或设备的功能，增强兼容性，去掉不必要的功能。

2) 合并设备功能，如把执行相似功能的硬件适当集中，以便维修人员一次完成几项维修任务。

3) 采用最简单的设备结构和外形，采用简单、可靠和耐久的设备或零部件。

4) 将设备结构设计成很少需要预防性维修的（如设置自动检测、自动报警装置，改善润滑、密封装置，防止锈蚀，减缓磨损等）。

5) 尽可能减少复杂的维修操作步骤和修理工艺要求（如采用换件修理或其他简易检修方法等），设备拆装方便、机动灵活，维修工具尽量少而简单。

6) 尽量减少零部件的品种和数量，使相似零部件、材料和备件具有互换性。

7) 采用简单而有效的维修规程和维修程序。

8) 维修职能岗位和维修工作分配要合理有序。

(3) 改善维修和检测时的可达性。可达性是指对系统、设施或设备进行维修或检测时，维修人员能接近维修部位的难易程度，包括视觉可达（看得见）、实体可达（够得着）和有足够的操作空间。合理的结构设计是提高设施或设备可达性的途径。可达性设计的主要原则是“统筹安排、合理布局”，具体设计导则分述如下：

1) 把故障率高或维修空间需求大的部件尽可能安排在设备的外部或容易接近的地方。

2) 为避免各部分同时维修、交叉作业与干扰，可采用专舱、专柜或其他适用的形式布局。

3) 尽量做到在维修任何部分时，不拆卸、不移动或少拆卸、少移动其他部分。

4) 设备各部分（特别是易损件和常用件）的拆卸、安装要简单，拆装时零部件进出路线最好是直线或平缓的曲线，不要使拆下的部件拐弯或颠倒后再移出。

5) 设施或设备的检查点、测试点、润滑点、添加口以及燃油、液压、气动等子系统的维修点，都应布局在便于接近的位置上。

6) 需要维修的机件周围，要有足够的空间以便进行测试或拆装（例如，螺栓、螺母的安排应留有扳手余隙）。

7) 维修通道口的设计应使维修操作尽可能方便简单。

8) 维修时，一般应能看见内部的操作，其通道除了能容纳维修人员的手和臂外，还应留有适当的余隙以供观察。

9）在不降低设施或设备性能的条件下，可采用无遮盖的观察孔。需遮盖的观察孔应采用透明窗或快速开启的盖板。

（4）尽量采用模块化。模块是一种具有相对独立功能和整体结构、能从装配件上整个拆下来的部件。设计具有这种模块或由这类模块组成的设备，是提高维修效率的一个办法。因为维修这类设备时，只需找出发生故障的模块，直接更换模块即可，不必在小的零部件这一级上进行，使拆装作业大大简化，从而缩短诊断时间和拆装时间，并且可提高维修质量，降低对维修人员的技能要求。模块化的设计导则是：

1）根据设备功能的分割，尽可能将设备设计成由若干个能够置换的模块组成的整套设备。

2）每个模块都便于单独进行测试。

3）模块安装后，一般应不需要进行调整；若必须调整，则应能单独进行。

4）成本低的器件可制成弃件式的模块，并加标志。

5）模块的大小与质量一般应便于拆装、携带或搬运。质量超过 5 kg，不便握持的模块，应设有人力搬运的把手。必须用机械提升的模块，应设有便于装卸的吊孔或吊环。

（5）尽量实行标准化和通用化。从简化维修的角度，应优先选用符合国际标准、国家标准或专业标准的硬件和软件，尽量减少元器件、零部件的品种和规格。提高互换性和通用化程度的设计导则是：

1）最大限度地采用通用的零部件，并尽量减少其品种。

2）必须使故障率高、容易损坏、关键性的零部件具有良好的互换性和必要的通用性。

3）使具有安装互换性的项目具有功能互换性；当需要互换的项目仅具有功能互换性时，可采用连接装置来解决安装互换性。

4）使设备上功能相同而且对称安装的部件、组件或零部件尽量是可互换的或通用的。

5）修改零部件设计时，不任意更改安装的结构要素，以免破坏互换性而造成整个设备或系统不配套。

6）对设备作某些更改或改进时，尽量做到新老设备之间能够互换使用。

（6）增强易识别性和防错、容错能力。维修工作中，难免会发生漏装、错装或其他操作错误，轻则延误工作，重则危及安全。因此，应当从设备结构上采取措施消除发生维修差错的可能性，或者具有容许差错的能力。也就是说，设计时就考虑在结构上只允许装对了才能装得上，装错了就装不上；或者发生差错，就能立即发觉并纠正；或者即使出了差错，也不会造成严重后果。具体的设计导则如下：

1）对于外形相近而功能不同的零部件、重要的连接部件、安装时容易出错的零部件，应从结构上加以区别或有明显的定位标志。例如，只允许一个方向插入的插头或元器件，可采取加定位销或使各插脚粗细不一或不对称等办法，防止插错。

2）设备或零部件上应设置必要的防止差错，提高维修效率的标志。例如：

①设备与其他有关设备连接的接头、插头和检测点，均应标明名称或用途以及其他必要的数据。

②需要进行保养的部位，应设置永久性标志（如注油孔可用与底色不同的颜色显示），必要时设置标牌。

③操作时可能出错的装置，应有操作顺序标志、不许触动部件标志等醒目的防错标志。

④间隙较小、周围机件较多、安装定位困难的组合件或零部件等，应有安装位置的标志（如刻线、箭头等）。

3）标志应根据设备或零部件的特点和维修需要，按照有关标准的规定以文字、数据、形象图案、符号、数码、颜色等不同的编码方法，予以表示。

4）标志的大小、位置要适当，鲜明醒目，容易看到和辨认，而且要能经久保存。要极力避免含混不清的维修标志和编码。

5）采用能减轻故障后果的故障保险机构。

6）考虑设备寿命周期内使用和磨损的“最坏情况”，采用相应的技术进行设计。

7）设计中对于“故障”或“性能退化”难以被检测出的情况，尽量减少或避免。

8）设计中采取能避免疏忽、滥用或误用的措施。例如，维修规程中易于疏忽、滥用或误用的地方及时给予警示，在设备的易于疏忽、滥用或误用的地方设置醒目的标志等。

（7）尽可能采用有效的综合诊断手段。一个系统、设施或设备不可能总是工作在正常状态，必须经常进行监控、检查和测试，以判断其有无故障或何处发生了故障，查出故障原因，确定修理范围，这就是故障诊断。能否准确、快速、简便地对故障做出诊断，故障诊断的难易程度，对维修活动有重大影响。因此，应当与主设备同步研制、选配故障诊断系统。通过专门设计使预测或检测故障（或性能退化）、故障定位、识别测试点、隔离到修理范围等维修环节迅速可靠，最好使设备具有自我故障诊断功能，向维修人员适时提供足够的信息。可采用以下设计导则：

1）尽量采取原位（在线、实时与非实时）检测方式。对危险征兆能自动显示、自动报警。

2）对复杂设备系统，可视情况联合采用机内测试、外部自动测试、人工测试等以形成有效的综合诊断能力。

3）测试与诊断设备应体积小、重量轻，可靠性高，操作方便，维修简单，最好是通用化、多功能化。

4）故障诊断系统的错误告警（包括：虚警，故障识别错误，有故障而未发现）的概率应小于1%，因为错误告警概率高会大大增加维修人员的心理负担。

5）人工测试点应让人易于接近，并避免设置在高压、高温或运动部位；测试点应尽可能采用简单可靠的结构，并有明确标记，以保证正确使用，节省检测时间。

以上列出了7个方面的可维修性设计导则。对于某种系统、设施或设备的具体设计而言，为了便于指导设计人员进行可维修性设计，便于系统工程师进行设计评审，应确定更有针对性的、操作性强的可维修性导则和实施细则。

这时最基本的依据应是该系统、设施或设备的维修方案和维修性要求，针对具体系统、设施或设备的功能、结构，运行或使用、维修条件等特点，参考以上的一般导则，制定出专用的维修性安全人机工程学设计导则和实施细则。在制定和实施导则、细则的过程中，也还可同时参照适用的人类工效学设计标准和设计手册，参照类似系统、设施或设备的维修实践经验和他们的维修性人类工效学设计导则和细则。

第二节　作业环境的设计

人机系统与它所处的作业环境息息相关，相互影响。环境常影响着人们的生理、心理特性和机器的状态，而人和机器的状态又会影响环境。合理的环境设计可使人机系统发挥最大的效能。

安全人机工程学涉及的环境问题有两种，一是创造舒适的生活环境；二是改善生产的作业环境。后者的目标是形成一个良好、安全的作业环境，在此环境中，应不损害人的作业功能，既能迅速、正确地完成任务，又能在连续工作中无疲劳感，并且在长期工作中，其作业环境对人体健康无不良影响。

一、温度环境

1. 工厂车间内作业区的空气温度和湿度标准

GBZ1—2002《工业企业设计卫生标准》根据作业性质、劳动强度，以气温为主规定了有关气象条件，见表5—21。

表5—21　　工厂车间内作业区的空气温度和湿度标准

车间和作业的特征			冬季		夏季	
			温度（℃）	相对湿度（%）	温度（℃）	相对湿度（%）
主要放散对流热的车间	散热量不大的	轻作业 中等作业 重作业	14～20 12～17 10～15	不规定	不超过室外温度3℃	不规定
	散热量大的	轻作业 中等作业 重作业	16～25 13～22 10～20	不规定	不超过室外温度5℃	不规定
	需要人工调节温度和湿度的	轻作业 中等作业 重作业	20～23 22～25 24～27	≤80～75 ≤70～65 ≤60～55	31 32 33	≤70 ≤70～60 ≤60～50
放散大量辐射热和对流热的车间（辐射强度大于 2.5×10^5 J/（h·m²））			8～15	不规定	不超过室外温度5℃	不规定
放散大量湿气的车间	散热量不大的	轻作业 中等作业 重作业	16～20 13～17 10～15	≤80	不超过室外温度3℃	不规定
	散热量大的	轻作业 中等作业 重作业	18～23 17～21 16～19	≤80	不超过室外温度5℃	不规定

2. 高温环境

高温环境是指在生产劳动过程中，其工作地点平均“三球温度指数”（也称“湿球黑球温度”，Wet Bulb Globe Tndex，WBGT）大于或等于25℃的作业环境。

（1）高温作业的危害。高温作业时人体可出现一系列生理性改变，主要为体温调节、水盐代谢、循环系统、消化系统、神经系统、泌尿系统等方面的改变。表现为：脉搏加快，体温升高、头晕、头痛、恶心、极度疲劳等症状。

中暑是高温环境下发生的急性疾病，按发病机理可分为热射病、日射病、热衰竭和热痉挛。根据症状将中暑分为先兆中暑、轻症中暑和重症中暑 3 种。

（2）高温作业环境的设计。

1）高温作业环境的设计应该遵循国家标准的要求

按照工作地点 WBGT 指数和接触高温作业的时间，GBZ 2—2002《工作场所有害因素职业接触限值》将高温作业分为四级，级别越高，热强度越大。凡工作地点定向辐射热强度平均值等于或大于 2 kW/m² 的高温作业，应在本标准的基础上相应提高一个等级，但最高不超过Ⅳ级。

为保证生产人员在持续接触热环境后能使生理功能得到恢复，必须有一定的脱离热环境的休息时间，GB 935—1989《高温作业允许持续接触热时间限值》作了相应规定，见表 5—22。

表 5—22　　高温作业允许持续接触热时间限值　　单位：min

工作地点温度（℃）	轻劳动	中等劳动	重劳动
30～32	80	70	60
>32～34	70	60	50
>34～36	60	50	40
>36～38	50	40	30
>38～40	40	30	20
>40～42	30	20	15
>42～44	20	10	10

注：持续接触热后必须休息时间不得小于 15 min。休息时应脱离热环境。

2）从生产工艺和技术、保健措施、生产组织等几个方面入手，合理设计高温作业环境。

①生产工艺和技术措施：

a. 合理设计生产工艺过程。应尽量将热源布置在车间外部，使作业人员远离热源，否则热源应设置在天窗下或夏季主导风向的下风头，或热源周围设置挡板，防止热量扩散。

b. 屏蔽热源。在有大量热辐射的车间，应采用屏蔽辐射热的措施。屏蔽方法有 3 种：直接在热辐射源表面铺上泡沫类物质；在人与热源中间设置屏风或空气幕；给作业者穿上热反射服装（铝夹克）。但铝夹克的热阻值太大，不利于蒸发散热；由于水的比热容大，吸热能力强，生产车间常用循环水炉门、瀑布水幕、铁纱水幕、钢板流水型隔热屏风以及为屏蔽热辐射为主的屏风既可以屏蔽热辐射又不影响作业者观察和控制生产过程。

c. 降低湿度。人体对高温环境的不舒适反应，很大程度上受湿度的影响，当相对湿度超过 50%时，人体通过蒸发汗的散热功能显著降低。作业场所控制湿度的唯一方法是在通风口设置去湿器。

d. 增加气流速度。通过门窗进行自然通风换气，可以增加空气的新鲜感，有利于工效的提高。高温车间仅靠自然通风换气常常达不到要求的标准，除了合理布置必要的自然通风的进风口和排风口外，还需采取强制性机械通风措施。当干球温度在 25～32℃之间时，增加工作场所的气流速度，可以提高人体的对流散热量和蒸发散热量。但当气温高于 35℃时，增加气流速度对人体散热作用不大，当相对湿度大于 70%时增加气流速度对人体散热量的作用会更小。高温环境下，气流速度的增加与人体散热量的关系是非线性的，在中等以上工作负荷，气流速度大于 2 m/s时，增加气流速度，对人体散热几乎没有影响。因此，盲目地增加气流速度是不可取的。

②保健措施：

a. 合理供给饮料和补充营养。高温作业时作业者出汗量大，应补充与出汗量相近的水分和盐分，否则会引起脱水和盐代谢紊乱。另外，还要注意补充适量的蛋白质和维生素 A、维生素 B_1、维生素 B_2、维生素 C 和钙等元素。

b. 合理使用劳保用品。高温作业的工作服，应具有耐热、导热系数小，透气性好的特点。

c. 进行职业适应性检查。每一个人的热适应能力有差别，有的人对高温条件反应敏感；有的耐热能力强。因此，在就业前应进行职业适应性检查。凡心血管器质性病变、高血压、溃疡病、肺、肝、肾等病患的人都不适应于高温作业。

d. 生产组织措施。在生产组织上合理安排作业负荷，合理安排休息场所，对于离开高温作业环境较长时间又重新从事高温作业者，给予更长的休息时间，使其逐步适应高温环境。高温作业应采取集体作业，能及时发现热昏迷者，一旦出现头晕、恶心，及时离开高温现场。

3. 低温环境

(1) 低温作业环境对人体的影响。工作地点平均气温等于或低于 5℃的作业称为低温作业。在低温环境下工作时间过长，超过人体适应能力，体温调节能力发生障碍，则体温下降，从而影响机体功能，可能出现神经兴奋与传导能力减弱，出现痛觉迟钝和嗜睡状态。长时间低温作业可导致循环血量、白细胞和血小板减少，而引起凝血时间延长，出现协调功能降低。低温作业还可引起人体全身和局部过冷。全身过冷会出现皮肤苍白、脉搏呼吸减弱、血压下降。局部过冷最常见的是手、足、耳及面颊等外露部位发生冻伤，严重的可导致肢体坏死。

（2）低温作业环境设计应考虑的因素。

1）应按照《工业企业设计卫生标准》和《工作企业采暖、通风和空气调节设计规范》的规定，设置必要的采暖设备。调节后的温度要均匀恒定。有的作业需要和外界发生联系，外界的冷风吹在作业者身上很不舒适，应设置挡风板，减缓冷风的作用。

2）提高作业负荷。增加作业负荷，可以使作业者降低寒冷感，但以不使作业者工作时出汗为限。

3）个体保护。低温作业车间或冬季室外作业者，应穿御寒服装，御寒服装应采用热阻值大、吸汗和透气性强的衣料。衣服尺寸合适，不宜过紧。

4）采用热辐射取暖。室外作业，若采用个体防护方法，厚厚的衣服影响作业者操作的灵活性，而且有些部位又不能被保护起来，这时采用热辐射的方法御寒最为有效。

二、光环境

1. 照度标准

照度标准是照明设计和管理的重要依据。我国的照度标准是采用间接法制定的，即从保证一定的视觉功能来选择最低照度值，同时进行大量的调查、实测，并且考虑了我国当前的电力生产和消费水平。而直接法则主要是根据劳动生产率及单位产品成本来选择照度标准。自 2004 年 12 月 1 日开始实施的《建筑照明设计标准》(GB 50034—2004)，将照明照度标准值按照 0.5，1，3，5，10，15，20，30，50，75，100，150，200，500，750，1 000，1 500，2 000，3 000，5 000 lx 分级。该标准对居住、图书馆、办公室、商业、影剧院、旅馆、医院、学校、博物馆陈列厅、展览馆展厅、交通、体育等建筑的照明标准进行了规定（详见该标准的表 5.1.1，5.2.1～5.2.11)，该标准的表 5.3.1 给出了工业建筑一般照明标准值、表 5.4.1 给出了公用场所照明标准值，具体数字详见该标准。

2. 照明设计

（1）照明方式。环境照明设计，在任何时候都应遵循人机工程学原则。自然光是任何人工光源所不能比拟的，在设计时应最大限度地利用自然光，尽量防止眩光，增加照度的稳定性和分布的均匀性、协调性等。工业企业建筑物照明，通常采用3种形式，即自然照明、人工照明和二者同时并用的混合照明。一般照明是为照亮整个场所而设置的均匀照明；局部照明是特定视觉工作用的、为照亮某个局部而设置的照明；由一般照明与局部照明组成的照明为混合照明；因正常照明的电源失效而启用的照明为应急照明，它包括疏散照明、安全照明和备用照明。

（2）光源选择。室内采用自然光照明是最理想的。因为自然光明亮柔和，光谱中的紫外线对人体生理机能还有良好的影响。因此在设计中应最大限度地利用自然光。但是，自然光受昼夜、季节和不工作条件的限制，因此在生产环境中常常要用人工光源做补充照明。

选择人工光源时，应注意其光谱成分，使其尽可能接近自然光。在人工照明中荧光灯的光谱近似日光，而且与普通白炽灯相比，具有发光效率高（比白炽灯高4倍左右），光线柔和、亮度分布均匀及热辐射量小等优点。但是，为消除光流波动，应采用多管装置为宜。照明不宜选择有色光源，因为有色光源会使视力效能降低。

（3）避免眩光。当视野内出现的亮度过高或对比度过大时，人会感到刺眼并降低观察能力，这种刺眼的光线叫做眩光。眩光视觉效应的危害，主要是破坏视觉的暗适应，产生视觉后像，使工作区的视觉效率降低，产生视觉不舒适感和分散注意力，造成视觉疲劳。研究表明，做精细工作时眩光在20 min内就会使差错明显，工效显著降低，眩光源对视觉效率的影响程度与视线和眩光源的相对位置有关。

为了防止和控制眩光应采取如下措施：

1）限制光源亮度。当光源亮度大于16×10^4 cd/m^{2}时，无论亮度对比如何，都会产生严重的眩光。如普通白炽灯灯丝亮度达到300×10^4 cd/m^{2}以上，应考虑用氟酸进行化学处理使玻壳内表面变成内磨砂，或在玻壳内表面涂以白色无机粉末，以提高光的漫射性能，使灯光柔和。

2）合理分布光源。尽可能将光源布置在视线外的微弱刺激区，例如，采用适当的悬挂高度，使光源在视线45°以上时眩光就不明显了。另一办法是采用不透明材料将光源挡住，使灯罩边沿至灯丝连线和水平线构成一定保护角，此角度以45°为宜，至少不应小于30°。

3）改变光源或工作面的位置。对于反射眩光，通过改变光源与工作面的相对位置，使反射眩光不处于视线内；或在可能的条件下，改变反射物表面的材质或涂料，降低反射系数，以求避免反射眩光。

4）合理的照度。要取得合理的照度，需进行照度计算。根据所需要的照度值及其他已知条件（如照明装置形式及布置、房间各个面的反射条件及照明灯具污染等情况），来确定光源的容量或数量。在可能的条件下，适当提高照明亮度，减小亮度对比。

（4）照度均匀度。照度均匀度（Au）是指被照场内最大照度与最小照度之差与平均照度的比值。公共建筑的工作房间和工业建筑作业区域内的一般照度均匀度不应小于0.7；而作业面邻近周围的照度均匀度不应小于0.5；房屋或场所内的通道和其他非作业区域的一般照度均匀度不宜低于作业区域一般照明照度值的1/3。

（5）亮度分布。工作空间的亮度过于均匀也不好。工作对象和周围环境存在着必要的反差，柔和的阴影会使心理上产生主体感。如果把所有空间都搞成一样的亮度，不仅耗电量多，而且会产生单调感和漫不经心心理。因此，要求视野内有适当的亮度分布，既能造成工作处有中心感的效果，有利于正确评定信息，又使工作环境协调，富有层次和愉快的气氛。在集体作业的情况下，需要亮度均匀的照明，以保持每个作业者都有良好的视觉条件。从事单独作业的情况下，并不一定每个作业者都需要同样的亮度分布，工作面明亮些，周围空间稍暗些也可以。

（6）照明的稳定性。照明的稳定性是指照度保持一定值，不产生波动，光源不产生闪烁频闪效应。照度稳定与否直接影响照明质量的提高。为此，应使照明电源的电压稳定，并且在设计上要保证在使用过程中照度不低于标准值，就要考虑到光源老化、房间和灯具受到污染等因素，适当增加光源功率，采取避免光源闪烁的措施等。

三、色彩环境

1. 色彩设计

（1）色彩设计分类。

1）环境色彩。包括厂房、商店、建筑物，室内环境等色彩设计。

2）物品配色。包括机床设备、家具、纺织品、包装等。

3）标志管理用色。有安全标志、管理卡片、报表、证件、票卷等。

（2）色彩设计的方法与步骤。

1）方法。可用计算机色彩模拟来分析配色。用模拟系统可以改变、分析、评价各种色彩的组合，确定某一设计的色彩。环境色彩设计时，还可以把有代表性的四季景象的协调对比来确定建筑物的最佳配色，也可参考已有的设计院经验，或用绘画的方式进行评价。

2）步骤。①根据造型、用途确定色彩设计原则；②按以上原则指出各种设计方案；③进行模拟；④制定评价标准，确定理想配色的条件，分析、评价所提出的各种设计方案，从中选出最佳方案。

对于环境配色，首先要确定总体色调，以达到给人庄重或活泼热闹或沉静的感觉，其次要根据不同的要求，不同的使用目的，对重点配色、平衡配色、渐变配色、对比配色、调和配色、背景与图形进行选择。例如，厂房或工作间配色，总的要求是：明亮、和谐、美观、舒适。除了色彩富有一定的代表意义外，还要考虑光线的反衬，提高照明的效果。室内以白、乳白、浅黄、天蓝为主色调较好。这样的色彩环境给人宁静、舒适的感觉。机器设备配色的基本要求是：属于同一色彩要鲜明、醒目有利于识别，避免发生差错。例如，在按钮色的选用上，红色也允许用于停止按钮，启动和接通按钮主要用绿色。如果用错色彩，就会造成重大事故。

2. 色彩调节及应用

选择适当的色彩，利用色彩的效果，构成良好的色彩环境，称为色彩调节。工作场所具有良好的色彩环境可以得到以下效果：增加明亮程度，提高照明效果；标志明确，识别迅速，便于管理；注意力集中，减少差错和事故，提高工作质量；舒适愉快，减少疲劳；环境整洁，层次分明，明朗美观。

（1）工作房间的色彩调节。工作房间的配色，取决于工作特点，一般要考虑色彩的含义、色彩对人们生理和心理的影响及工作环境的需要。希望环境明亮、和谐、美观、舒适，突出或掩盖工作房间的特征，改变人们对工作房间的不良印象或感觉。工作房间配色尽可能不要色调单一，否则会加速视觉疲劳或引起单调感。房间配色的明度不应太高和相差悬殊，否则也会因为视觉适应性而促使视觉疲劳。配色的饱和度也不应太高，不然较强的刺激不仅会分散注意力，而且也容易加速视觉疲劳。

（2）机器设备和工作面的色彩调节。机器设备主要包括主机、辅机和动力设备，以及控制、显示和操纵装置，其配色应主要考虑：色彩与设备的功能相适应；设备配色与环境色彩相协调；危险与示警部位的配色要醒目；操纵装置的配色要重点突出，避免误操作；显示装置要与背景有一定对比，以引人注意，同时也有利于视觉认读。

工作面的涂色，明度不宜过大，反射率不宜过高，选用恰当的色彩对比，可以适当提高对细小零件的分辨力。但色彩对比不可过大，否则会直接造成视觉疲劳的提早出现。如果可能，长时间加工同一色彩的零件时，应该在作业者的视野内安排另一种色彩，以便使眼睛得到休息。

（3）安全标志和技术标志的色彩应用。用色彩传递安全和技术信息，早已为世界各国所采用。GB 2893—2001《安全色》规定了传递安全信息的颜色（不包括灯光、荧光颜色和航海、内河航运所用颜色），目的是使人们能够迅速发现或分辨安全标志和提醒人们注意，以防事故发生。安全色是指表达安全信息含义的颜色。该标准中规定红、蓝、黄、绿 4 种颜色为安全色，其含义和用途见表 5—23。

表 5—23　　安全色的含义及用途（GB 2893—2001）

颜色	含义	用途举例
红色	禁止、停止	禁止标志 停止信号：机器、车辆的紧急停止手柄或按钮以及禁止人们触动的部位
	红色也表示防火	
蓝色	指令必须遵守的规定	指令标志：如必须佩戴个人防护用具，道路上指引车辆和行人行驶方向的指令
黄色	警告 注意	警告标志 警戒标志：如厂内危险机器和坑池边周围警戒线 行车道中线 机械上齿轮箱 安全帽
绿色	提示 安全状态 通行	提示标志 车间内的安全通道 行人和车辆通行标志 消防设备和其他安全防护设备的位置

注：（1）蓝色只有与几何图形同时使用时，才表示指令。
（2）为了不与道路两旁绿色行道树相混淆，道路上的提示标志用蓝色。

安全标志应按 GB 2894—1996 规定采用；安全色卡片应按 GB 6527—2001 规定采用。

对比色是指使安全色更加醒目的反衬色。4 种安全色的相应对比色只有：黑白两种颜色，见表 5—24。

色彩还常用作运行技术信息的载体，如红色表示紧急、禁止、停止、事故或操作错误等；黄色用作示警信号；绿色表示工作正常、允许进行等；蓝色表示整机工作正常；白色表示电源接通、预热或准备运行等。

表 5—24　　对比色（GB 2894—1996）

安全色	相应的对比色
红色	白色
蓝色	白色
黄色	黑色
绿色	白色

注：黑、白互为对比色。

色彩也应用于技术标志中，表示材料、设备设施或包装物等。表 5—25 是某些管道的色彩标志。

表 5—25　　一些管道色彩标志

种类	色彩	标准色
水	青	2.5PB5/6
气	深红	2.5R3/6
空气	白	N9.5
氧	蓝	—
煤气	黄	2.5Y8/12
酸或碱	灰紫	2.5P5/5
油	深橙	7.5YR5/6
电气	浅橙	2.5YR9/6
真空	灰	—

四、尘、毒环境

1. 尘、毒环境的卫生标准

我国于 2002 年颁布了 GBZ 2—2002《工作场所有害因素职业接触限值》。所谓职业接触限值（Occupational Exposure Limit，OEL）是职业性有害因素的接触限制量值，指劳动者在职业活动过程中长期反复接触对机体不引起急性或慢性有害健康影响的容许接触水平。化学因素的职业接触限值可分为时间加权平均容许浓度、最高容许浓度和短时间接触容许浓度 3 类。时间加权平均容许浓度（Permissible Concentration-Time Weighted Average，PC-TWA）指以时间为权数规定的 8 h 工作日的平均容许接触水平；最高容许浓度（Maximum Allowable Concentration，

MAC）指工作地点、在一个工作日内、任何时间均不应超过的有毒化学物质的浓度；短时间接触容许浓度（Permissible Concentration-Short Term Exposure Limit，PC-STEL），指一个工作日内，任何一次接触不得超过的15 min时间加权平均的容许接触水平。该标准给出了工作场所空气中329种有毒物质容许浓度，工作场所空气中47种粉尘容许浓度，其值详见该标准4.1的表1、标准4.2的表2。

2. 尘、毒作业危害的防治

（1）对空气污染的防治。

1）选择无硫或低硫燃料，或采取预处理法去硫。改善燃料方法，使燃料充分燃烧，减少一氧化碳和氮氧化物。

2）排烟净化。从排烟中除去SiO_2和NO_x。

3）控制交通废气。改进发动机的燃烧设计，采取废气过滤等措施。

4）减少毒源。尽量采用低毒或无毒的原材料。

5）降低作业场所毒物浓度，如加强通风，实行湿式凿岩等。

6）实现设备、管道或加工环节的密闭化，防止跑、冒、滴、漏，使毒源与操作者隔开。

7）改革工艺，使生产过程机械化、自动化。

8）对于废气、废水、废渣在排放要先行处理或回收，最好能综合利用，变废为宝。

9）加强个体防护。如用防毒面具、胶靴、手套、防护眼镜、耳塞、防护帽，或在皮肤暴露部位涂以防护油膏。

10）包装及容器要有一定强度，经得起运输过程中正常的冲撞、振动、挤压和摩擦，以防毒物外泄，封口要严，且不易松脱。

11）厂房要合理布局，加强绿化。据测定，10 m^2的林木，一天约吸收1 kg二氧化碳，放出0.7 kg氧气；一公顷柳杉树，每年可吸收二氧化硫720 kg。刺槐每平方米叶面可滞尘6 kg多，榆树滞尘高达20 kg等。

（2）防尘途径。上面介绍的改进工艺、加强通风、密封操作，水式作业等都是防尘的有效方法，不另赘述。此外，还可设置高效除尘、除毒装置以及实行遥控操作。

五、噪声与振动环境

1. 噪声环境

（1）噪声及其对人体的影响。噪声对人体危害已经在第三章介绍，噪声可使人产生听觉疲劳，在强噪声环境中如不采取保护措施，听觉疲劳继续发展，可导致听力下降或永久听力损失。噪声除影响听觉系统外，还影响神经系统、心血管系统、消化系统、内分泌及免疫系统等，造成植物性神经系统功能紊乱、血压不稳、肠胃功能紊乱等。

目前影响工人健康，严重污染环境的10大噪声源是：风机、空压机、电动机、柴油机、纺织机、冲床、木工圆锯、球磨机、高压放空排气和凿岩机。这些设备产生的噪声可高达120～130 dB（A）。

（2）噪声设计标准。对噪声环境的设计首先要考虑GBZ 1—2002《工业企业设计卫生标准》。该标准规定工作场所操作人员每天连续接触噪声8 h，噪声声级卫生限值为85 dB（A）。对于操作人员每天接触噪声不足8 h的场合，可根据实际接触噪声的时间，按接触时间减半，噪声声级卫生限值增加3 dB（A）的原则，确定其噪声声级限值（见表5—26）。但最高限值不得超过115 dB（A）。

表5—26　　工作地点噪声声级的卫生限值

日接触噪声时间（h）	8	4	2	1	1/2	1/4	1/8
卫生限值［dB（A）］	85	88	91	94	97	100	103

对噪声环境的设计还要考虑的3个标准：GB 3096—1993《城市区域环境噪声标准》、GB 12348—1990《工业企业厂界噪声标准》、GB 12523—1990《建筑施工厂界噪声限值》，其标准值见表5—27、表5—28、表5—29。

表5—27　　城市区域五类环境噪声标准值　　等效声级Leq［dB（A）］

类别	适用范围	昼间	夜间
0	疗养区、高级别墅区、高级宾馆区等	50	40
1	以居住、文教机关为主的区域	55	45
2	居住、商业、工业混杂区	60	50
3	工业区	65	55
4	城市中的道路交通干线道路两侧区域，穿越城区的内河航道两侧区域	70	60

（3）噪声的控制。

1）控制声源。工作噪声主要由两部分构成：机械噪声和空气动力噪声，因此，声源控制主要从以下两个方面着手：

①降低机械噪声。机械性噪声主要由运动部件之间及连接部位的振动、摩擦、撞击引起。这种振动传到机器表面，辐射到空间形成噪声。因此降低机械噪声的措

表 5—28　　各类厂界噪声标准值　　等效声级 Leq [dB (A)]

类别	适用范围	昼间	夜间
Ⅰ	以居住、文教机关为主的区域	55	45
Ⅱ	居住、商业、工业混杂区及商业中心区	60	50
Ⅲ	工业区	65	55
Ⅳ	交通干线道路两侧区域	70	55

注：夜间频繁突发的噪声（如排气噪声），其峰值不准超过标准值 10 dB (A)；夜间偶尔突发的噪声（如短促鸣笛声），其峰值不准超过标准值 15 dB (A)。

表 5—29　　城市建筑施工期间施工场地噪声限值　　等效声级 Leq [dB (A)]

施工阶段	主要噪声源	昼间	夜间
土石方	推土机、挖掘机、装载机等	75	55
打桩	各种打桩机等	85	禁止施工
结构	混凝土搅拌机、振捣棒、电锯等	70	55
装修	吊车、升降机等	65	55

施是：

a. 改进机械产品的设计，方法有二：一是选用产生噪声小的材料。一般金属材料的内摩擦、内阻尼较小，消耗振动能量的能力小，因而用金属材料制造的机件，振动辐射的噪声较强，而高分子材料或高阻尼合金制造的机件，在同样振动下，辐射的噪声就小得多。二是合理设计传动装置。在传动装置的设计中，尽量采用噪声小的传动方式。对于选定的传动方式，则通过结构设计、材料选用、参数选择、控制运动间隙等一系列办法降低噪声。

b. 改善生产工艺。采用噪声小的工艺，用电火花加工代替切削；用焊接或高强度螺栓代替铆接，用电动机代替内燃机，以压延代替锻造。

②降低空气动力性噪声。空气动力性噪声主要由气体涡流、压力急骤变化和高速流动造成。降低空气动力性噪声的主要措施是：降低气流速度；减少压力脉冲；减少涡流。

2）控制噪声的传播。主要措施有以下几种：

①全面考虑工厂的总体布局。在总图设计时，要正确估价工厂建成投产后的厂区环境噪声状况，高噪声车间、场所与低噪声车间、生活区距离远些，特别强的噪声源应设在远处或下风处。

②调整声源指向。将声源出口指向天空或野外。

③利用天然地形。山岗土坡、树丛草坪和已有的建筑障碍阻断一部分噪声的传播，在噪声强度很大的工厂、车间、施工现场、交通道路两旁设置足够高的围墙或屏障，种植树木限制噪声传播。

④采用吸声材料和吸声结构。利用吸声材料和结构吸收声能，降低反射声。经吸声处理的房间，可降低噪声 7～15 dB（A）。

⑤采用隔声和声屏装置。采用隔声罩把噪声罩起来，或用隔音室把人防护起来，可以降低噪声对人体的危害。

3）加强个体防护。当其他措施不成熟或达不到听力保护标准时，使用耳塞、耳罩等方式进行个体保护是一种经济、有效的方法。在低于 85dB（A）的低噪声区，耳塞或耳套使人耳对噪声及语言的听觉能力同时下降，所以戴耳塞或耳套更不易听到对方的谈话内容；在高于 85dB（A）的高噪声区，使用耳塞或耳套可以降低人耳受到的高噪声负荷，而有利于听清对方的谈话内容。

4）通过调整班次，增加休息次数，轮换作业等也是很好的防护方法。

5）音乐调节。一般认为，音乐调节是指利用听觉掩蔽效应，在工作场所创造良好的音乐环境，以掩蔽噪声，缓解噪声对人心理的影响，使作业者减少不必要的精神紧张，推迟疲劳的出现，相对提高作业能力的过程。

2. 振动环境

（1）振动及其危害。振动是指物体沿直线或弧线经过某一平衡位置的往复运动。振动会对人体的多种器官造成影响和危害，从而导致长期接触的人员患多种疾病，尤其是手持风动工具和传动工具的工人，生产性振动对他们健康的影响已经十分突出。

振动对人体的危害分为局部振动危害和全身振动危害，加在人体的某些个别部位并且只传递到人体某个局部的机械振动称为局部振动。如果只通过手传到人的手臂和肩部，则这种振动称为手传振动。通过支持表面传递到整个人体上的机械振动称作全身振动。比如振动通过立姿人的脚，坐姿人的臀部和斜躺人的支撑面而传到人体都属于全身振动。强烈的机械振动能造成骨骼、肌肉、关节和韧带的损伤，当振动频率和人体内脏的固有频率接近时，还会造成内脏损伤。足部长期接触振动时，有时候即使振动强度不是很大，也可能造成脚痛、麻木或过敏，小腿和脚部肌肉有触痛感、足背动脉搏动减弱，趾甲床毛细血管痉挛等。局部振动对人体的影响是全身性的，末梢机能障碍中最典型的症状是振动性白指的出现。振动性白指在不同国家有不同的名称，如雷诺现象、振动病、振动障碍、振动综合征等。振动性白指的特点是发作性的手指发白和紫绀。变白部分一般从指尖向手掌发展，近而波及手指甚至全手，也称“白蜡病”“死手”。由于振动性白指具有一过性的特点，所以有时不易被医生检查发觉。局部振动还可能造成手部的骨骼、关节、肌肉、韧带不同程度的损伤。振动不但影响工作环境中劳动者的身心健康，而且，还会使他们的视觉受到干扰，手的动作受妨碍和精力难以集中等，造成操作速度下降、生产效率降低，并且可能导致事故。长期接触强烈的振动，对人的循环系统、消化系统、神经系统、血液循环系统、新陈代谢、呼吸系统都有不同程度影响。

（2）振动的控制。在很多情况下，振动是不能全部消除或避免的，对振动的防护主要是如何减少和避免振动对作业者的损害。采取的主要措施有：

1）改进作业工具，对工具的重量、振动频率、振动幅度进行改进和限制。

2）人员轮流作业。

3）采用合理的防护用品，采用防振垫等，减少振动对作业者的损害。

4）定期体检，做好振动病的早期防治工作。

六、其他环境

1. 异常气压

人们习惯于其居住地区的大气压。同一地区的气压变动较小，对正常人无不良影响，但有时需在异常气压下工作，如高气压下的潜水或潜函（沉箱）作业、低气压下的高空或高原作业。此时气压与正常气压相差甚远，如不注意防护，可影响人体健康。

（1）高气压。

1）高气压下进行的作业。

①潜水作业。水下施工、打捞沉船均为潜水作业。日本的海女迄今仍用屏气潜水采珠贝，可下潜至 40 m 深度。潜水员每下沉 10.3 m，可增加 101.33 kPa（1 个大气压），增加的压力称为附加压，附加压与水面大气压之和为总压，又称绝对压。潜水员在水下工作，需穿特制潜水服，并通过一条导管将压缩空气送入潜水服内，使其压力等于从水面到潜水员作业点的绝对压。潜水员下潜和上升到水面时，需随时调节压缩空气的阀门以平衡压力差。

②潜函作业。指在地下水位以下深处的潜函内进行的作业。如建桥墩时，所采用的潜函逐渐下沉，到一定深度，为排出潜函内的水，需用与水下的压力相等或大于水下压力的高气压通入，以保证水不至于进入潜函内。

2）高气压对机体的影响。健康人能耐受 303.98～405.30 kPa 的气压，若超过此限度，则对机体产生影响。在加压过中，由于外耳道所受到的压力较大，使鼓膜向内凹陷产生内耳充塞感、耳鸣和头晕等症状，甚至可压破鼓膜。在高气压下，还可发生神经系统和循环系统功能改变。在 709.28 kPa 以下时，高的氧分压引起心脏收缩节律和外周血流速度减慢。709.28 kPa 以上时，主要为氮的麻醉作用，如酒醉样、意识模糊、幻觉等；对血管运动中枢的刺激，引起心脏活动增强、血压升高和血流速度加快。高气压会导致减压病，即在高气压下工作一定时间后，在转向正常气压时，因减压过速所致的职业病。此时人体的组织和血液中会产生气泡，导致血液循环障碍和组织损伤。另外还可能出现急性减压病和减压性骨坏死等症状。

3）预防措施。

①技术革新。建桥墩时，采用管柱钻孔法代替潜函，使工人可在江面上工作而不必进入高压环境。

②加强安全卫生教育。使潜水员了解发病的原因和预防方法，使其严格遵守减压规则，目前多采用阶段减压法。

③切实遵守潜水作业制度。潜水作业的安全，从技术上必须做到潜水技术保证、潜水供气保证和潜水医务保证三者相互密切协调配合的整体。潜水供气包括高压管路系统、装备的检查、维修、保养、配气等。

④保健措施。工作前防止过度劳累，严禁饮酒，加强营养。对潜水员应保证高热量、高蛋白、中等脂肪量饮食，并适当增加各种维生素，如维生素 E 有抑制血小板凝集作用。工作时注意防寒保暖，工作后进热饮料，洗热水澡等。做好就业前全面的体格检查，包括肩、髋、膝关节及肱骨、股骨和胫骨的 X 线片检查，合格者才可参加工作；以后每年应做 1 次体格检查，并继续到停止高气压作业后 3 年为止。

⑤职业禁忌证：凡患神经、精神、循环、呼吸、泌尿、血液、运动、内分泌、消化系统的器质性疾病和明显的功能性疾病者，患眼、耳、鼻、喉及前庭器官的器质性疾病者，此外，凡年龄超过 50 岁者，各种传染病未愈者，过敏体质者等均不宜从事此项工作。

（2）低气压。

1）低气压下进行的作业。高空、高山与高原均属低气压环境。高山与高原系指海拔在 3 000 m 以上的地点，海拔越高，氧分压越低。当海拔达3 000 m时，气压 70.66 kPa，氧分压 14.67 kPa；海拔 8 000 m 时，气压 35.99 kPa，氧分压仅为 7.47 kPa。后者肺泡气氧分压和动脉血氧饱和度约降低为前者的一半。在高山与高原作业，还会遇到强烈的紫外线和红外线，日温差大，温湿度低，气候多变等不利条件。

2）低气压对机体的影响。在高原低氧环境下，人体为保持正常活动和进行作业，在细胞、组织和器官首先发生功能的适应性变化，逐渐过渡到稳定的适应称为习服，约需 1～3 个月。人对缺氧的适应个体差异很大，一般在海拔3 000 m以内，能较快适应，3 000～5 330 m部分人需较长时间适应，5 330 m为人的适应临界高度。

低气压对机体的影响，主要决定于人体对缺氧适应性的大小及其他影响因素，特别是呼吸和循环系统受到的影响的程度更为明显。在高原地区，大气氧分压与肺泡气氧分压之差随高度的增加而缩小，直接影响肺泡气体交换、血液携氧和结合氧在组织内释放的速度，使机体供氧不足，产生缺氧。初期，由于低氧刺激外周化学感受器，大多数人肺通气量增加，心率增加。部分人血压升高，并见血浆和尿中儿茶酚胺水平增高。适应后，心脏每搏输出量增加，大部分人血压正常。由于肺泡低氧引起肺小动脉和微动脉的收缩，造成肺动脉高压，且随海拔升高而增高，而使心室肥大。血液方面见到红细胞和血红蛋白有随海拔升高而增多的趋势。红细胞压积的均值、血液比重和血液黏滞性也增加。后者也是加重右心室负担的因素之一。在组织适应方面，丰富毛细血管和肌球蛋白以促进氧的弥散，还提高线粒体密度和呼吸道的多种酶活力，诸如细胞色素氧化酶活力。此外，初登高山者会因外界低气压，而致腹内气体膨胀，胃肠蠕动受限，消化液如唾液、胃液、胆汁均减少。常见腹胀、腹泻、上腹疼痛等症状。轻度缺氧可使神经系统兴奋性增高，反射增强，但海拔继续升高，反应性则逐步下降。低气压下作业环境容易导致高原病。高原病又称高山病或高原适应不全症。高压病可分为急性高原病和慢性高原病两大类，急性高原病包括急性高原反应、高原肺水肿和高原脑水肿 3 种症状；慢性高原病包括慢性高原反应、高原心脏病、高原红细胞增多症、高原高血压症及高原低血压症 5 种类型。

3）预防措施。

①适应性锻炼，实行分段登高，逐步适应。初入高原者应减少体力劳动，以后视适应情况逐步增加劳动量。据调查，人的劳动能力在海拔3 000 m以上地区较平原下降约 20%～30%；在4 000 m以上，则下降 30%～50%。因此在高海拔地区从事劳动，对劳动定额和劳动强度都应作相应的减少和严格控制。高原环境对矽肺发生有特殊的联合作用，有人提出在4 000 m高原采矿时，空气中粉尘浓度应为平原标准（2 mg/m^3）的 1/3（约0.67 mg/m^3）。

②需供应高糖、多种维生素和易消化饮食，多饮水，禁止饮酒。注意保暖，防止急性呼吸道感染。注意防寒、防冻伤，雪地防雪盲等。

③对进入高原地区的人员，应进行全面体格检查。凡有明显心、肺、肝、肾等疾病，高血压病Ⅱ期，严重贫血者，均不宜进入高原地区。

2. 辐射环境

辐射按其生物学作用不同可分为电离辐射和非电离辐射。电离辐射是一切能引起物质电离的辐射总称，包括α、β、γ、X射线和中子5种。非电离辐射包括紫外线、可见光、红外线、激光和射频辐射。

（1）电离辐射。

1）电离辐射的危害。电离辐射对人体的照射方式分为外照射和内照射。外照射是指来自人体外的电离辐射对人体的照射；内照射是当放射性物质经食入、吸入、皮肤黏膜或伤口进入人体内造成的照射。人体受到一定剂量的电离辐射照射后，可以产生各种对健康有害的生物效应，造成不同类型的辐射损伤。如辐射致癌、白内障、皮肤损伤和生育能力下降等。

2）电离辐射作业环境的防护。

①减少对人体的外照射剂量：尽量缩短照射时间；尽可能离放射源远一些；射线较强时要用屏蔽材料，使人员与放射源隔离。

②要严格遵守操作规程，养成良好的卫生习惯，防止放射性物质进入人体形成内照射。

③对操作放射性物质的场所要经常测量外照射剂量和空气中、工作面上的放射性强度，超过国家标准的应立即停止工作，采取有效措施进行清理，直至达到国家标准。

④严格按照标准规定使用防护用品。做好就业前和定期的身体检查。

（2）非电离辐射。

1）非电离辐射的危害。

①射频辐射。包括高频电磁场和微波，也称为无线电波。工业上射频辐射场合如高频淬火、塑料制品热合、微波发射和加热设备等。人体在高频率磁场的作用下，能吸收一定的辐射能量，产生致热生理学效应。较大强度的射频辐射可引起中枢神经机能障碍，导致神经衰弱综合征及心血管系统及晶状体的加速老化。症状表现为早期有头晕、头痛、乏力、记忆力减退、睡眠不佳、白昼嗜睡、心悸、消瘦、脱发等神经衰弱和植物神经功能紊乱的表现。女工还有月经周期紊乱现象。症状进一步发展，可出现手足多汗、手足轻微震颤，心动过速或心动过缓，窦性心律不齐，血压偏低等症状。

微波是波长长于红色光，介于红外线与无线电波之间的一种电磁波，波长在

1 mm～1 m 之间，由于其波长长、频率低，量子能量相应也小。大强度微波照射可导致白内障。此外，有报道显示微波还会引起性机能障碍。

②红外辐射。也称为热射线辐射，生产中存在大量的红外辐射源，如加热的金属，熔融的玻璃等。适量的红外线有益于人体健康，过量照射会对人的眼睛、皮肤造成伤害。

③紫外辐射。物体温度达到1 200℃以上，辐射光谱中可出现紫外线。接触紫外线的作业如冶炼炉、电焊、探照灯等。紫外线是电磁波中波长为 7.6～400 mm 的一段。适量的紫外线对人体健康有益，婴儿缺乏紫外线照射可患佝偻病；成人长期缺乏紫外线和照射不足，会造成抵抗力降低。但紫外线的过度照射，又会使人体健康受到损害。生产中人体长期吸收紫外线的皮肤轻则出现红斑，重则会发展为皮肤癌。据调查，平炉电炉炼钢和石玻璃烧结等工人中（工龄在 6 年以上），受紫外线与红外线联合照射的皮肤上，可见色素沉着，毛细血管扩张，少数工人皮肤受照射部位较干燥，有轻度萎缩。在高山常年冰雪条件下作业的人员，受照射部位普遍出现色素表露症状。紫外线与其他某些化学物质联合作用辐射引起严重的光感性皮炎。例如，接触煤焦油沥青时，若同时有紫外线照射，则皮肤呈现高度过敏，在体表裸露部分出现红斑及水肿的急性光感性皮炎，会出现头痛、恶心、体温升高等全身症状。强烈的紫外线短时间照射眼睛，即可致病，潜伏期一般在半小时至 24 h，多数在受照后 4～12 h 发病。首先出现眼睛高度怕光、流泪、刺痛、异物感、眼肌痉挛，并有头痛及视物模糊等症状，这种急性结膜炎称为电光性眼炎。本病多见于电焊辅助工及在作紫外线灯光无适当防护设备上工作的工人。此外，还见于在积雪地区工作的牧民、勘探队员等户外作业者，以及航空飞行员和航海人员。因此应针对具体情况进行防护，以保护劳动者的健康与安全。

④激光。激光是由处于激发状态的原子、离子或分子，在光子的作用下形成受激辐射而产生的。激光对人体的危害主要是造成眼睛和皮肤的伤害，如引起角膜损伤、视网膜灼伤。大功率激光可灼伤皮肤或穿过皮肤使深部器官损伤。我国作业场所激光辐射卫生标准（GB 10435—1989）规定了眼直视和皮肤照射激光的最大容许照射量。

2）非电离辐射作业环境的防护。

①对射频辐射的防护应根据需要的方式，用铁、铝、铜等金属屏蔽场源；使操作者的作业与休息地与场源尽量远；敷设吸收材料层，吸收辐射能量；穿戴防微波防护服等个人防护用品。

②对红外辐射的防护措施主要有：接触红外辐射的操纵者戴护目镜；采用隔热

保湿层、反射性屏蔽、吸收性屏蔽及穿戴隔热服。

③防止紫外线伤害的措施主要通过防护屏蔽和保护眼睛、皮肤的个人防护用品，电焊作业地点隔离或单设房间，以防其他人受紫外线照射。

④对激光的防护措施主要有：采用工业电视、安全观察孔监视的隔离操作，整体光束通路应完全隔离，必要时设置密闭防护罩；严禁用眼直观激光束；作业场所地面墙壁、天花板、门窗、工作台采用暗色不反光材料和毛玻璃；穿防护服和戴防护镜。

第三节　安全防护装置人机学设计

从安全的角度来讲，能从本质上解决安全问题是最好的。在设计时就尽量防止采取不安全的技术路线，避免使用危险物质、工艺和设备，如用低电压代替高电压，用阻燃材料代替可燃材料，强电弱电化等。如果必须使用，可以从设计和工艺上考虑采取控制和防护措施，设计安全防护装置，使系统不发生事故或者最大限度地降低事故发生的严重程度。

安全防护装置是指配置在机械设备上能防止危险因素引起人身伤害，保障人身和设备安全的所有装置。它对人机系统的安全性起着重要作用。因此，科学地设计安全防护装置有着重要的意义。

一、安全防护装置的作用与分类

1. 安全防护装置的作用

安全防护装置的作用是杜绝或减少机械设备在正常或故障状态，甚至在操作者失误情况下发生人身或设备事故。其作用具体表现在以下几个方面：

(1) 防止机械设备因超限运行而发生事故。机械设备的超限运行指超载、超速、超位、超温、超压等，当设备处于超限运行状态时，相应的安全防护装置就可以使设备卸载、卸压、降速或自动中断运行，避免事故发生。如超载限制器、限速器、限位器、限位开关、安全阀、熔断器等。

(2) 通过自动监测与诊断系统排除故障或中断危险。这类安全装置可以通过监测仪器及时发现设备故障，并通过自动调节系统排除故障或中断危险，或通过自动报警装置，提醒操作者注意危险，避免事故发生。如漏电保护器、自动消防灭火装置等。

(3) 防止因人为的误操作而引发的事故。通过相互制约、干涉对方的运动或动作来避免危险的发生。如电气控制线路中的互锁、连锁等。

（4）防止操作者误入危险区而发生的事故。机器在正常运行时，有时人有意或无意的进入设备运行范围内的危险区域，有接触危险与有害因素而致伤的可能，安全防护装置能阻止人进入危险区或从危险区将人体排出而免遭伤害。如防护罩、防护屏、防护栅栏等。

2. 安全防护装置的分类

安全防护装置的分类方法很多，有按作用不同而分类，也有按控制元件不同而分类，还有按其动能进行的分类，本书仅从其安全保护方式不同分类：

（1）当操作者处于危险区或设备处于不安全状态时，安全防护装置能直接起安全保护作用，此时可分为以下几类：

1）隔离防护装置。用来将人隔离在危险区之外的装置，如防护罩、防护屏等。

2）连锁控制防护装置。用来防止同时接通相互干扰的两种运动或安全操作与电源通断等互锁的装置。如防护栅栏的开和关与电气开关的连锁，机床上工件或刀具的夹紧与启动开关的连锁等。

3）超限保险装置。防止机械在超出规定的极限参数下进行运行的装置，一旦超限运行，能保证自动中断或排除故障。如过载保险装置、熔断器、限位开关、安全离合器和安全联轴器等。

4）紧急制动装置。用来防止和避免在紧急危险状态下发生人身或设备事故的装置，它可以在即将发生事故的一瞬间使机器迅速制动。如带闸制动器、电力制动装置等。

5）报警装置。能及时发现机械设备的危险与有害因素及事故预兆，并向人们发出警报信号的装置。如超速报警器、锅炉上的超压报警器和水位报警器等。

（2）当操作者一旦进入危险区，则安全防护装置可以控制机械不能启动或自动停止过程，或将人从危险区排出，控制人体不能进入危险区，此类安全防护装置称为安全防护控制装置，它对人身安全起间接防护作用。这种装置有：双手按钮式开关、光电式安全防护装置等。

二、安全防护装置的设计原则

1. 以保护人身安全为出发点进行设计的原则

设计安全防护装置时，首先要考虑人的因素，确保操作者的人身安全。

2. 安全防护装置必须安全可靠的原则

安全防护装置的设计要充分考虑可能发生的不安全状态，如误操作、意外事件、突发事件等特殊情况，其产品要保证在规定的寿命期内有足够的强度、刚度、稳定性、耐摩擦性、耐腐蚀和抗疲劳性，从而保证其本身有足够的安全可靠度。

3. 安全防护装置与机械装备配套设计的原则

安全防护装置应在结构设计时就作为设备性能要求的一部分考虑进去，自己设计制造或专门生产安全防护装置的厂家，设计出的产品有利于实现“三化”（即系列化、标准化、通用化），便于购置、组装，保证质量，保证供应。决不允许把安全防护装置的设计制造任务推给用户。因为用户购置的安全防护装置不配套，很难达到安全防护的效果。所以，现在出厂的新产品，都应具备齐全的安全防护装置，否则，不准出厂。

4. 简单、经济、方便的原则

安全防护装置的结构要简单、布局要合理、费用要经济、操作要方便，不影响产品的质量。

5. 自组织的设计原则

安全防护装置应具有自动识别错误、自动排除故障、自动纠正错误及自锁、互锁、连锁等功能。

三、典型安全防护装置的设计

1. 隔离防护安全装置的设计

要解决人机系统的安全问题，首先考虑的是人的安全。隔离防护安全装置就是专为保护人身安全而设置的。该装置有装在机械设备上的防护罩，还有置于机械周围一定距离的防护屏或防护栅栏，它们都是用来防止人进入危险区与外露的高速运动或传动的零件或带电导体等接触受伤害，或飞溅出来的切屑、工件、刀具等外来物伤人。

（1）防护罩。防护罩的作用，一是使人体不能进入危险区，二是阻挡高速飞向人体的外来物。为此，防护罩的设计应满足如下基本要求：

1）有足够的强度和刚度，结构和布局合理，而且应牢固地固定在设备或基础上。

2）不允许防护罩给生产场所带来新的危险，其本身表面应光滑，不得有毛刺或尖锐棱角。

3）防护罩不应影响操作者的视线和正常作业，防护罩与运转零部件之间应留有足够的间隙，以免相互接触、干扰运动或碰坏零件；应便于设备的检查、保养、维修。

根据防护罩的结构特点，分为固定式、可动式和连锁式。

①固定式防护罩。固定式防护罩应该用螺栓、螺母或铆接、焊接牢固地固定在机械上。当调整或维修机械时，只有专用工具才能打开。如飞轮、传动带、明齿轮、砂轮等的防护。

防护罩一般采用封闭式结构，但有时由于操作和安全等原因，需要看到危险区内部的工况，这时，应采用网状结构或栅栏结构。在设计和安装防护罩时，应根据国家标准（GB 8196—1987，GB 8197—1987 和 GB 12265—1990）来确定开口和安全距离。所谓安全开口或安全间隙是指人体一部分（手指、手掌、上肢、足尖等）不能通过的最大开口尺寸；而安全距离是指人体任何一部分允许接近危险区（如作业点）的最小距离。

②可动式防护罩。这种防护罩主要用来防护需要经常调整和维修的活动部件，以及需要将工件送入工作点或从工作点取出。该防护罩不需要专用工具就能打开，故又称开启式防护罩。也可以在固定式防护罩上开设一个可以送取物料的孔，这种孔可以是绞式盖或推拉门。例如锯床上的可调防护罩，大型立式车床上的环形可动式防护罩，钻床钻头上的伸缩式防护罩，车床卡盘上的防护罩等。

③连锁防护罩。前面介绍的可动式防护罩存在着罩未关而进行调整或维修等作业或人体某一部分在危险区内，这时有人去启动机械而引起伤害事故的危险，连锁式防护罩就是为排除这种不安全因素而设置的。其工作原理是防护罩兼起电气开关的作用，即罩不关上，机械就不能启动；相反，一旦防护罩被打开，机械就立即停止运行。

(2) 防护屏。防护屏是设置在离机械一定距离的地面上，根据需要可以移动。它主要适用于不需要人进行操作的机械，如用于隔离机械手或工业机器人的活动区域。防护屏一般用金属材料制成，并应有足够的强度，可以采用栅栏结构、网状结构或孔板结构，常见的有围栏、防护屏、栏杆等。在设计防护屏时，其栅栏的横向或竖向间距、网眼或网孔的最大尺寸和防护屏高度，以及防护屏放置的最小安全距离必须符合国家标准（GB 8179—1987 表 1）。

防护屏除可以防止机械伤害外，还可以防止由于灼烫、腐蚀、触电等造成的伤害。

2. 连锁防护安全装置的设计

连锁防护安全装置的特点主要体现在“连锁”二字上，它表示既有联系，又相互制约（互锁）的两种运动或两种操纵动作的协调动作，实现安全控制。连锁装置可以通过机械的、电气的或液压、气动的方法使机械的操纵机构相互连锁或操纵机构与电源开关直接连锁。用来防止同时接通两个或两个以上相互干扰的运动。如车床上刀架的纵向与横向运动不允许同时接通，机床的启动或制动不允许同时发生；防止几个运动同时传动某一个执行部件，如车床中的丝杠与光杠不能同时传动刀架；防止颠倒顺序动作，如机床上工件未夹紧，主轴不能启动；防止误操作功能相反的按钮或手柄。它是各类机械用得最多、最理想的一种安全装置。下面介绍几种典型的连锁防护安全装置。

（1）机械式连锁装置。机械式连锁装置是依靠凸块、凸轮、杠杆等的动作来控制相互矛盾的运动。如利用钥匙开关、销子等来控制机械运动。

（2）电气连锁线路。

1）顺序连锁。例如，锅炉的鼓风机和引风机必须按下述程序操作：开机时先开引风机，后开鼓风机，停机时先停鼓风机，后停引风机。如果操作错误，则可造成炉膛火焰喷出，发生伤亡事故，为防止司炉误操作，在锅炉的控制电路中，设计有引风机和鼓风机的安全程序连锁。

2）按钮控制的正反转连锁线路。如电动机的正反转控制电路中的互锁，就是防止同时按下正反向运行按钮时的误操作事故，避免造成相间短路。

3）欠电压、欠电流连锁保护。如电磁吸盘欠电流保护电路。在平面磨床上工件是靠电磁吸盘固定在工作台上的，若遇电流不足或突然停电，工件有被甩出伤人的危险。所以需要设置欠电流保护电路。

（3）液压（或气动）连锁回路。在自动循环系统中，执行件的动作是按一定顺序进行的，即各执行件之间的动作必须通过联锁环节约束，否则，将会因动作干涉而发生事故。在液压或气动系统中，这种连锁是靠一定油路或气路来实现的。例如，防护门连锁液压回路。

3. 超限保险安全装置的设计

机械设备在正常运转时，一般都保持一定的输出参数和工作状态参数。当由于某种原因，机械发生故障将引起这些参数（振动、噪声、温度、压力、负载、速度、位置等）的变化，而且可能超出规定的极限值，如果不及时采取措施，将可能发生设备或人身事故，超限安全保险装置就是为防止这类事故发生而设置的，它可以自动排除故障并一般能自动恢复运行。根据能量形式和工作特性不同，超限安全装置分为：中断能量流、吸收能量、积累能量和排除4类。如中断能量流动装置有破坏式的剪断销和剪断键离合器、电气式的熔断器、继电器等；吸收能量的装置有防冲撞装置、缓冲器等；积累能量的装置有爪式、滚珠式和滚柱式等离合器；排除能量的装置有各类安全阀。

(1) 超载安全装置。超载安全装置种类很多，但一般都由感受元件、中间环节和执行机构 3 部分组成一个独立的部件。其中，有一种是直接作用的安全装置，另一种是位于保护对象的不同位置间接作用的安全装置。

超载安全装置的作用就是处理设备由于人机匹配失衡造成的多余能量，通过中断能量流、排除能量等措施，达到保护人和设备安全的目的。工作原理有机械式、电气式、电子式、液压式及其组合。

例如，起重量限制器，型式较多，常用的有杠杆式、弹簧式起重量限制器和数字载荷控制仪。主要用来防止起重量超过起重机的负载能力，以免钢丝绳断裂和起重设备损坏。

电路过载保护和短路保护。电动机工作时，正常的温升是允许的，但是如果电动机在过载情况下工作，就会因过度发热造成绝缘材料迅速老化，使电动机寿命大大缩短。为了避免这种现象，常采用热继电器作为电动机的过载保护。另外，为了防止两相发生短路，导致同一线路上的其他电器元件被烧毁，在线路中设置了熔断器这个薄弱环节，在线路正常工作时，它能承受额定电流，在短路故障发生的瞬间，熔断器首先被熔断而切断电路，从而保护了整个电气设备的安全。

(2) 越位安全装置。机械以一定速度运行时，有时需要改变运动速度，或需要停止在指定的位置，即具有一定的行程限度，如果执行件运动时超越规定的行程，可能会发生损坏设备或撞伤人的事故。为此，必须设置行程限位安全装置。这种装置有机电式、液压式等。

例如，起重机械工作时，超载和越位是造成起重事故的两个主要原因，故必须设置相应的安全装置。

(3) 超压安全装置。超压安全装置广泛用于锅炉、压力容器（如液化气储存器、反应器、换热器等），因为这些设备若超压运行都可能发生重大事故，如爆炸和泄漏等。超压安全装置主要有安全阀、防爆膜、卸压膜等。按结构及泄压方法不同有阀型、断裂型（即破坏型）、熔化及组合型等。

安全阀是锅炉、气瓶等压力容器中重要的安全装置，它的作用是，当容器中介质压力超过允许压力时，安全阀就自动开启，排气降压避免超压而引起事故。当介质压力降到允许的工作压力之后，便自动关闭。

根据驱动阀芯（阀瓣）移动的动力不同，有杠杆式、弹簧式等安全阀；按安全阀开启时阀芯提升的高度不同有微启式和全启式安全阀。

4. 制动装置

制动装置也属于安全装置，除了可以满足工艺要求外，它还可用在机器出现异常现象时（如声音不正常、零部件有松动、振动剧烈，尤其是有人进入危险区等），可能导致设备损坏或造成人身伤害的紧急时刻，立即将运动零部件制动，中断危险事态的发展。例如，在危险位置突然出现人；操作者的衣服被卷入机器或人正在受伤害；运行部件越程与固定件或运动件相撞等紧急情况下，为了防止事故发生或阻止事故继续发展，必须使机器紧急制动。这是在机器上设置制动器的主要目的。常用的制动方式有机械制动和电力制动。

机械制动是靠摩擦力产生的制动力或制动力矩而实现制动的。而电力制动则是使电动机产生一个与转子转向相反的制动转动转矩而实现制动的。机床上常用的电力制动有反接制动和能耗制动。

反接制动这种方法，制动力矩大，制动效果显著，但制动过程中有冲击，且耗能较大。

能耗制动是使三相异步电机停转时，在切除三相电源的同时把定子绕组任意两相接通直流电源，转子绕组就产生一个反向制动转矩。这个转矩方向与电机按惯性旋转的方向相反，所以起到制动作用。这种制动方法是把转子原来“储存”的机械能转变成电能，然后又消耗在转子的制动上，所以称为能耗制动。制动作用的强弱与通入直流电流的大小和电动机转速有关，同样转速下电流越大制动作用越强，一般取直流电流为电动机空载电流的 3～4 倍左右，过大将使定子过热。

能耗动比反接制动平稳、制动准确，且能量消耗小，但制动力较弱，且要用直流电源。

5. 报警装置

报警装置是在机器发生缺陷或故障，以及人处于危险区域时，随时有可能发生设备或人身事故的情况下，监测仪器向操作人员或维修人员发出危险警报信号的装置，它可以提醒工作人员注意，并采取相应措施避免事故发生。

机械设备上的报警装置，根据所监视设备状态信号不同（有载荷、速度、温度和压力等），有相应的各种报警器，如过载报警器、超速报警器、超压报警器等。报警的方式有机械式、电气式等。但究其作用原理基本是一样的，可用图 5—23 来表示：

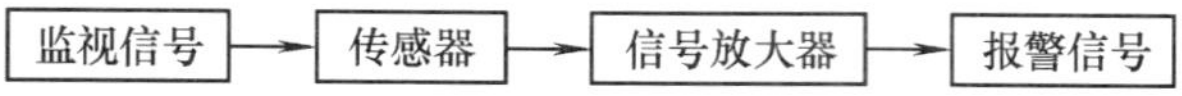

图 5—23　机械设备的报警装置作用原理框图

随着监测技术的发展，各种传感器层出不穷，而且灵敏度、可靠性越来越高。

如过载报警器使用的测力传感器，温度报警器采用的测温传感器等，它们都是报警器的核心部件。将监视信号（如温度、压力、速度、水位等）转换成电信号，然后以声或光信号发出警报。报警器发出的警报信号主要是音响，其次是光信号。重要的报警器最好利用音响和光组成“视听”双重警报信号。例如，锅炉中的高低水位报警器，它是用来监视锅炉极限水位的报警器。当锅炉水位达到最低或最高极限水位时，即将发生缺水或满水事故时，水位报警器及时发出声响信号，警告工作人员采取措施，防止严重缺水或满水酿成大事故的发生。该报警器利用浮球或浮筒的上下运动感受水位的变化，然后通过传感器装置将信号经信号放大器传送到控制线路，使声光报警器发出声光信号。当缺水严重时，还可以切断引风机、鼓风机和炉排电动机的控制电源，防止缺水事故的扩大。

6. 防触电安全装置

触电是人机系统中造成人身伤亡事故的重要原因之一，所以，为了保证操作人员的安全，机械设备上一定要设置防触电安全装置及安全措施。

电流通过人体是导致人身伤亡的最基本原因，人体触电伤害程度与流过人体的电流大小、持续时间、人体电阻等因素有关。设计防触电安全装置时就应从这些因素去考虑，如没有电流流过人体，可采取绝缘、间距、隔离等措施，缩短电流流过人体的持续时间，可采用漏电保护装置、漏电断路器等。常用方法有：

（1）断电保险装置。最简单的断电保险装置是连锁开关。当打开设备的某通道口时，操作人员及检修人员从该通道口可以接触到设备内的某些部分，此时这些部分的电源即与打开通道口的同时被切断。当操作检修完毕封闭通道口时，电源便自动接通。

例如，桥式起重机安装驾驶室门安全连锁装置以及从驾驶室内上到大梁小车入口处（天窗）的安全连锁装置，出入口处的门打开时，电气线路应切断，起重机不能运行，从而可避免事故的发生。

焊机空载时自动断电保护装置，可避免焊工更换焊条触及焊钳口时触电事故发生。

（2）漏电保护器。漏电保护器的工作原理是通过检测机构取得异常信号经中间机构的转换，传递给执行机构，检测的信号可能是电压或电流，微弱信号需通过放大环节再传送给执行机构，带动机械脱扣和电磁脱扣装置动作，断开电源。

（3）电容器放电装置。仅用切断电源的办法还不足以保证防止触电。设备内部可能有储存大量电荷的电容器，即使切断电源，电容器及其线路放电需要一段时间。如果电容器及其线路不能在切断电源后的 2 s 内放电降到 30 V 以下，则必须带有放电装置。这类放电装置应在操作或检修人员一打开通道口时就自动工作。例如，在直流电源各输出端跨接一个电阻就可以很好地保证电容自动放电（但它要增加一些分流）。如果没有这类分流措施，则打开通道口进行操作或检修以前，应该设法让电容器放电，例如，用接地杆等。

（4）接地。为了防止人员受高压伤害，必须采取接地措施。

输电线路的安全也应注意。人体的接触、短路或输入线接地都可能引起触电以致着火。例如，某些变压器或电机出现故障时，初级供电线路就可能接地。所以在输电线路的两头及所有支路上都应装上保险丝或保险装置。

（5）警告标志与警告信号。警告标志及信号作为一种防触电的辅助措施也是非常必要的。警告标志常用警告文字（如“小心—高压”）或用规定的图形作为警告记号；还有警告标志，在可能发生触电的部位，漆上国家规定的标准警告色。

常用的警告信号有警铃、警报、红色警告灯等声光信号。在可能引起触电的部位附近安置传感器（例如光电管），当人员接近危险时，传感器控制警告装置发出警告信号，避免触电。

第四节　人机系统安全与可靠性

人机系统的安全可靠性既取决于机器设备本身的可靠性，又取决于操作者的可靠性。而机器或人在工作时都会出现预想不到的故障或差错，这是不可能完全避免的，于是可能引起设备或人身事故，影响人机系统的安全性。可见，人机系统的安全性与机器和人的可靠性密切相关。为了保证人机系统的安全可靠性，必须提高机器和人的可靠性。机器的可靠性不仅是评价其性能好坏的质量指标，也是衡量人机系统安全性的重要依据，为人机系统安全提供了必要的物质条件，而人的可靠性也直接影响人机系统的安全性，并且往往起主导作用。影响人的可靠性因素很多，如人的生理、心理因素，环境条件，家庭及社会等因素，而且这些因素是变化的。人机系统是由人、机（含环境）等子系统组成，他的可靠性又取决于组成他的各子系统的可靠性。

一、可靠性的定义及其度量

1. 可靠性的定义

可靠性是指研究对象在规定条件下、规定时间内、完成规定功能的能力。在人机系统中，由于目的和功能不同，对系统正常工作时间的要求也就不同，没有时间的要求，无法对系统在要求正常工作的时间内能否正常工作作出合理判断。因此时间是可靠性指标的核心。人机系统所处环境包括使用条件、维护条件、环境条件和操作条件。系统能否正常工作与上述各种条件密切相关。条件的改变，会直接改变系统的寿命，有时相差几倍甚至几十倍。人机系统的规定功能常用各种性能指标来描述，人机系统在规定时间、规定条件下各项指标都能达到，则称系统完成了规定功能。否则称为“故障”或“失效”。因此对失效的判据是重要的，否则无据可依，使可靠性的判断失去依据。在可靠性定义中的“能力”具有统计意义，如：“平均无故障时间”长，可靠性也就越高。由于人机系统相当广泛，且各有不同，因此，度量系统可靠性“能力”的指标也有很多，如“可靠度”“平均寿命”等。

2. 可靠性度量指标

可靠性度量指标是指对系统或产品的可靠程度作出定量表示。常用的基本度量指标有可靠度、不可靠度（或累积故障概率）、故障率（或失效率）、平均无故障工作时间（或平均寿命）、维修度、有效度等。

（1）可靠度。可靠度是可靠性的量化指标，即系统或产品在规定条件和规定时间内完成规定功能的概率。可靠度是时间的函数，常用以 $R(t)$ 表示，称为可靠度函数。

产品出故障的概率是通过多次试验中该产品发生故障的频率来估计的。例如，取 N 个产品进行试验，若在规定时间 t 内共有 $N_f(t)$ 个产品出故障，则该产品可靠度的观测值可用式（5—3）近似表示：

$$R(t) \approx [N - N_f(t)]/N \tag{5—3}$$

当 $t=0$，$N_f(t)=0$，则 $R(t)=1$。随着 t 的增加，出故障的产品数 $N_f(t)$ 也随之增加，则可靠度 $R(t)$ 下降。当 $t \to \infty$，$N_f(t) \to N$，则 $R(t) \to 0$。所以可靠度的变化范围约为 $0 \leqslant R(t) \leqslant 1$。

与可靠度相反的一个参数叫不可靠度。它是指系统或产品在规定条件和规定时间内未完成规定功能的概率，即发生故障的概率，所以也称累积故障概率。不可靠度也是时间的函数，常用 $F(t)$ 表示。同样对 N 个产品进行寿命试验，试验到 t 瞬间的故障数为 $N_f(t)$，则当 N 足够大时，产品工作到 t 瞬间的不可靠度的观测值（即累积故障概率）可近似表示，见式（5—4）：

$$F(t) \approx N_f(t)/N \tag{5—4}$$

可见，$F(t)$ 随 $N_f(t)$ 的增加而增加，$F(t)$ 的变化范围约为 $0 \leqslant F(t) \leqslant 1$。

（2）故障率（或失效率）。故障和失效这两个概念，其基本含义是一致的，都表示产品在低功能状态下工作或完全丧失功能，只是前者一般用于维修产品，可以修复，后者用于非维修产品，表示不可修复。

产品在工作过程中，由于某种原因使一些零部件发生故障或失效，为反映产品发生故障的快慢，引出故障率参数。

故障率是指工作到 t 时刻尚未发生故障的产品，在该时刻后单位时间内发生故障的概率，故障率也是时间的函数，记为则 $\lambda(t)$，称为故障率函数。产品的故障率是一个条件概率，它表示产品在工作到 t 时刻的条件下，单位时间内的故障概率。它反映 t 时刻产品发生故障的速率，称为产品在该时刻的瞬时故障率以 $\lambda(t)$ 表示，习惯称故障率。

故障率的观测值等于 N 个产品在 t 时刻后单位时间内的故障产品数 $\Delta N_{f}(t)/\Delta t$ 与在 t 时刻还能正常工作的产品数 $N_{s}(t)$ 之比，见式（5—5）：

$$\lambda(t) = \Delta N_{f}(t)/N_{s}(t) \cdot \Delta t \tag{5—5}$$

平均故障率 $\overline{\lambda(t)}$ 是指在某一规定的时间内故障率的平均值。其观测值，对于非维修产品是指在一个规定的时间内失效数 r 与累积工作时间 $\sum t$ 之比，对于维修产品是指它的使用寿命内的某个观测期间一个或多个产品的故障发生次数 r 与累积工作时间之比，即两种情况均可用式（5—6）表示：

$$\overline{\lambda(t)} = r/\sum t \tag{5—6}$$

产品在其整个寿命期间内各个时期的故障率是不同的，其故障率随时间变化的曲线称为寿命曲线，也称浴盆曲线，如图 5—24 所示。

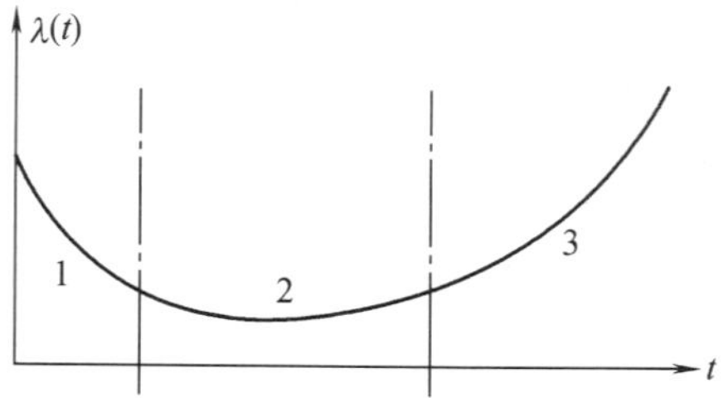

图 5—24　产品寿命曲线

1—早期故障期　2—偶发故障期　3—磨损故障期

由图 5—24 可见，产品的失效过程可分为 3 个阶段，即早期故障期、偶发故障期和磨损故障期。

1）早期故障期。产品在使用初期，由于材质的缺陷、设计、制造、安装、调整等环节造成的缺陷或检验疏忽等原因存在的固有缺陷陆续暴露出来，此期间故障率较高，但经过不断的调试，排除故障，加之相互配合件之间的磨合，使故障率较快地降下来，并逐渐趋于稳定运转。

2）偶发故障期。这个期间的故障率降到最低，且趋向常数，表示产品处于正常工作状态。这段时间较长，是产品的最佳工作期。这时发生的故障是随机的，是偶然原因引起应力增加，当应力超过设计规定的额定值时，就可能发生故障。

3）磨损故障期。这个时期的故障迅速上升，因为产品经长期使用后，由于磨损、老化，大部分零部件将接近或达到固有寿命期，所以故障率较高。

针对上述特点，为了降低产品的故障率，提高可靠性，应把重点放在早期故障期和磨损故障期，用现代测试诊断方法及时发现故障，通过调整、修理或更换排除故障来延长产品的使用寿命。

（3）平均寿命（或平均无故障工作时间）。以上讨论的是从产品单位时间内发生故障频率的高低来衡量产品的可靠性。而从产品正常工作时间的长短来衡量其可靠性，称平均寿命和平均故障工作时间，见式（5—7）：

$$\bar{t} = \sum t/n \tag{5—7}$$

式中　$\sum t$——总工作时间；

n——故障（或失效）次数或试验产品数。

（4）维修度。维修度是指维修产品发生故障后，在规定条件（条件储备、维修工具、维修方法及维修技术水平等）和规定时间内能修复的概率，它是维修时间 τ 的函数，用 $M(\tau)$ 表示，称为维修度函数。维修度的观测值为：在 $\tau=0$ 时，处于故障状态需要维修的产品数 N 与经过时间 τ 修复的产品数 N_τ 之比，见式（5—8）：

$$M(\tau) = N/N_\tau \tag{5—8}$$

由上述可靠度和维修度概念可知，对维修产品来说，可靠性应包括不发生故障的狭义可靠度和发生故障后进行修复的维修度，即必须用这两项指标来评价维修产品的可靠性，这就是下面要介绍的有效度。

（5）有效度。狭义可靠度 $R(t)$ 与维修度 $M(\tau)$ 的综合称为有效度，也称广义可靠度。其定义为：对维修产品，在规定的条件下使用，在规定维修条件下修理，在规定的时间内具有或维持其规定功能处于正常状态的概率。显然，有效度是工作时间 t 与维修时间 τ 的函数，常用 $A(t,\tau)$ 表示，它是对维修产品可靠性的综合评价。$A(t,\tau)$可用式（5—9）表示：

$$A(t,\tau) = R(t) + F(t)M(\tau) \tag{5—9}$$

有效度的观测值：在某个观测时间内，产品可工作时间与工作时间和不可工作时间之和的比值，记为$\hat{A}$，其计算见式（5—10）：

$$\hat{A}=U/(U+D) \quad (5—10)$$

式中 U——可工作时间，包括任务时间、启动时间和待机时间；

D——不可工作时间，包括停机维护时间、修理时间、延误时间和改装时间。

3. 可靠性特征量之间的关系

（1）$F(t)$ 与 $R(t)$ 间的关系。由可靠度与不可靠度的定义可知，它们代表两个互相对立的事件，根据概率的基本知识，两个相互对立事件发生的概率之和等于1，所以 $F(t)$ 与 $R(t)$ 的关系用式（5—11）表示：

$$F(t)+R(t)=1 \quad (5—11)$$

（2）$F(t)$ 和 $R(t)$ 与故障概率密度函数 $f(t)$ 间的关系。对累知故障概率$F(t)$进行微分就得到故障率密度函数，用 $f(t)$ 表示，$f(t)$ 与 $F(t)$、$f(t)$ 与 $R(t)$ 的关系分别见式（5—12）和式（5—13）：

$$f(t)=\frac{\mathrm{d}F(t)}{\mathrm{d}t}=F'(t) \text{ 或 } F(t)=\int_0^t f(t)\mathrm{d}t \quad (5—12)$$

$$f(t)=\frac{\mathrm{d}F(t)}{\mathrm{d}t}=\frac{\mathrm{d}[1-R(t)]}{\mathrm{d}t}=-\frac{\mathrm{d}R(t)}{\mathrm{d}t}=-R'(t) \quad (5—13)$$

（3）$F(t)$ 与 $\lambda(t)$ 的关系。由式（5—5），式（5—3），式（5—4）和式（5—13）得式（5—14）

$$\begin{aligned}\lambda(t)&=\frac{\mathrm{d}N_s(t)}{N_s(t)\cdot\mathrm{d}t}=\frac{N}{N_s(t)}\frac{\mathrm{d}N_s(t)}{N\cdot\mathrm{d}t}=\frac{1}{R(t)}\cdot\frac{\mathrm{d}F(t)}{\mathrm{d}t}=-\frac{1}{R(t)}\frac{\mathrm{d}R(t)}{\mathrm{d}t}\\&=\frac{\mathrm{d}[\ln R(t)]}{\mathrm{d}t}=\frac{f(t)}{R(t)}\end{aligned} \quad (5—14)$$

对式（5—14）进行积分得式（5—15）：

$$\int_0^t\lambda(t)\mathrm{d}t=-\int_0^t\frac{\mathrm{d}[\ln R(t)]}{\mathrm{d}t}\mathrm{d}t=-[\ln R(t)-\ln R(0)]=-\ln R(t)$$

$$R(t)=\mathrm{e}^{-\int_0^t\lambda(t)\mathrm{d}t} \quad (5—15)$$

（4）$F(t)$ 及 $f(t)$ 与 $\lambda(t)$ 的关系。由式（5—11）和式（5—15）得式（5—16）：

$$F(t)=1-\mathrm{e}^{-\int_0^t\lambda(t)\mathrm{d}t} \quad (5—16)$$

对式（5—16）两边求导数得式（5—17）：

$$f(t)=\lambda(t)\mathrm{e}^{-\int_0^t \lambda(t)\mathrm{d}t} \tag{5—17}$$

二、人的可靠性

人的可靠性在人机系统的安全可靠性中占有重要的位置，特别是随着科学技术的发展，机的可靠性有了很大的提高，相对于机来说，人的操作可靠性就显得越来越突出。对人的可靠性分析，其目的就是减少和防止人的失误，以便将人的失误概率减少到人机系统可接受的最小限度，进而提高人机系统的安全性。

1. 影响人的可靠性的因素

在人机功能分配一节中，从人机功能比较结果可知，人的可靠性不如机器。人具有自由行动的能力，有随机应变的能力，在面临伤害的关键时刻，可能避免灾害性事故的发生。然而，也正是由于人有这种自由度，在处理一些简单事物时，不可避免地会产生失误，这就是人的不稳定性。人的不稳定性因素将直接影响人的操作可靠性。影响人的不稳定因素很多，且十分复杂，归纳起来主要有以下几种：

（1）生理因素。如体力、耐久力、疾病、饥渴、对环境因素承受能力的限度等。

（2）心理因素。因感觉灵敏度变化引起反应速度变化，因某种刺激导致心理特性波动，如情绪低落、发呆或惊慌失措等觉醒水平变化。

（3）管理因素。如不正确的指令，不恰当的指导，人际关系不融洽，工作岗位不称心等。

（4）环境因素。对新环境和作业不适应，由于温度、气压、供氧、照明等环境条件的变化不符合要求，以及振动和噪声的影响，引起操作者生理、心理上的不舒适。

（5）个人素质。训练程度、经验多少、操作熟练程度、技术水平高低、责任心强弱等。

（6）社会因素。家庭不和、人际关系不协调等。

（7）操作因素。操作的连续性、操作的反复性、操作时间的长短、操作速度、频率及灵活性等。

在研究人的可靠性问题时，还要特别注意大脑的意识水平影响。人的可靠性与人因失误有密切的关系，详见本书第六章。

2. 人的可靠性分析方法

人的可靠性分析方法有 20 余种，其中最主要的有人的差错概率预测方法（THERP）、人的认知可靠性模型（HCR）、操作员动作树分析法（OAT）和通用失误模型系统（GEMS）等。详见有关专著。

三、机械的可靠性

为简便起见，假设环境因素宜人，对机械设备不造成危害，则研究机的可靠性就转化为主要研究机械设备的可靠性问题。

一般情况，产品可靠性指标都与该产品的故障分布类型有关。若已知产品的故障分布函数，就可以求出其可靠度 $R(t)$、故障率 $\lambda(t)$ 及其他可靠性指标；若不知道具体的故障分布函数，但知道故障分布类型，也可以通过参数估计的方法求得某些可靠性指标的估计值。

1. 指数分布

（1）指数分布的定义。代表产品寿命的随机变量 T 的分布密度函数为式（5—18）时，则称该随机变量 T 服从指数分布，其累积分布函数见式（5—19）：

$$\int(t) = \lambda \mathrm{e}^{-\lambda t} \quad (t \geqslant 0) \tag{5—18}$$

$$F(t) = \int \lambda \mathrm{e}^{-\lambda t}\,\mathrm{d}t = 1 - \mathrm{e}^{-\lambda t} \quad (0 \leqslant t < \infty) \tag{5—19}$$

式中　λt 为常数。

（2）指数分布的部分可靠性指标。

1）可靠度函数，见式（5—20）：

$$R(t) = 1 - F(t) = \mathrm{e}^{-\lambda t} \quad (t \geqslant 0) \tag{5—20}$$

2）故障率函数，见式（5—21）：

$$\lambda(t) = \frac{f(t)}{R(t)} = \frac{\lambda \mathrm{e}^{-\lambda t}}{\mathrm{e}^{-\lambda t}} = \lambda \quad (t \geqslant 0) \tag{5—21}$$

式中　λ 为常数。

3）平均寿命，见式（5—22）：

$$\bar{t} = \frac{1}{\lambda} \tag{5—22}$$

指数分布是可靠性技术中最常用的分布之一，它描述故障率为常数的故障分布规律，即描述产品寿命曲线中偶发故障期。而多数机械产品、电子元器件及连续运行的复杂系统都是在偶发故障期正常工作的。所以用指数分布函数描述机械、电子产品在正常工作期的故障或失效规律是比较符合工程实际情况的。因此，指数分布在机械、电子产品的可靠性研究及计算中得到广泛应用。

2. 正态分布

正态分布又称高斯分布，它是数理统计中最基本、最常用的分布类型。正态分布是研究在测量中许多偶然因素所引起的误差而得到的一种分布。机械中常遇到的零件尺寸、材料强度、金属磨损、作用载荷等由许多微小且相互独立的偶然因素引起的随机变量都服从正态分布。所以，在可靠性技术中常用正态分布来描述机械产品由于磨损或退化而发生故障或失效的规律。

（1）正态分布的定义。若随机变量 T 的密度函数为式（5—23），则称 T 服从均值为 μ 和标准差为 σ 的正态分布，记为 $T\sim N(\mu, \sigma_2)$。其中 $N(\mu, \sigma_2)$ 表示参数为 μ 和 σ 的正态分布，μ 是位置参数；σ 是尺度参数。正态分布的累积分布函数见式（5—24）：

$$f(t)=\frac{1}{\sigma\sqrt{2\pi}}\mathrm{e}^{-\frac{1}{2}\left(\frac{t-\mu}{\sigma}\right)^2}(-\infty<t<+\infty) \tag{5—23}$$

$$F(t)=\int_{-\infty}^{t}f(t)\mathrm{d}t=\frac{1}{\sigma\sqrt{2\pi}}\int_{-\infty}^{t}\mathrm{e}^{-\frac{1}{2}\left(\frac{t-\mu}{\sigma}\right)^2}\mathrm{d}t \tag{5—24}$$

当 $\mu=0$，$\sigma=1$ 时，称为标准正态分布，记为 $X\sim N$（0，1），X 为随机变量，这时分布密度函数见式（5—25）：

$$\varphi(x)=\frac{1}{\sqrt{2\pi}}\mathrm{e}^{-\frac{x^2}{2}} \tag{5—25}$$

标准正态分布的累积分布函数以 $\Phi(x)$ 表示，其表达见式（5—26）：

$$\Phi(x)=\int_{-\infty}^{t}\frac{1}{\sqrt{2\pi}}\mathrm{e}^{-\frac{x^2}{2}}\mathrm{d}x \tag{5—26}$$

标准正态分布函数已做成数表，在概率统计书的附录中和各种数学手册中都可查到。将式（5—26）积分得式（5—27）：

$$\int_{x_1}^{x_2}\varphi(x)\mathrm{d}x=\int_{-\infty}^{x_2}\varphi(x)\mathrm{d}x-\int_{-\infty}^{x_1}\varphi(x)\mathrm{d}x=\Phi(x_2)-\Phi(x_1) \tag{5—27}$$

式（5—23）是不便计算的，通常是用标准正态分布函数 $\Phi(x)$ 来计算的，为此令 $x=$（$t-\mu$）$/\sigma$，则 $\mathrm{d}x=\mathrm{d}t/\sigma$，得式（5—28）：

$$F(t)=\int_{-\infty}^{\frac{t-\mu}{\sigma}}\frac{1}{\sqrt{2\pi}}\mathrm{e}^{-\frac{x^2}{2}}\mathrm{d}x=\Phi\left(\frac{t-\mu}{\sigma}\right) \tag{5—28}$$

（2）正态分布的部分可靠性指标。

1）可靠度函数 $R(t)$。由式（5—11）和式（5—27）得式（5—29）：

$$R(t)=1-F(t)=1-\Phi\left(\frac{t-\mu}{\sigma}\right) \tag{5—29}$$

2）故障率函数 $\lambda(t)$。由式（5—14）、式（5—22）和式（5—28）得式（5—

30)：

$$\lambda(t)=\frac{f(t)}{R(t)}=\frac{1}{\sigma\sqrt{2\pi}}e^{-\frac{1}{2}\left(\frac{t-\mu}{\sigma}\right)^2}\Big/\left[1-\Phi\left(\frac{t-\mu}{\sigma}\right)\right] \tag{5—30}$$

上述 $R(t)$ 及 $\lambda(t)$ 的分布曲线见图 5—25 和图 5—26。

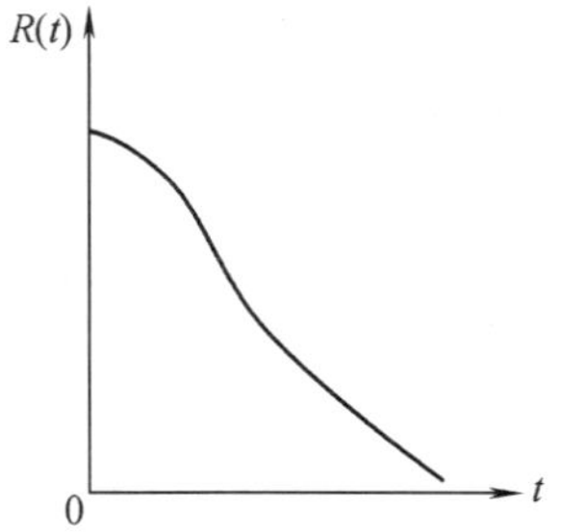

图 5—25 正态分布可靠度曲线

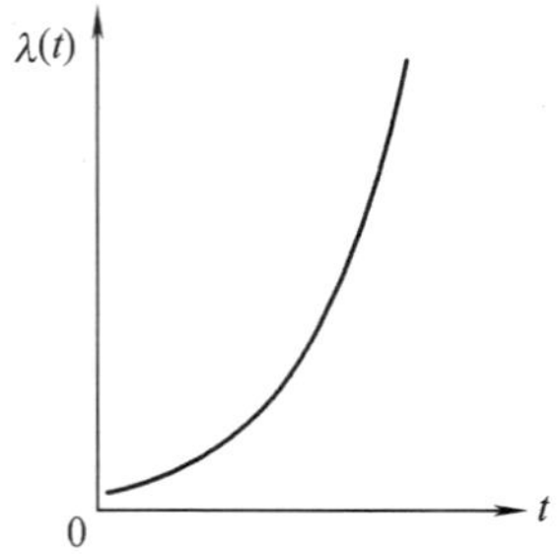

图 5—26 正态分布故障率曲线

由图 5—26 可见，正态分布的故障率曲线与机械产品寿命曲线中磨损故障曲线形状非常相似，所以，可靠性技术中常用正态分布函数来描述机械产品磨损故障的失效规律。

3. 威布尔分布

威布尔分布是可靠性技术中常用的一种比较复杂的分布，它含有 3 个参数，适应性较强，在多种领域中有许多现象都近似符合威布尔分布，它对产品寿命曲线中的 3 个失效期都可以适应。因此在可靠性技术中应用也较广。

(1) 威布尔分布的表达式。

1) 故障概率密度函数，见式 (5—31)：

$$f(t)=\frac{m}{t_0}\left(\frac{t-v}{t_0}\right)^{m-1}\mathrm{e}^{-\frac{(t-v)^m}{t_0}}\quad (t\geqslant v) \tag{5—31}$$

2) 累积故障分布函数，见式 (5—32)：

$$F(t)=1-\mathrm{e}^{-\frac{(t-v)^m}{t_0}}\quad (t\geqslant v) \tag{5—32}$$

式中 m——形状参数，其值的大小决定了威布尔分布曲线的形状。

v——位置参数，也称起始参数，表示分布曲线的起始点，它不影响 $f(t)$ 曲线的形状，只是曲线的位置平移了一个距离 $|v|$。当 $v>0$ 时，表示在 v 以前不会发生故障，所以把 v 称为最小保证寿命。

t_0——尺度参数，t_0 决定了 $\lambda(t)$ 曲线的高度和宽度，当 t_0 值小时，$f(t)$ 曲线高而窄，陡度大。

（2）威布尔分布的部分可靠性指标。

1）可靠度函数，见式（5—33）：

$$R(t)=1-F(t)=\mathrm{e}^{-\frac{(t-v)^m}{t_0}}\quad(t\geqslant v)\tag{5—33}$$

2）故障率函数，见式（5—35）：

$$\lambda(t)=\frac{f(t)}{R(t)}=\frac{m}{t_0}\left(\frac{t-v}{t_0}\right)^{m-1}\quad(t\geqslant v)\tag{5—34}$$

$\lambda(t)$ 曲线随 m 不同而变化，当 $m<1$，故障率随时间增加而下降；当 $m=1$，$\lambda(t)$ 为常数，即 $v(t)$ 为平行于横轴的直线，当 $m>1$，$\lambda(t)$ 随时间增加而迅速上升。可见，当 $m<1$，$m=1$，$m>1$ 不同取值的故障率曲线分别相当于产品寿命曲线中的早期故障期、偶发故障期和磨损故障期，如图 5—27 所示。

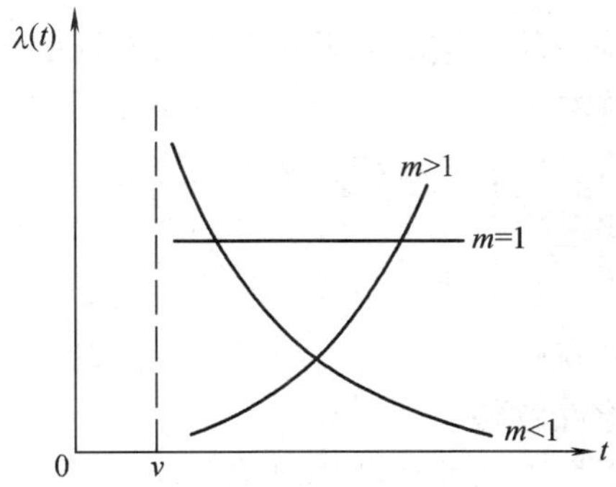

图 5—27　威布尔分布故障率曲线（$t_0=1$，v）

以上介绍的几种分布函数，经过对最常用机械零部件的试验研究和实践中失效数据资料的统计表明，一般都可以分别用这 3 种分布函数来描述机械产品零部件的失效规律。例如轴承、齿轮传动、链条传动、弹簧、螺纹连接、联轴器和离合器等零部件的疲劳、剥落、点蚀、断裂及磨损等都可以用以上 3 种分布函数来描述。

四、人机系统总体安全可靠度分析与评价

1. 人机系统的可靠度计算

人机系统的可靠度是由人的可靠度和机的可靠度组成的。机的可靠度可以通过大量统计学数据得到。人的可靠度的确定包括人的信息接受的可靠度、信息判断的可靠度和信息处理的可靠度。

系统的可靠性可用可靠度来表示。可靠度是指系统在规定的时间内和规定的条

件下完成规定功能的概率。它是时间的函数，用 R 来表示。

若系统由 n 个部件（或子系统）构成，则系统的可靠度与子系统的可靠度有下列几种关系。

串联系统：若系统各部件（或子系统）的可靠度记为 R_1，R_2，…，R_n，则系统的可靠度由式（5—35）计算：

$$R_s = R_1 \cdot R_2 \cdot R_3 \cdot \cdots \cdot R_n = \prod_{i=1}^{n} R_i \qquad (5\text{—}35)$$

并联系统：若系统各部件（或子系统）的可靠度记为 R_1、R_2，…，R_n，则系统的可靠度由式（5—36）计算：

$$R_s = 1 - [(1-R_1)(1-R_2)\cdots(1-R_n)] = 1 - \prod_{i=1}^{n}(1-R_i) \qquad (5\text{—}36)$$

由上可见，串联系统中部件越多可靠性越差。同样的部件，并联起来同时工作的可靠性较大，这种允许有一个或若干个部件失效而系统能维持正常工作的复杂系统，称为冗余系统，如常见的表决系统、储备系统等。因此，对部件可靠性差的场合，一般处理方式是适当的选择冗余系统。特别在人机系统中，人作为部件之一介入系统，为提高其可靠性，也需要采用这一系统。例如，大型客机的飞机驾驶员往往配备两名，同时在驾驶室左、右位置上配备了相同的仪表和操纵设备，以减少人的失误对飞机造成的危险性威胁。

人机系统的可靠度根据不同的系统模型来求出，通常情况下可看成串联系统。从人机系统考虑，若将环境作为干扰因素，而且此处假设环境是符合指标要求的，设其可靠度为 1，设 R_M 为机的可靠度、R_H 为人的可靠度，则人机系统的可靠度可由式（5—37）计算：

$$R_s = R_{人} \cdot R_{机} = R_{人} \cdot R_{机器} = R_H \cdot R_M \qquad (5\text{—}37)$$

（1）简单人机系统的可靠度计算。人的操作可靠度是指在一定件下、一定工作时间间隔内人能正确操作的概率。应当指出，人的操作可靠度是指操作者经过训练之后，进入“稳定工作期”的可靠度，不包括学习阶段“初始失调期”的情况。

简单人机系统的可靠度 $R_s = R_M \cdot R_H$，而 R_M 可通过上面所述的可靠度函数求出，亦可通过大量统计数据得出。

日本东京大学井口雅一教授提出，人的可靠度 r 不仅与信息输入、信息处理、信息输出 3 个阶段的基本可靠度 r_1、r_2 和 r_3 串联有关外，而且还受作业时间 b、操作频率 c、危险程度 d、生理心理因素 e 和环境条件 f 等因素的影响，见式（5—38）和式（5—39）：

$$r = r_1 \cdot r_2 \cdot r_3 \tag{5—38}$$

$$R_H = 1 - b \cdot c \cdot d \cdot e \cdot f \cdot (1 - r) \tag{5—39}$$

r_1、r_2、r_3 的取值见表 5—30，影响因素的修正系数取值见表 5—31。

表 5—30　基本可靠度 r_1、r_2、r_3 的取值

类别	影响因素	r_1	r_2	r_3
简单	变量不超过几个，人机工程学上考虑全面	0.999 5～0.999 9	0.999 0	0.999 5～0.999 9
一般	变量不超过 10 个	0.999 0～0.999 5	0.995 0	0.999 0～0.999 5
复杂	变量超过 10 个，人机工程学上考虑不全面	0.990 0～0.999 0	0.990 0	0.990 0～0.999 0

表 5—31　影响因素修正系数

符号	项目	内容	取值范围
b	作业时间	有充足的富余时间 没有充足的富余时间 完全没有富余时间	1.0 1.0～3.0 3.0～10.0
c	操作频率	频率适度 连续操作 很少操作	1.0 1.0～3.0 3.0～10.0
d	危险程度	即使误操作也安全 误操作时危险很大 误操作时有产生重大灾害的危险	1.0 1.0～3.0 3.0～10.0
e	生理、心理条件	综合条件（教育训练、健康状况、疲劳等）较好 综合条件不好 综合条件很差	1.0 1.0～3.0 3.0～10.0
f	环境条件	综合条件较好 综合条件不好 综合条件很差	1.0 1.0～3.0 3.0～10.0

（2）两人监控人机系统的可靠度。当系统由两人监控时，控制如图 5—28 所示，一旦发生异常情况应立即切断电源。该系统有以下两种控制情形（见图 5—28b）。

1）异常状况时，相当于两人串联，可靠度比一人控制的系统增大了，这时操作者切断电源的可靠度为 R_{Hb}（正确操作的概率），由式（5—40）计算：

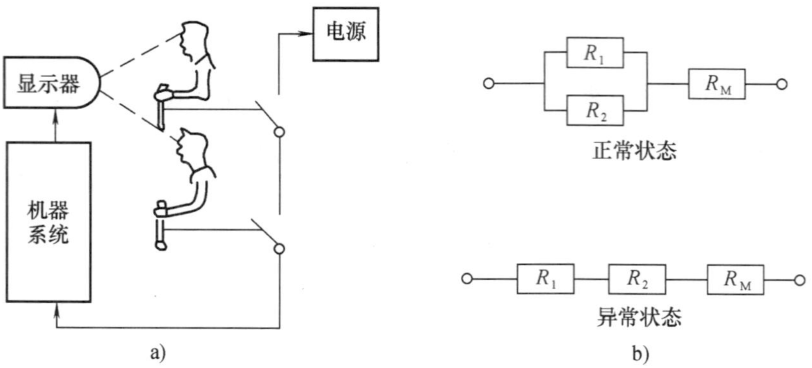

图 5—28　两人监视系统

$$R_{Hb} = 1-(1-R_1)(1-R_2) \tag{5—40}$$

2）正常状况时，相当于两人并联，可靠度比一人控制的系统减少了，即产生误操作的概率增大了，操作者不切断电源的可靠度为（不产生误动作的概率），由式（5—41）计算：

$$R_{Hb} = R_1 \cdot R_2 \tag{5—41}$$

从监视的角度考虑，首要问题是避免异常状况时的危险，即保证异常状况时切断电源的可靠度，而提高正常情况下不误操作的可靠度则是次要的，因此这个监控系统是可行的。

所以两人监控的人机系统在正常、异常情况时的可靠度分别由式（5—42）和式（5—43）计算：

$$R''_{sr} = R_{Hb} \cdot R_M = R_1 \cdot R_2 \cdot R_M \tag{5—42}$$

$$R'_{sr} = R_{Hb} \cdot R_M = [(1-R_1)(1-R_2)]R_M \tag{5—43}$$

（3）多人表决的冗余人机系统可靠度。上述两人监控作业是单纯的并联系统，所以正常操作和误操作两种概率都增加了，而由多数人表决的人机系统就可以避免这种情况。若由多人构成控制系统，当其中 γ 个人的控制工作同时失误时，系统才会失败，我们称这样的系统为多数人表决的冗余人机系统。设每个人的可靠度均为 R，则系统全体人员的操作可靠度 R_{Hn} 由式（5—44）计算：

$$R_{Hn} = \sum_{i=0}^{r-1} C_n^i (1-R)^i R^{(n-i)} \tag{5—44}$$

式中　C_n^i 表示 n 个人中有 i 个人同意时事件数，见式（5—45）：

$$C_n^i = \frac{n!}{n!(n-i)!} \quad 且规定 \quad C_n^0 = 1 \tag{5—45}$$

例如，由 3 人监视作业时，有两人以上同意才能切断电源，$n=3$，$r=2$，则其可靠度为：

$$R_{H3}=C_n^0R^3+C_3^1(1-R)\cdot R^2=3R^2-2R^3$$

若每人正确操作的概率为 $R=0.90$，误操作的概率为 $F=0.15$，则在 3 人监视两人表决的系统中，正确操作的概率 R_{H3} 及误操作的概率 F_{H3} 分别为：

$$R_{H3}=3R^2-2R^3=0.972>R=0.9$$

$$F_{H3}=3F^2-2F^3=0.060\,75<F=0.15$$

从上例多数人表决的冗余人机系统中，异常状况下正确操作的可靠性和正常状况下不发生误操作的可靠性都增加了。这说明采用冗余性系统设计，尽管人还会不可避免地产生失误但整个系统都具有较高的可靠性。

多数人表决的冗余人机系统可靠度的计算公式见式（5—46）：

$$R_{sd}=\left[\sum_{i=0}^{r-1}C_n^i(1-R)^iR^{(n-i)}\right]\cdot R_M \tag{5—46}$$

（4）控制器监控的冗余人机系统可靠度。设监控器的可靠度为 R_{mk}，则人机系统的可靠度 R_{sk} 计算见式（5—47）：

$$R_{sk}=[1-(1-R_{mk}\cdot R_H)(1-R_H)]\cdot R_m \tag{5—47}$$

（5）自动控制冗余人机系统可靠度。设自动控制系统的可靠度为 R_{mz}，则人机系统的可靠度 R_{sz} 的计算见式（5—48）：

$$R_{sz}=[1-(1-R_{mz}\cdot R_H)(1-R_{mz})]\cdot R_m \tag{5—48}$$

2. 人机系统的安全性分析与评价

人机系统的安全性分析，是从安全的角度对人机系统中的危险因素进行分析，进而揭示可能导致系统故障或事故的各种因素及其相互关系，找出其中的危险源，并采取相应措施加以消除或控制。

人机系统的安全性评价，是以实现人机系统安全为目的，应用安全系统工程原理和方法，对人机系统中存在的危险、有害因素进行辨识与分析，判断系统发生事故和职业病的可能性及其严重程度，从而为制定防范措施提供科学的决策依据。

人机系统的安全性分析与评价主要应用系统安全分析与评价方法，近年来，人们已经开发研究了数十种方法，在实际应用过程中，常用的方法有安全检查表法、预先危害分析、危险性与可操作性研究、故障类型和影响分析、故障树分析以及事件树分析等。限于篇幅，此处不赘述，详见《安全系统工程》等书籍。

五、提高人机系统安全可靠性的途径

1. 合理进行人机功能分配，建立高效可靠的人机系统

（1）对于部件等系统宜选用并联组装。

（2）形成冗余的人机系统：系统在运行中应让其有充足的多余时间，不能使系统无暇顾及存在运行中的错误情形，杜绝其失误运行。

（3）系统运行时其运行频率应适度。

（4）系统运行时应设置纠错装置，当操作者出现误操作时，也不能酿成系统事故。例如，计算机中的纠错系统等。

（5）经过上岗前严格培训与考核，允许具有进入“稳定工作期”可靠度的人上岗操作。

2. 减少人因失误

减少人因失误，能提高人的可靠性，使人机系统的安全可靠性大大增加。减少人因失误的方法详见本书第六章。

本 章 小 结

人机系统的安全设计与评价非常重要，人机系统的安全设计主要包括人机界面的安全设计、作业环境设计、安全防护装置设计以及人机系统的安全可靠性设计等内容。本章介绍了显示器、控制器及可维修性等人机界面安全设计的基本要求与方法；讨论了显示器与控制器的布局，以及显示系统与控制系统的综合设计方法；分析了温度环境、光环境、色彩环境、尘毒环境、噪声与振动环境以及异常气压、辐射等其他环境方面的内容；阐述了安全防护装置的人机学设计原则及典型安全防护装置的设计要求；最后从可靠性的定义与度量、人因失误与可靠性、机的可靠性等方面讨论了人机系统的安全与可靠性。

复习思考题

1. 人机系统的安全设计主要包括哪些内容？进行安全设计时应遵循哪些原则？
2. 人机系统安全设计的重点是什么？
3. 简述数字式显示和指针式模拟显示各有什么优点。
4. 为什么“开窗形”仪表比较好而“垂直直线形”最差？
5. 在设计语言传示装置时应注意哪些问题？
6. 怎样对仪表盘进行总体布局设计？
7. 设计控制器时应考虑哪些因素？

8. 在什么情况下选用脚动控制器?
9. 为什么要对显示器和控制器进行配置设计?
10. 举例说明一般情况下防止误操作的设计。
11. 为什么说环境条件是影响安全人机系统可靠性的重要因素?
12. 从哪些方面对温度作业环境进行改善?
13. 论述眩光对作业的不利影响以及应该对其所采取的主要措施。
14. 照明设计从哪几个方面着手?
15. 如何评价工作场所的色彩环境?
16. 机器设备的配色应考虑哪些因素?
17. 非电离辐射作业环境如何防护?
18. 何谓安全防护装置? 它有几种类型? 有什么作用?
19. 安全防护装置设计的原则有哪些?
20. 结合事例说明如何进行安全装置的设计。
21. 影响人的可靠性因素主要有哪些?
22. 提高人机系统安全可靠性有哪些途径?
23. 某变电所 3 人值班，若每人判断正确的可靠度为 0.999 5，试求:
(1) 3 人中有 1 人确认判断正确就可执行操作的可靠度。
(2) 3 人中有 2 人确认判断正确就可执行操作的可靠度。
(3) 3 人同时确认判断正确才可执行操作的可靠度。

第六章 人因事故分析与预防

本章学习目标

1. 了解人因事故对系统安全的影响。
2. 了解人因事故分析的基本概念。
3. 初步掌握人因事故分析与预防的基本方法。

第一节 人因对系统安全的作用与影响

一、人因事故的危害性和严重性

大规模、现代化的人—机系统为我们带来了巨大的经济效益，也深刻地改变了人们的工作方式。然而，这样的系统也可能带来两方面的问题：在强调以人为本的今天，它能否适合人的特性、满足人的舒适性需求？更为突出的是，相当多这样的系统，一旦发生安全事故，则可能导致社会的巨大灾难，如三哩岛核电站事故、印度博帕尔化工厂毒气泄漏、切尔诺贝利核电站事故、“挑战者”号航天飞机失事等。造成这两个问题的根源在于，系统的安全与效益不仅取决于它自身的技术水平，还极大地取决于它与人和环境的协调程度。随着科技进步，系统设备（硬件和软件）可靠性不断提高，运行环境得到大的改善，但人作为人—机系统极其重要的一方，一方面，由于其生理、心理、社会、精神等特性，既存在一些内在弱点，又有极大可塑性和难以控制性；另一方面，尽管系统的自动化程度提高了，但归根结底还要由人来控制操作，要人来设计、制造、组织、维修、训练，要人来决策，因而，人在系统中的作用不是削弱了，而是更加重要和突出了。特别是从安全性来看，由人的因素而诱发的事故已成为系统最主要的事故源（之一）。

据 E. Hollnagel 1998 年统计，从 20 世纪 60 年代到 90 年代，在所有工业事故中包含人因失误的事故从 20%扩大到 80%以上。1996 年美国、日本、法国、德国、瑞典、瑞士 6 国的联合调查统计资料显示，核电站中的人因事故比例，6 国的平均值超过 60%，最高的达 85%。特别是许多重大事故的原因几乎均源于人的因素，如切尔诺贝利核电站事故、博帕尔化工厂事故、深圳危险品仓库大爆炸、克拉玛依大火灾等。这些事故不仅造成人类生命财产、生存环境的巨大灾难，而且给社会发展带来了极大的负面影响。表 6—1 是近年来公众熟知的一些重大人因事故。

表 6—1　　近年来公众熟知的一些重大人因事故

时间	事故名称	事故原因
1979—3—28	美国三哩岛核电站事故	设备维修时的人误使得系统故障加上电厂运行人员不了解反应堆的运行情况所致，操作员和工程师等没有及时诊断出系统的真实情况，采取了错误的操作，使一个小的事件扩大为严重事故
1986—1—28	美国“挑战者”号航天飞机失事	由于固体火箭发动机设计人员的失误和发射管理人员的失误造成
1986—4—26	前苏联切尔诺贝利核电站事故	反应堆设计不完善；运行人员多次严重而粗暴地违反安全条例和操作规程并进行一系列错误的操作和处理
1993—8—5	深圳危险品仓库大爆炸	清水河的干杂仓库被违章改作化学危险品仓库及仓内化学危险品存在严重违章是事故的主要原因。干杂仓库 4 号仓内混存的氧化剂与还原剂接触是事故的直接原因
1994—12—8	新疆克拉玛依大火灾	火险隐患久拖不排除，安全管理混乱，没有明确的责任。克市教委、工会、职工文化艺术活动中心等主管部门对组织这样近 800 人参加的大型活动，没有一个人去考虑安全方面的问题
1999—9—30	日本茨城县东海村的 JCO 核原料加工厂临界事故	工厂为提高生产效率，擅自修改由核安全管理当局制定的工作安全程序，而操作工人又毫无核安全知识，违章操作，加之工厂面对事故毫无应急措施，致使事故加剧与扩散和失控
1999—11—10	美国火星气象卫星坠毁	NASA 的工程师没有将描述火箭推力的英制单位（磅）转换为公制单位（牛顿）。使得卫星过于接近火星表面进入火星大气层被烧毁

续表

时间	事故名称	事故原因
2000—8—12	俄罗斯“库尔斯克”号核潜艇沉没	演习时艇上的官兵违反操作规定和北方舰队多年来无视正常操作程序
2001—3—8	美军核潜艇“格林维尔”号撞沉日本渔船“爱媛”号事件	事发当天核潜艇上出现了一连串失误：午餐时间过长延误了“紧急上浮”演习的时间、演习时间紧迫导致潜艇官员忽略正常程序开始上浮、监控人员没有及时通知艇长“爱媛”号就在附近等。正是这一系列失误，直接导致了撞船惨剧的发生
2001—7—5	俄罗斯一架图-154 客机在伊尔库茨克机场附近突然坠毁，机上的 136 名乘客和 9 名机组人员全部遇难	客机的发动机和控制系统在事故发生时均正常。另外，空中交通管制以及当时的气象情况也都一切正常。原因是事故发生时驾驶员在无意识的情况下将导航装置置于与以往不同的位置上，这使得飞机降落时的角度过大，并直接导致了飞机的意外坠毁。另外，由于当时图-154 客机上的机载计算机系统发出警告称客机正处于一条危险的飞行轨道上，所以机组人员可能面临极大的心理压力，这也许是导致后来驾驶员实施一系列错误操作的原因
2002—7—1	俄罗斯一架图-154 客机和一架波音 757 客机在德国与瑞士边境附近的康士坦茨湖上空约35 400英尺的高度相撞，造成 71 人丧生	飞机相撞时的空域是由瑞士航空部门空中交通管制机构负责的，所以酿成如此惨重的空难事故的原因有可能是飞行员的失误，也有可能是由于空中交通管制机构指挥不力所致。发生空难的这架俄罗斯飞机连续忽视空中交通管制人员让其降低高度避免相撞的警告可能是事故的主要原因

二、大规模复杂系统中人因事故产生的主要原因

随着技术进步，系统的整体安全程度不断得到提高，系统的事故率也呈下降趋势，但系统事故中人因事故所占的比例反而呈上升趋势，即技术的进步并没有使人因事故的相对数量得到减少。而且，目前已经有很多“自动化系统”甚至“智能系统”广泛应用于各行各业，为什么在这些“自动化系统”或“智能系统”中还会出现人因事故呢？究其原因，可以从以下几个方面来说明。

1. 人始终是系统的中心和主宰者

从最初的手工作业系统到现代大规模复杂系统（现代的大规模社会—技术系统），始终是以人为中心来建设的，人是系统最终的决策者，所有的自动化系统，甚至“智能”系统都只是局部替代最终决策的前期动作（人的作用的不可替代性）。

以人为中心的系统必然会受到人的失误的影响。系统自动化程度的提高带来了人因失误的迁移，由运行中操作型的直接人误转变为对自动化系统的设计、维护、测试、检测、管理等间接人误。系统智能化程度的提高导致失误类型由疏忽等较低层次的认知失误向诊断、判断、决策等较高层次的认知失误类型转变（低层失误大多可由自动化系统、冗余系统纠正）。

2. 人的内在弱点

人兼有生理和心理的存在，这既是人的长处，也是人的弱点。这些弱点是人固有的，虽然可以通过教育、培训、改善人—机界面以及组织管理等得到一定程度的弥补，但无法从根本上消除。人的内在弱点主要来自两大方面：一是机体生理界限，包括体力界限、反应速度界限、精度界限、生物节律界限和对外部环境变化的容许界限等。人作为一种现实的机体不可能随心所欲、完美无缺。二是主体的意识界限，包括主体内部意识和动机、期望，实践基础上的感知，在环境条件下的情感，对感知的提炼和把握规律性的能力，以及对自我行为的规划能力等。人作为一种现实的反映意识体，它与机体的生理界限和客观事物的真实性具有相当程度的镶嵌性和背离性，认识上的弱点总是客观的。

人生理、心理的并存，导致了人的复杂性、灵活性、适应性，也决定了人在不同条件下行为的不确定性和随机性，并且其失误机理的复杂性远远超过了机械、电子设备，使得对人因失误的辨识和预防比硬件要困难得多。

3. 复杂社会技术系统的特征及对人因的影响

Reason 总结了近二十年来复杂社会技术系统发展的 4 条特征。这些特征对系统中人员行为模式产生了极大的影响。

（1）系统更加自动化。操作人员的工作由过去以“操作”为主变为监视—决策—控制。人因失误发生的可能性、尤其是后果及影响变得更大了。

（2）系统更加复杂和危险。大量地使用计算机使得系统内人与机、各子系统间相互作用更加复杂、耦合更加紧密，同时使得大量的潜在危险集中在较少几人身上（如中央控制人员）。

（3）系统具有更多的防御装置。为了防止技术失效和人误对系统运行安全的威胁，普遍采用了多重、多样专设安全装置。这些装置大大提高了系统的安全性。但另一方面，对这些安全装置的依赖性又降低了操作人员对系统危险环节的警觉性。同时，这些安全装置仍可能由于人误而失效，因而它们也就是系统最大的薄弱环节。如切尔诺贝利核电站事故，在实验过程中关闭安全保护装置。

（4）系统更加不透明。系统的高度复杂性、耦合性和大量防御装置增加了系统内部行为的模糊性，管理人员、维护人员、操作人员经常不知道系统内正在发生什么，也不理解系统可以做什么。

针对上述复杂社会技术系统特征，Reason 提出了该类系统的一种失效模式。他认为，所有的人工系统在任何一段时间内都存在着潜在失效，就像人体内存有病原体一样。这些失效的影响不是立即表面化，但它会助长不安全行为，弱化系统防御机制。通过系统的保护性措施，它们中的多数或能被发现、修正、防止，但是有时一系列的触发条件发生，那些“驻在病原体”便同其以“微妙的和几乎不可能的”方式相结合，阻挠系统的防御，从而带来灾难性破坏。驻在病原体包括：由决策人员、设计人员、管理程序等作出的不当决定的影响以及潜在的维修错误、常规干扰和人的固有弱点。触发条件包括部件失效、系统异常、环境条件、运行人员失误和异常干扰等。近年 Reason 进一步认为管理决策和组织过程中的失误是诱发系统失效最根本的潜在原因。

三、人因对系统安全的正面作用

在现代社会中，人因失误、事故的存在有其必然性，也不可能完全消除它。正如国际原子能机构（IAEA）核安全咨询组在其著作《安全文化》中指出的那样，除了人们往往称之为“上帝的旨意”以外，系统发生的任何问题在某种程度上都来源于人的错误。但另一方面，人的才智在查出和消除潜在问题方面又是十分有效的。我们可以通过提高人的可靠性、包括组织的可靠性来增强系统的安全性，通过组织、技术等多方面的综合措施来防范、减少人因失误、事故，弱化它的作用与影响，使其不能发展成为安全事故。

第二节　人因事故分析的基本方法

一、基本概念

1. 人的失误与人的可靠性

人的失误与人的可靠性是矛盾的对立统一体。人的可靠性是指人对于系统的可靠性或可用性而言所必须完成的那些活动的成功概率；人的失误的重要性则是从系统的不期望后果（例如，绩效的退化、安全性的丧失、费用的增长等）角度来定义的。目前，人的可靠性分析主要针对技术系统正常运行状态和事故情景下的人的绩效活动给予评价，并且逐渐向设计、建造、组织管理等方面深入。

2. 人的失误与人的非安全行为

近年来，人的失误定义已有多种阐述。综合而言，基本上是指人未能精确地、恰当地、充分地、可接受地完成其所规定的绩效标准范围内的任务。Swain 强调人的失误产生的不期望后果：即生产能力、维修能力、运行能力、绩效、可靠性或系统的安全性的丧失或退化。人的失误被定义为，在系统的正常或异常运行之中，人的某些活动超越了系统的设计功能所能接受的限度。因此，人的失误是一种超越系统容许限度的活动。

大多数人的失误是非意向性的，即漫不经心下的疏忽动作造成的；有些失误是意向性的，即操作者以一套不正确的计划、方案去解决问题，但他相信这是正确的或是更好的方法。人的故意破坏行为不在考虑之内。人的失误的定义取决于人判断一种失误发生的出发点，失误者往往在事后根据各种反馈信号而意识到产生了失误，因此不论是操作者还是局外的观察者都需要一种任务绩效的参照模型以便帮助确定某项计划或动作是否保证正确执行，也即一个人的某种行为有没有符合一种内在的或外在的标准或期望目标。

Reason 将人的失误拓展为人的非安全行为。他把人的非安全行为划分为基本两类：疏忽（包括遗漏）和错误。前一种是指执行动作与意向计划之间的技能性偏差；而错误则是指意向与结果之间的不匹配，错误有规则型错误和知识型错误两种。此外，有意违反属于意向错误的特例，包括常规违反和有意破坏。

在考虑人对系统失效的贡献中，Reason 又将失误分为两类：激发失误，它对系统产生的影响几乎是立刻和直接的；潜在失误，它可能在系统中潜伏一个较长时间，往往与设计人员、决策人员和维修人员的行为有关。Reason 关于人的非安全行为的分类框架如图 6—1 所示。

3. 人的失误特点

人与机器，就他们失误的倾向性而言有着某种相似性，这会导致对该两种因素的分析方法的类似性，但人的失误过程又有其自身的独特性。人的失误与人的绩效好似一枚硬币的正反两面，它们都基于相同的心理过程。Ernst Mach（1905）指出“知识和错误都来自同样的精神源泉，只有成功的绩效才能将它们区分开”。人的失误具有以下几大特点：

（1）人的失误的重复性。人的失误常常会在不同甚至相同条件下重复出现，其根本原因之一就是人的能力与外界需求的不匹配。人的失误不可能完全消除，但可以通过有效手段尽可能地避免，而一般的部件或设备，一旦发现失效原因，往往可以通过修改设计而加以克服。

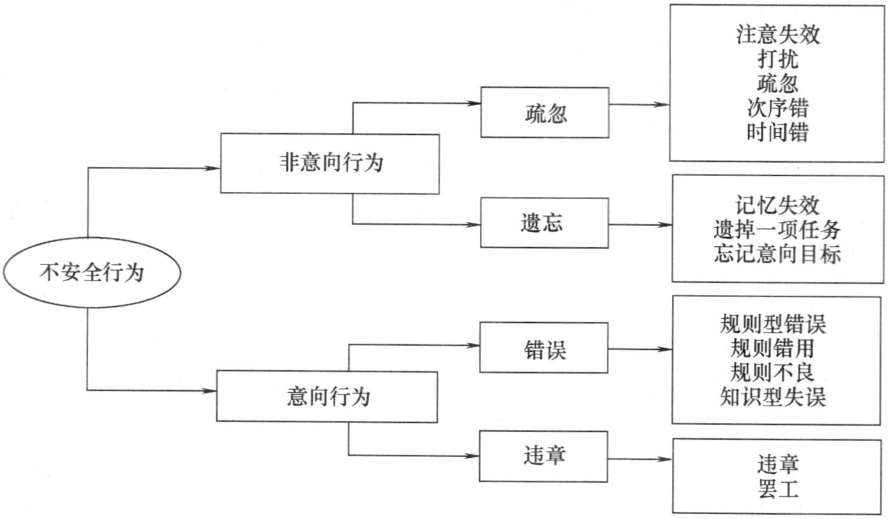

图 6—1　人的非安全行为分类框架

(2) 人引发的失效的潜在性和不可逆转性。三哩岛事故发生的原因之一就是维修人员造成的阀门潜在失误而引起的。大量事实说明这种潜在失误一旦与某种激发条件相结合就会酿成难以避免的大祸。

(3) 人的失误行为往往是情景环境驱使的。人在系统中的任何活动都离不开当时的情景环境。硬件的失效、虚假的显示信号和紧迫的时间压力等的联合效应会极大地诱发人的非安全行为。这种情景环境是目前研究人的失误行为的热点课题。

(4) 人的行为的固有可变性。人的行为的固有可变性是人的一种特性，也就是说，一个人在不借助外力情况下不可能用完全相同的方式（指准确性、精确度等）重复完成一项任务。起伏太大的变化会造成绩效的随机波动而足以产生失效，这种可变性也是人发生错误行为的重要原因。

(5) 人的失误的可修复性。人的失误会导致系统的故障或失效，然而也有许多情况说明，在良好反馈装置或人员冗余条件下，人有可能发现先前的失误并给予纠正。此外，当系统处于异常情况下，由于人的参与，往往可以得到减缓或克服，使系统恢复正常工况或安全状态。在核电厂概率安全评价（PSA）中，人误恢复因子的计算直接影响核电厂风险值的结果。

4. 人—系统交互作用

人—系统交互作用（Human-System Interactions，HIs）是描述人与系统之间的所有可能的界面关系，包括管理、运行、维修等环节。在复杂人—机系统中，人在异常工况下的响应行为是由大量的不同的人—系统交互作用组成的，它们对于事故的进程起着至关重要的作用。一方面，人能够作为事件/事故的引发者和扩大者；另一方面，人也能够成为事故的缓解者。如核电厂控制室里的 HIs 是指运行班组/操作员对于症状信号的响应。症状信号包括报警器、参数显示器等，人员响应包括控制操作、通信交流和规程选择等。HIs 分类是人因可靠性分析（Human Reliability Analysis，HRA）的基础。

5. 人的行为类型

在 HRA 中，经常按照 Rasmussen 的 SRK 三级行为模型，将人的行为划分为技能型、规则型及知识型 3 种类别，它代表了人的 3 种不同的认知水平。

技能型行为（Skill-based Behavior）是指在信息输入与人的响应之间存在非常密切的耦合关系，它不完全取决于给定任务的复杂性，而只依赖于人员的实践水平和完成该项任务的经验。它是个体对外界刺激或需求的一种条件反射式、下意识的反应，如操作员对一些控制器的简单操作或将仪表从某个位置调整到另一位置，操作员对这些操作非常熟练，无需作任何思考。如果操作员有很好的培训，有完成任务的动机，清楚地了解任务并具有完成任务的经验，这类行为可以划归为技能型。疏忽大意是技能型失误的主要表现形式。

规则型行为（Rule-based Behavior）是指人的行为由一组规则或协议所控制、所支配，它与技能型行为的主要不同点是来自对实践的了解或者掌握的程度。规则型行为包括诊断或者操作员要根据规程的要求实施某种操作或行动，其判断标准为：对诊断而言，可采用规则“如果……（条件 X）那么……（原因 Y）”；对动作或一组动作而言，可采用规则“如果……（情况 X）那么……（进行 Y）”。规则型失误的主要原因是对情景的误判断或不正确的选择规则。

知识型行为（Knowledge-based Behavior）是指当遇到新鲜情景，没有现成可用的规程，操作人员必须依靠自己的知识和经验进行分析诊断及处理。由于知识的局限性和不完整性，该水平上的失误很难避免，其结果往往也很严重。当前两种情况不能应用或操作员必须理解系统状态条件，解释一些仪表的读数或者做出某种困难的诊断时，这类行为应划归为知识型。

SRK 分类法是以人的行为特征作为 HIs 分类的显式依据，而事件的特征因素作为隐式依据被包含在分类的结果中。

6. 人的行为形成因子（PSFs）

Swain将任何影响人的行为的因素称为行为形成因子（Performance Shaping Factors，PSFs），他把PSFs分为3大类：（1）外部PSFs，个人因素之外的；（2）内部PSFs，人员自身的；（3）应激水平。

张力1992年将PSFs定义扩充为：对人的认识、判断、行动过程产生（不利）影响的物理的、精神的（或外部的、内部的）因素，包括人—机界面、人的内因、作业特性、组织管理和外部原因5个方面。

PSFs的成功组合可以有效地降低人的应激水平，提高人的可靠性，反之则会破坏和降低人的可靠性，而在HRA中经常考虑的是后者。目前，的理论发展还不能对具体任务中的PSFs如何影响人的行为给予详细和统一的理论分析，因而也就不可能对每一种PSFs赋予完全恰当的权重因子，以符合每项具体任务或具体情景的应用条件。这种有限性的原因之一是大多数PSFs之间存在着交互作用，产生的交互效应往往十分复杂。Swain在其THERP手册提供了识别每项任务中重要PSFs组合的指南，并针对不同任务给予必要的调整。SLIM方法提供了一种结合PSFs的分析框架，以确定不同任务之间相对基础之上的某些PSFs的影响效应。另一种选择是在定义的HIs模式中只考虑某几种固定数量的PSFs，如HCR模型。

近年来HRA研究发现，由以人为中心的因素而诱发人的失误机理和工厂条件共同影响事故的发生。但是，以人为中心的因素和工厂条件的影响并非彼此独立，在一些主要的事故中往往是特殊工厂条件产生对操作人员行为的需要，而在这些超常的工厂条件下，以人为中心的因素的一些缺陷在人作出反应时导致了失误。因而在分析行为形成因子时，如果不能充分地辨识出特定的工厂条件及其与常态条件的差异，分析人员就无法识别最可能导致操作失误的状态。为此，必须识别怎样的情景会产生人因失误，这即是PSFs研究的新发展：迫使失误情景（Error-Forcing Contexts，EFCs）和共同行为条件（Common Performance Conditions，CPCs）。

二、大规模复杂人—机系统运行控制特征及人因失误分类与产生机制分析

1. 大规模复杂人—机系统运行控制特征

行为科学认为，人的行为是人与环境交互作用的函数，是人的内在因素与外部环境影响的结果。在大规模复杂人—机系统中，操作人员在长期训练及现场体验所获得的知识、技能和操作规程的基础上，通过主控室把握系统工作状态，进行复杂的控制操作。其运行过程为：通过仪表、视听显示装置将系统的运行状态信息传送给操作人员，操作人员通过认知处理后，做出控制操作，其特征是“监视—确认—

决策—控制”。随着技术进步，大规模复杂人—机系统的发展表现出如本章第一节第二部分所述的4条特征，这些特征对系统中人员行为模式产生了极大的影响，使得人因失误发生的可能性增大，并且后果及影响易于恶化。

2. 大规模复杂人—机系统人因失误分类与产生机制

基于大规模复杂人—机系统运行控制特征和Rasmussen的三级行为模型，可做出大规模复杂人—机系统人员认知行为模型（见图6—2）。

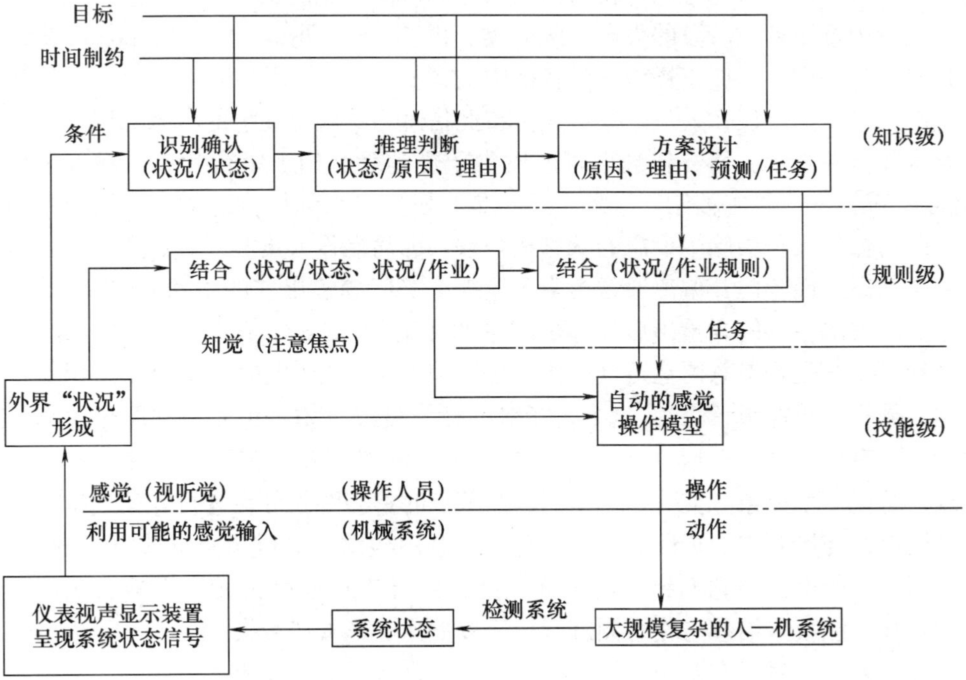

图6—2 大规模复杂人—机系统操作人员认知行为模型

该模型不是将某一任务单独划分为技能型、规则型或知识型，而是将这3种行为类型看成是完成一个（或多个）任务时，人不同的、往复的认知层次。在系统正常运行时，人的活动属于技能型，他只对外界信息做浅层处理（即习惯性反应），即技能型水平活动，但容易分散注意力而产生“疏忽”行为，这是这一水平上的重要失误类型。当系统进入异常状态，操作人员注意到这种情况之后，他就会对这些异常信息进行处理，运用现成的规则去解决问题，这就是规则型水平，这一水平上的失误类型为规则型错误。如果发生的异常事故情景十分复杂、从前没有遭遇过，操作人员不得不运用所掌握的系统的基本知识去考虑造成异常工况的原因，并采取相应的措施，这就是知识型的问题解决过程，这一水平上的失误类型为知识型错误。该模型体现了人类认知的多层次性和由浅入深及往复循环的必然规律，并对各个层次上的失误类型的特点和原因进行了详细的分析和讨论，较为客观地反映了人的失误的内在机理，有助于改进人—机界面和防范人的失误。

人因失误的分类方法很多。本书为了从人的内在认知行为过程分析人失误的机制，基于人的认知行为意图，将人因失误分为偏离（意图正确但行动时失误）和弄错（在行为意图形成阶段的失误）两大类。由图 6—2 可知，偏离失误仅可能出现于技能级行为中，对应于操作人员特征中的“监视与控制”。当它发生后，失误的信息能迅速反馈于操作人员，操作人员将此信息与头脑中设想的状态加以比较，容易觉察失误并修正。而弄错失误可能发生于规则级和知识级行为中，对应于整个“监视—确认—决策—控制”过程。尤其是当发生在知识级行为时，系统反馈的信息可能与操作人员头脑中设想的状态相一致，因而操作人员本人很难发觉失误。

从动态方面考虑，偏离通常产生于监视中（问题检出前的偏离），弄错通常产生于问题解决中（问题检出后处理过程中的弄错）。在操作值班中，操作人员间断性地检测系统是否按意图运行（称为意图检测），若是熟识的状态则无意识地作熟练性的操作（技能级行为）。这个技能级的行为可以看做是预先被程序化了的一连串动作的有序集合。在这个有序集合中，如图 6—3 所示，在某些节点（称为分歧节点）可能产生数条分支。当动作到这些节点时将沿哪条分支进行，其选择优先度由其固有的使用频率、近因效应等决定。当意图检测与分歧节点同步（相遇）时，则失误不会产生。当它们错位时，优先度高的分支行动就会无意识地被实施，这样，作业可能就未沿着工作意图进行，而以偏离的形式产生失误。

另一方面，对于在意图检测时觉察到了异常情况（问题检出）的场合，操作人员考虑解决问题的方法时，受人本能的意识制动调节机制的作用，常常不是去探索最优化方案，而是更多地表现出选择简单易行的模型进行组合匹配的倾向，首先采取基于规则的行为（在此可能产生选择规则、匹配模型的错误，或是未做特殊的动作而产生短路），当这种行为遇到麻烦时才开始转向基于抽象知识的行为模式（在此可能产生单线思考、不及全面、钻牛角尖的错误），图 6—3 中说明了在问题检出后具有双重回路。

综合以上分析，操作人员的失误可细分为技能级偏离、规则级弄错和知识级弄错。其在行为类型、操作模式、注意焦点、失误形式、失误检出几方面的特征归纳于表 6—2 中。

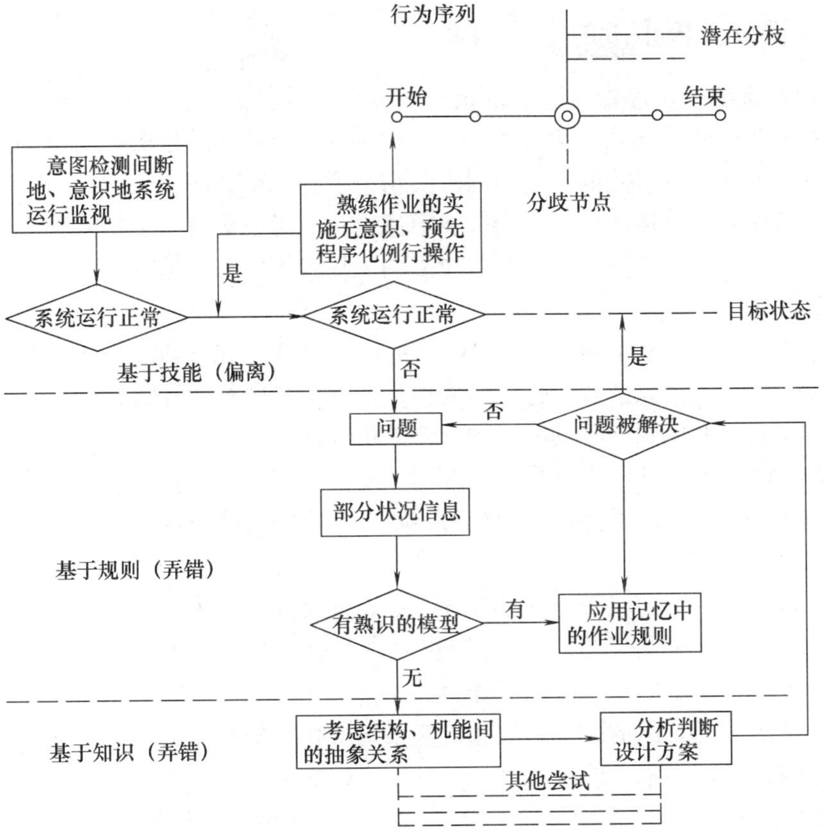

图 6—3　操作人员行为动态模型

表 6—2　　3 种失误类型的特征

	技能级偏离	规则级弄错	知识级弄错
行为类型	常规行动	解决问题	解决问题
操作模式	按照熟知的例行方案无意识地自动处理	依据选配模型半自动处理	资源制约性的系列意识处理
注意焦点	现在的工作以外	与问题相关联的事项	与问题相关联的事项
失误形式	在行动中	在应用规则中错误强烈	多种多样
失误自己检出	快速	困难需他人帮助	困难需他人帮助

三、诱发人因事故的主要因素

1. 根据系统工程理论，引起复杂人—机系统操作人员失误的因素必然与人员本身的因素及机械、环境因素有关。通过对大量人因事故的分析，发现诱发大规模复杂人—机系统人因事故的主要原因可归结为下列几个方面：

（1）操作人员个体的原因：疲劳、不适应、注意力分散、工作意欲低、记忆混乱、期望、固执、心理压力、生物节律影响、技术不熟练、推理判断能力低下、知识不足等。

（2）设计上的原因：操作器/显示器的位置关系、组合匹配、编码与分辨度、操作与应答形式，信息的有效性、易读性、反馈信息的有效性等。

（3）作业上的原因：时间的制约、对人机界面行动的制约、信息不足、超负荷的工作量，环境方面的压力（噪声、照明、温度等）等。

（4）运行程序上的原因：错误规程、指令、不完备或矛盾的规程、含糊不清的指令等。

（5）教育培训上的原因：安全教育不足、现场训练不足（操作训练、创造能力培养训练、危险预测训练等）、基础知识教育不足、专业知识、技能教育不足、应急规程不完备、缺乏应付事故的训练等。

（6）信息沟通方面的原因：信息传递渠道不畅，信息传递不及时等。

（7）组织管理因素：管理混乱，不良的组织文化等。

2. 以上 7 个方面的原因是相互联系的。在一次事故中，诱发其产生的根源常常是这 7 个因素的叠加。但是随着科技的不断现代化，机械、环境系统及人机界面——这些作为外部的条件越来越完善。在这种情况下，今后可能诱发人员失误的最主要、最根本的因素或许就是人的内在因素。人既有生理的存在，又有心理的存在；这既是人的长处，又伴随着人的弱点。这些弱点是固有的，虽然可以通过教育、培训、改善人机界面以及工厂管理等得到一定程度的弥补，但无法从根本上消除。人的弱点主要有以下表现形式：

（1）存在误解、错觉。

（2）易产生疲劳，有体力界限。

（3）欠缺机体的恒常性，存在不稳定性、转移性和精度界限。

（4）存在速度界限，有 0.2 s 的反应延迟时间。

（5）具有对环境的容许界限。

（6）易被感情左右。

（7）具有生物节律。

（8）存在意识水平波动性。

（9）存在信息处理能力界限，信息传递容量的界限。

（10）知觉能力与规划能力有限。

在这里，应特别注意人的意识水平的变化对人的作业有着显著的影响。根据大脑生理学，大脑的信息处理系统是否容易犯错误，取决于意识水平层次的高低。大脑的意识水平分为 5 个层次（0、Ⅰ、Ⅱ、Ⅲ、Ⅳ），分别对应大脑的 5 个阶段（阶段 0、Ⅰ、Ⅱ、Ⅲ、Ⅳ）（见第二章表 2—2）。

在一天的生活中，人的意识状态是在不断地波动、变化的。第Ⅲ层次是人的可靠性最好的状态，但一次的持续时间不会超过 30 min。在作业时，人的意识状态一般属于第Ⅱ层次的松弛状态和第Ⅲ层次的活跃状态，而属第Ⅱ层次的累计时间为最长，尤其是在监视作业中。在此层次的意识水平下，由于没有把注意力积极向前推动，因此表现出“不注意”“心不在焉”，此时预测力、创造力均低下，因而容易产生失误。事实上，前文所述的偏离失误其生理根源也在于此，即意识水平的高低影响着意图检测的频率和有效性。

当紧急事态或非常规状态发生时，作业量突然增加，作业时间紧迫，给作业者精神上造成巨大的压力，大脑意识水平急升为第Ⅳ层次，在高度紧张和焦虑情况下，信息处理能力显著降低。如三哩岛核电事故发生的最初 30 s 内，警报响了 85 次，警灯亮了 137 个，超异常的外界紧急信息致使运行人员心理极度紧张，陷入了混乱。

人在过度紧张的心理背景下的行为特点（见表 6—3），从信息输入、处理输出，都比正常状态下容易向失误行为倾斜。这是 HRA 模型中需重点考虑的 PSFs 之一——应激因子。

表 6—3　　　　紧急状态下人的行为

	输入	信息处理	输出
行为特征	①注意力集中于一点 ②无视，遗忘正常信息 ③信息获取能力低下 ④歪曲感知到的信息 ⑤知觉能力麻痹 ⑥知觉对象偏移	①信息综合能力质量减退 ②提取信息能力低下 ③与记忆信息对照能力低下 ④判断内容检查能力低下 ⑤时间裕度过小评价	①实施习惯动作 ②操作定位不良 ③操作连续性、灵活性低 ④不能协同作业 ⑤多余、过激操作 ⑥无目的操作 ⑦操作无反馈 ⑧不能操作

四、人因失误结构与成因模型

1. 人因失误结构模型

通过以上分析可知，人因失误是作业人员感知外界信息、构造相对应的模型与操作过程中产生的，其机制相当复杂，既受到外在因素的影响，又受到人内在的失误因素的作用。从全方位来考虑，人因失误的结构如图 6—4 所示。

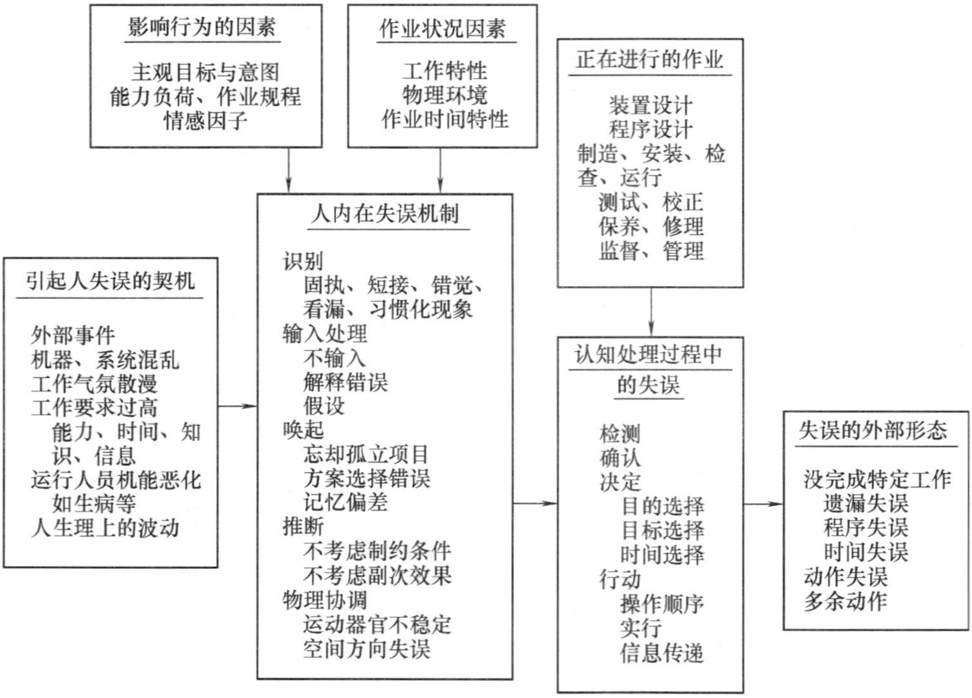

图 6—4　人因失误结构模型

图 6—4 中，最左边的下方框意味着引起人误行为出现的序列，通常始于环境或人内在波动对事件的某些干扰，也是人误的直接原因。这些干扰激发了人心理上的内在失误机制（它表明人误是怎样发生的），进而引发了“人误内部模式”，即在认知处理过程中的失误，这些人误内部模式在操作环境中可能会也可能不会直接表现出来，而直接观察到的是人误的外部模式。在图上方的“影响行为的因素”“作业状况因素”“正在进行的作业”代表可能提高失误概率的最重要的行为形成因子(PSFs)，它用以解释人误为什么发生。

2. 人因事故成因模型

依据大规模复杂人—机系统的特征和对人因事故产生机制和途径的分析，可建立大规模复杂人—机系统人因事故成因模型（见图 6—5）。

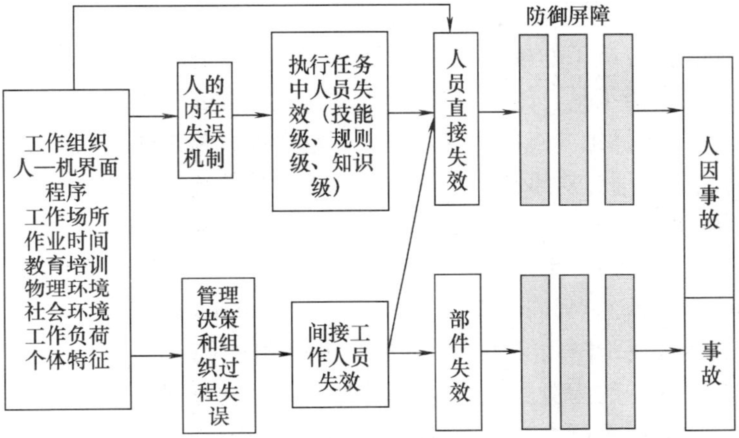

图 6—5 人因事故成因模型

五、人因事故根原因分析方法

所谓根原因，是指如果该原因得到纠正，那么就可防止类似事件的重复发生。根原因分析是一种回溯性分析方法，它从事故的现象出发，追溯引发人因事故最基本的原因，因而已被广泛应用于高风险企业重大人因事故调查中。该方法有助于确定发生了什么、如何发生的、为什么会发生。因此，它能帮助识别、修订或减少相似问题的重复发生。它一般用于揭露事件中的潜在失误，其目的就是寻找系统失效的原因，什么因素创造条件，使人处于该条件下操作而发生失误，避免使用传统的分析方法而最终责备个体。根原因分析识别的是具体的原因或原因组，它们一般属于管理控制的范畴，因为只有这样才能采取有效的措施预防它们的重复发生，如监管人员要求操作者关闭阀门 A，但是操作者关闭的却是阀门 B，很显然这是操作失误，但是它不是根原因，因为就凭操作失误不能提出有效的预防对策。

人因事故根原因分析方法包括如下步骤：人因事故的调查与确定；故障模式确定与后果分析；屏障分析；根本原因分析；改进措施与建议。

1. 人因事故的调查与确定

（1）事故的调查与资料收集。通过对以下情况的调查和访谈，获取可能对事故分析有用的所有可用信息：

1）弄清可用信息（运行日志、规程、各种记录图表、监督记录、维修记录及类似事故的报告等）。

2）弄清人员失误或不恰当动作发生时的背景，必要时进行作业分析（对照规程，按照书面作业分析工作单的要求，把作业分解为具体可实施步骤，并指出每一步骤的执行者、所需工具、施工对象及采取的行动，同时指出规程的不足之处）。

3）确定进一步详细调查的内容，列出问题清单，为访谈做准备。

4）进行访谈，通过对事故有关人员或目击人员的调查，得到问题结果。

（2）事故的时序描述。根据以上对事故的调查，把一个事故的全过程，从它的初始状态到事故发生后产生的后果之间所经历的一切，按时间顺序描述（其中包括不适当的动作和事情的 When、Where、Who、What 和 Why），用简短、完整、真实和符合逻辑的表述清晰而又明了地描述事故的全过程。

（3）事故时序图的构造。为了使事故过程各有关事情和故障（人员不适当的动作和失误）的前后联系更直观、不遗漏。在事故调查和资料收集的基础上，参照事故时序描述构建事故时序图。这一工作分为三步进行。

事故范围的确定：事故的始点（初始稳定状态）和终点（事故的后果）的确定。

事情和故障发生顺序的识别：从事故开始到结束，按顺序弄清事故的各个环节：发生了什么（What）；在什么地方发生（Where）；何时发生的（When）；谁发生失误（Who）以及最后事故后果。

事故时序图的构造：在弄清事故发生前因后果的基础上，重点是抓住谁或什么（设备）发生了故障。

“谁发生故障”是人因失误。“什么发生了故障”指的是设备失误，不能完成预期功能或出现非预期状态。将这些人因或设备故障统一定义为“故障”（Failure），放在“◇”图框内。在“故障”的前面或是跟在这一故障的后面发生的动作或存在的状态称之为“事情”（Occurrence）放在“□”图框内。有的动作不直接卷入事故的某一状态（不适当的动作），但是它却影响着事情，这样的动作称为“次级事情（Sub-Occurrence）”，放在矩形图框内。事故的开始状态也可看成事情放在矩形框内，事情的后果放在“○”图框内。按顺序把初始稳定态→事情→故障→后果置于一条主线（直线）上，次级事情置于主线的两侧。在“◇”“□”“○”图框下面注明相应的发生日期、时间，这样便构成事故时序图。其示意图如图 6—6 所示。

2. 故障模式的确定

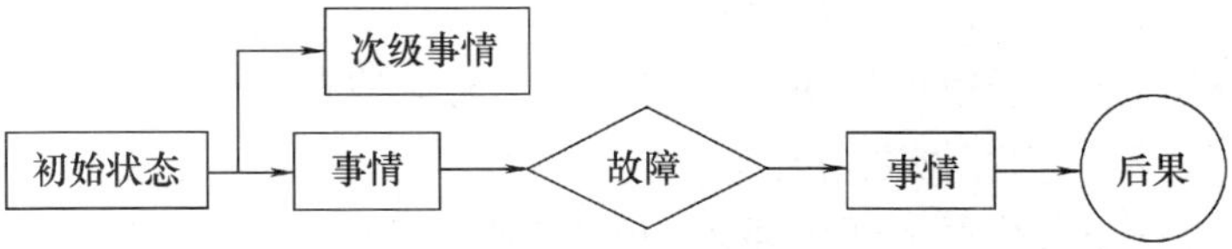

图 6—6　事故时序示意图

在构造事故时序图时，要确定置于“◇”内的故障是很困难的。对于人因事故中的人员失误或不恰当动作有的可能被故意隐瞒，有的可能被无意中遗忘，有的可能无关紧要而不报告。在事故发生后的调查和资料收集应注意其全面性。对收集到的资料进行甄别，对事故的发生有促成作用的动作就是“不适当的动作”，亦即故障。

人因失误的基本故障模式包括：不注意细节；判断错误；承诺的任务没有执行（完成）；技能或知识不够；精神状态不适合完成工作任务。每一种故障模式下又可以分为若干个子故障模式，共可分为以下 31 个子故障模式。

（1）不注意细节。

1）不知道（不注意没有包含在程序或导则中的报警、信号、注意事项或信息，不注意动作的及时性）。

2）感到完成任务有压力（在感到一项任务进度紧时，不注意次要任务或指标）。

3）任务太复杂（分派的任务要求记忆或理解复杂的概念或状态）。

4）注意力被分散（工作过重，同时处理 7 项以上工作，太吵或频繁打断工作）。

（2）判断错误。

1）认识上的负担过重（不相干的信息量很大）。

2）习惯的干扰（主要是基于过去的经验来执行任务，没有完全了解目前的状态）。

3）位置识别错误（在错误的系统、设备或机组上执行任务，因为它们和其他系统、设备或机组类似，再线错误或隔离错误）。

4）思维主观臆断（没有找到事实和客观证据便做决定或行动）。

5）错误的假设（在做决定时用了错误的假设）。

6）信息缺乏证实或验证（在做决定或行动时用了错误的信息）。

7）误解信息（在做决定的过程中信息没有正确地被使用或被遗漏）。

（3）承诺的任务没有执行（完成）。

1）走捷径（走捷径以便加快工作的完成，要完成任务感到有压力，不按规程或工作票操作，不按程序做准备）。

2）任务太复杂（分派的任务要求记忆或理解复杂的概念或状态，任务太复杂以致不能按进度完成）。

3）不恰当的指令（监督管理下达的指令互相矛盾或有错误，工作重点不当）。

4）注意力被分散（工作过重，同时处理 7 项以上工作，太吵或频繁打断工作）。

5）跟踪或监督不够（关于任务状况的跟踪体系没有或者不合适）。

6）程序缺陷（程序或导则缺乏必要的信息，或信息有错，或信息不全，没有程序）。

7）没有行动（技术规范、程序或导则规定的任务没有去做）。

（4）技能或知识不够。

1）一孔之见（没有评价整个状态就行动或做决定）。

2）培训不够（对于必须的技能没有培训，培训不完全或不够详细，缺乏复训）。

3）不熟悉工作要求（不了解监督管理上所指派的工作的要求或监督者的意图）。

4）不熟悉任务（第一次执行任务，不经常执行复杂任务）。

5）不熟悉既有的信息（在做决定或行动时不知道某些关键的、既有的信息，不熟悉或忘记了有关文件的规定要求）。

6）存在空白点（缺乏对某个问题、某个设备或某项操作的知识或技能，缺乏操作风险知识）。

（5）精神状态不适合完成工作任务。

1）厌烦（由于无价值的工作任务的刺激，使警惕性丧失）。

2）记忆减退（以前学过的技能记不住了）。

3）习惯性行为方式（基于错误的直觉所做的不适当动作，习惯性违章操作）。

4）害怕失败（对失败的潜在有害后果过分恐惧）。

5）生病、疲劳、受伤、身体不适（精神不集中、心理脆弱、身体疲乏无力、过度的神经紧张或忧虑）。

6）过于自信（低估任务的复杂性、范围或深度，缺乏适当的应急计划）。

7）动力不足（士气低落、意志消沉、拖拉、对要求无反应、好争辩、不报告、马虎应付)。

3. 屏障分析

屏障是防范事故发生的手段，它可能是实体的保护，也可以是行政管理的防范。正是由于防护屏障的失效，才导致事故的发生。通过屏障分析，找出防范体系的缺陷或漏洞，从而提出有效的改进方案。

较典型的屏障类型如下：

(1) 物理屏障。物理屏障有声、光报警信号，各种安全保护设备，各种警示性标牌，安全门、锁，各类应急设备等。

(2) 管理屏障。管理屏障有运行及维修工作规程，人员培训与教育，资格认定及人员任命，管理条例，工作人员的交流方式，人员授权，人员的相互监管等。

4. 根本原因分析

(1) 人因事故原因因素图。在图 6—6 事故时序图的基础上，在主线两侧对故障和事情加上原因因素及失效屏障，即可构成原因因素图。以“⬭”表示条件即原因因素；“◐”表示事故的根本原因因素；将这些原因因素放在时序图的上方或下方。再在下方加上屏障分析，失效屏障用“■”表示；未失效的屏障用“▬”表示；并将屏障与事情用虚线联系起来。具体构图模式如图 6—7 所示。

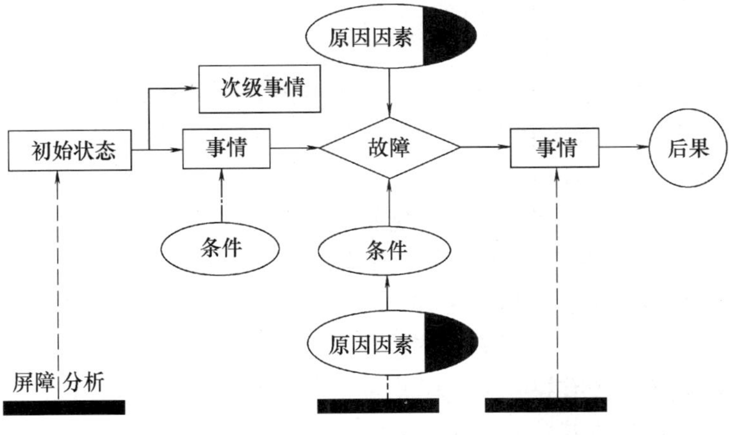

图 6—7　事故与原因因素图

(2) 根原因因素分类。根据不同的系统特点，会存在一些该系统所特有的人因事故根原因因素。在大规模复杂人—机系统中，基本的人因事故根原因因素可归纳为：

1）心理因素：记忆减退；错误的感觉；知觉失误；意识水平低下；由于思维障碍而导致滞后；情绪波动幅度大；动机不正确；气质不适应；个性定式；心理压力过大；求快的心理；其他。

2）生理因素：由于个体尺寸而导致的事件；人的体力不足以完成某项特定任务或达到某个动作；耐力有限；视觉障碍；听觉障碍；运动机能不足；体质要求不足；疲劳；生物节律混乱；其他。

3）个体因素：年龄不适中；知识文化水平低下；训练程度强度不够；经验积累程度低；技术能力差；应变能力不够；责任心程度低；工作意欲倾向程度低；期望值过高或过低；固执、教条、本位主义；不按规程办事；粗心大意；其他。

4）环境条件因素：照明太强或太弱；工作场所布置不适当，没有充分有效利用空间；工作地区狭窄；工作地区混乱，不整洁；工作区域内人太多；噪声水平太高；有刺激性气味；使人不舒服的温度和湿度；裸露的热管道，不牢固的设备，无遮掩的撞击物；机器设备的设计不适合人的心理、生理和信息处理机能；其他。

5）作业因素：时间的制约；对人—机界面行动的制约；信息不足；超负荷的工作量；缺乏必要的安全保护装置；其他。

6）运行规程因素：错误的指令或规程；不完全和矛盾的规程；含糊不清的指令或规程；技术标的不准确或不恰当；规程环节方面的遗漏，缺乏的信息导致维修或操作人员无法抉择；规程书写格式不正确；参考的文献太多；程序过多，次序紊乱；用词繁琐或不准确；其他。

7）教育培训因素：安全教育不足；场所训练不足（操作训练、创造能力训练、危险预测训练）；基础安全知识教育不足；专业知识，技能教育不足；应急规程不完备；缺乏应付突然非预料事故的训练；缺乏复训或复训周期不当；课程材料介绍不充分；缺乏培训目标；岗位培训不规范，或缺乏系统的、有层次的训练；其他。

8）通信因素：传递信息不充分，一次性介绍过多，不熟悉信息；交流方式、手段不充分；交接班前后的信息传递不完全；指令的步骤或信息，在顺序上有错误；不适当的参考资料来源或学科分科；不清楚或复杂的措辞或方法；字迹模糊；使用辅助（图表等）中有缺陷；规程大的变化部分没有明显的标识，导致使用者遗漏；没有充分的信息去鉴定文件的正确性；各种记录不完备；没有为实践经验丰富者设计；各种指令发布前后没有统一归口。

9）管理因素：在人员之间没有恰当的责任分工；各种管理条件不充分，不完全；管理条例没有得到切实可靠的执行。

利用人因事故原因因素图，从根本原因因素中找出引发人因事故的根本原因因素。

5. 改进措施与建议

通过以上人因事故分析过程，可以得到引发事故发生的原因以及失效屏障的具体状况，进而可以作出适当的改进措施与建议，消除事故的根本诱发原因并增添必要的保护屏障以保障系统的安全运行，并有效避免同类人因事故的再发生。

六、人因事故定量评价方法

人因事故有多种定量评价方法。当前国际上人因事故定量评价的主流方法是借用人因可靠性分析技术，如 THERP 和 HCR 方法。

1. 人因失误率预测法（THERP）

如果人员的工作能够划分为一系列的如读数、操作等动作单元，则可以用人因失误率预测法（THERP：Technique for Human Error Rate Prediction）来分析人员正确完成该工作的可能性。该法主要基于人因可靠性事故树模型对人因事故涉及的所有人员行为按事故发展的过程进行分析，并在事故树中确定失效途径后进行定量的计算。

HRA 事故树描述人员进行操作过程中一系列操作事故序列，它按时间为序，以两态分支扩展。其每一次分叉表示该系统处理任务过程的必要操作，有成功与失败两种可能途径。因而某作业过程的 HRA 事故树便可以描述出该作业过程中一切可能出现的人因失误模式及其效果。对树的每个分支赋予其发生的概率，则可最终导出作业成功或失败的概率。

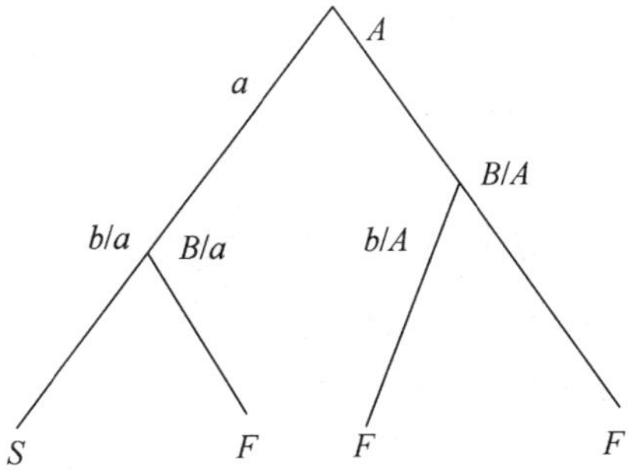

图 6—8　简单的 HRA 事故树

图 6—8 所示是一简单的人因可靠性事故树，图中 A，B 表示先后进行的两项动作单元，A，a，B，b 既表示事故又表示该事故发生的概率，小写字母表成功，大写字母表失败。而 S，F 分别表示作业全部成功或失败。

显然，人员作业成功概率 $Pr(S)$ 和失败概率 $Pr(F)$ 可由式（6—1）、式（6—2）求得：

$$Pr(S) = a \cdot (b/a) \tag{6—1}$$

$$Pr(F) = a \cdot (B/a) + A \cdot (b/A) + A \cdot (B/A) \tag{6—2}$$

HRA 事故树中，某一项子任务的失败概率（如 A）由基本 $HEP(BHEP)$ 表示，可依据该项子任务的动作类型，由相关的 THERP 表格查找而得。由于在 HRA 事故树中，人的失误概率因人员素质、事故背景等方面的差异存在很大差别，因此为了得到在 HRA 事故树中子任务的实际概率 *HEP*，必须用行为形成因子（*PSF*）进行修正，一般而言修正可用通式（见式 6—3）表示为：

$$HEP = BHEP \cdot (PSF)_1 (PSF)_2 \cdots \tag{6—3}$$

由于人员动作之间往往有关联，如连续的动作或相关的思考模式等，所以还需考虑动作间以及工作小组内人员之间的相关性，否则将严重低估人员失误概率。在 THERP 中，动作（或事故）*A*、*B* 间之相关程度定义为 *P*（*B* | *A*），即 *A* 动作（事故）失败下 *B* 动作（事故）失败的可能性，其共分为 5 级：完全相关（*CD*），高相关（*HD*），中相关（*MD*），低相关（*LD*），以及零相关（*ZD*），计算公式见式（6—4）～式（6—8）：

$$CD，P(B \mid A) = 1 \tag{6—4}$$

$$HD，P(B \mid A) = \frac{1 + P(B)}{2} \tag{6—5}$$

$$MD，P(B \mid A) = \frac{1 + 6P(B)}{7} \tag{6—6}$$

$$LD，P(B \mid A) = \frac{1 + 19P(B)}{20} \tag{6—7}$$

$$ZD，P(B \mid A) = P(B) \tag{6—8}$$

2. 人的认知可靠性预测法（HCR）

随着计算机的普遍使用，不少作业岗位对运行人员的要求已从一系列的操作转变为综合认知判断与操作。在此场合，要将作业划分为一系列的单元动作来分析是困难的。此时便可采用人的认知可靠性预测法（HCR：Human Congnitive Reliability）。在 HCR 方法中做了两个假定。一是，它认为所有的人员动作的行为类型均可以由图 6—9 所示的 Rasmussen 行为辨识树归结为技能型、规则型和知识型 3 类。例如，例行而又不需要规程书的工作归类为技能型；若是例行的工作，但是需要规程书辅助而且规程的训练不够好时，归类于规则型；若是非例行工作且规程书又未涉及者则归为知识型。

HCR 的第二个假定是，每一行为类型的失误概率仅与允许时间 t 和执行时间 $T_{1/2}$ 的比值有关，且遵从威布尔分布：

$$p = e^{-\left\{\frac{t/T_{1/2} - \gamma}{\alpha}\right\}^{\beta}} \tag{6—9}$$

$$T_{1/2} = T_{1/2,n}(1 + K_1)(1 + K_2)(1 + K_3) \tag{6—10}$$

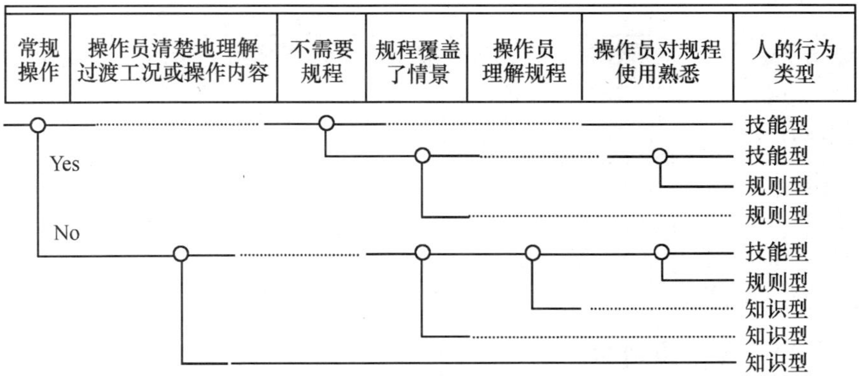

图 6—9　HCR 行为类型辨识树

式中　t——允许操作员进行响应的时间；

$T_{1/2}$——操作员执行时间；

$T_{1/2,n}$——一般状况的执行时间；

K_1——操作经验；

K_2——心理压力；

K_3——人机界面；

α、β、γ——操作人员行为类型参数。

有关参数 K_1、K_2、K_3 和 α、β、γ 的选取见表 6—4 和表 6—5。

表 6—4　　参数 α、β、γ 选取表

行为类型	α	β	γ
熟练（SKILL）	0.407	1.2	0.7
规则（RULE）	0.601	0.9	0.6
知识（KNOWLEDGE）	0.791	0.8	0.5

表 6—5　　HCR 模型的行为形成因子及其取值

行为模型	类型	取值
操作员经验（K_1）	（1）专家，受过很好训练	−0.22
	（2）平均训练水平	0.00
	（3）新手，最小训练水平	0.44
心理压力（K_2）	（1）严重应激情景	0.44
	（2）潜在应激情景/高工作负荷	0.28

续表

行为模型	类型	取值
心理压力（K_2）	（3）最佳应激情况/正常	0.00
	（4）低度应激/放松情况	0.28
人机界面（K_3）	（1）优秀	−0.22
	（2）良好	0.00
	（3）中等（一般）	0.44
	（4）较差	0.78
	（5）极差	0.92

七、组织管理因素对人因事故的作用和影响

除个体的内在因素外，组织管理是另一个对人因事故有显著作用的重要因素。组织管理因素会对人因事故产生影响，主要是因为作为人机环境中的一个子系统的人，其行为固然会受到该个体的心理、生理因素的影响，以及机械子系统、环境子系统的约束，但对于现代组织中的人，并不是以一个孤立的个体（或群体）出现于人机系统，而是作为组织中的一员而存在的。任何个体造成的失误都是在该组织综合管理下实现的，这势必受到组织管理各因素的影响。组织管理对人因事故的作用主要表现在组织规范、组织沟通、组织功能、组织文化氛围等方面，构成了对人因事故有重要影响的组织管理失效的 4 种模式。

1. 组织规范失效

所谓规范，就是组织成员共同接受的一些行为标准。任何一个组织都会制定规则、程序、政策以及其他形式的规范来使员工的行为标准化。组织规范让组织成员知道在一定的环境条件下，自己应该做什么，不应该做什么。从人个体的角度看，组织规范意味着，在某种情境下组织对个人的行为方式的期望，组织规范被组织成员认可并接受之后，它们成为以最少的外部控制影响群体成员行为的手段。不同的组织，组织规范也不同。组织对员工施加的正式规定越多，组织中工作群体成员的行为就越一致，就越容易预测，人因事故产生的概率就小。但是有的组织的规范不符合整体利益要求，有的规范反映了落后和错误的思想等。这样，就会对群体成员的行为进行错误导向，使得由于组织规范不当或规范不完备、不全面、不具体而导致人因事故发生。

2. 组织沟通失效

所谓组织沟通，是在组织中人与人之间的信息交流。通过组织沟通可以把成员联系起来，调动起来形成一个同属某组织的观念或意识，借以实现组织的目标。若组织沟通失效，会造成成员联系不紧密，成员之间不团结，不能形成统一的目标，工作热情不高，以致影响工作情绪，导致人因事故的发生。

3. 组织功能失效

组织功能表现为 4 个方面：组织目标功能、组织权利功能、组织协调功能和组织心理功能。组织的目标功能在于它是衡量组织绩效的尺度。一个高效的组织应当以最快的速度、最少的消耗达到组织的目标。如果组织的目标功能失效，就会导致组织成员脱离组织，行为不受组织约束，导致人因事故的发生。组织的权力功能在于它给每个成员规定了自己在组织中的责任、权力和地位，以及自己所隶属的上下级关系、左右关系以及内外关系。若某些个人不能明确自己的权力、责任和地位，独断专行，遇事不请示，不和同事商量，造成决策失误，直接导致人因事故的发生。每个组织都是一个复杂的社会技术系统，若其管理机构不协调、主观判断、主观指令、不科学决策等都将导致协调功能失效。人在组织中生活、工作，除了能获得经济报酬满足生活需要外，还能满足人们的各种心理需要，如获得安全感，社会交往需要、尊重需要和自我实现的需要。人们在好的组织中可以增加自信心和力量感。

4. 组织文化失效

文化在组织中具有多种功能：首先，它起着分界线的作用。即它使不同的组织相互区别开来；其次，它表达了组织成员对组织的认同感；最后，它使组织成员不仅注重自我利益，更考虑到组织利益。

组织文化失效将致使组织的安全文化水平低下，不能保证良好安全制度的建立及其实施。安全文化是在组织的行为、决策和过程中表现出来的该组织信念和态度影响组织的安全行为。人员的安全素质不是抽象的，它表现在人的系统安全知识和经验，人的安全决策能力和安全机制、人的安全行为和安全心理活动。人掌握安全科学技术的能力，表现在系统中每个人和组织的工作态度、思维习惯和工作作风，而这些用一个新的术语来概括，就是人员的安全文化水平。由于安全文化特别是与个人有关，更因为许多人承担着安全责任，所以，安全文化除了要求严格地执行良好的工作方法之外，还要求工作人员具有高度的警惕性、科学性见解，丰富的知识，准确无误的判断能力和强烈的责任感来正确地履行所有的安全职责。因此，安全文化是实现企业安全的基础，完善安全管理体制的动力，规范安全行为的准则，是企业安全管理的灵魂。也正是由于在某些组织中未能建立良好的组织安全文化，真正提高组织和个人乃至全社会的安全文化素质，因而导致了人因事故的大量涌现。

第三节 人因事故的预防

一、人因事故纵深防御系统

以往对人因事故的防范与管理基本上立足于技术方面，如使系统尽可能自动应急，提供良好的信息显示、操作规程和训练方法，以便为运行人员提供有效支持。这对大部分可预测的工厂事故效果很好，但却不能对日常运行中的人误问题管理提供充分、广泛、完整的研究。如"驻在病原体"及潜在的组织失误仅用技术手段是不可能从根本上解决问题的。技术方法必须由安全文化、在减少失误活动中员工自愿参与的程度、企业的所有方针都关注到失误及其预防等途径得到补充。因此，应将技术手段与组织手段、文化手段相结合，从管理决策、组织、技术、事故分析与减少、反馈等过程和层面构建主动型人因事故纵深防御系统（见图 6—10）。

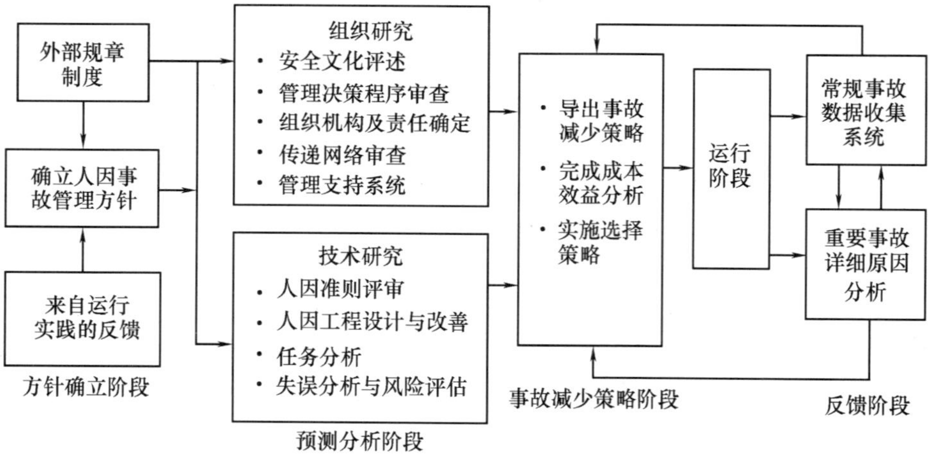

图 6—10 主动型人因事故纵深防御系统模型

1. 确立失误管理方针

该阶段工作具有两方面含义：确定在怎样一个水平上管理人因失误；修订方针，确定启用新管理模式。由于涉及因素的广泛性，按我国传统习惯，该工作必须始于上级的方针决定，这或许可由两方面因素促成，一是来自规章制度的压力；二是来自事故报告系统的资料（反映人因事故的严重性）。任何有效的管理程序都需要上级管理部门长期和大力的支持。

2. 技术预测分析

技术分析是为从根源上消除或减少人因失误的前期工作的一部分。在此阶段，人因工程原理被应用于所有新的设计和重要的人机界面的改造。其中最主要的应用是控制装置、信息显示、操作规程和指令以及员工培训等的设计和评审。另一方面，要进行人员任务分析和失误分析，以查明一切潜在的人因失效模式及影响，从而通过修改设计方案或采取某种补救措施尽早予以消除或减轻其后果的严重性。其中人因失误分析可采用 THERP 或 ATHEANA 等方法。一旦特定失误被描述，即可评价其影响。如果影响严重，就考虑一系列减少风险的措施，而所采用的策略依据成本—效益分析来选择。

3. 管理支持系统

技术分析法虽可识别一切潜在人因失效模式，但不能抑制所有“驻在病原体”。例如，所设计的高质量的规程很可能是无效的，除非作业场的文化精神氛围促使作业者在任何时候都能严守。技术分析法需要通过管理途径来支持补充。在复杂社会技术系统中，这种管理支持系统最重要的 3 个方面是：参与、安全文化和管理策略（见图 6—11）。

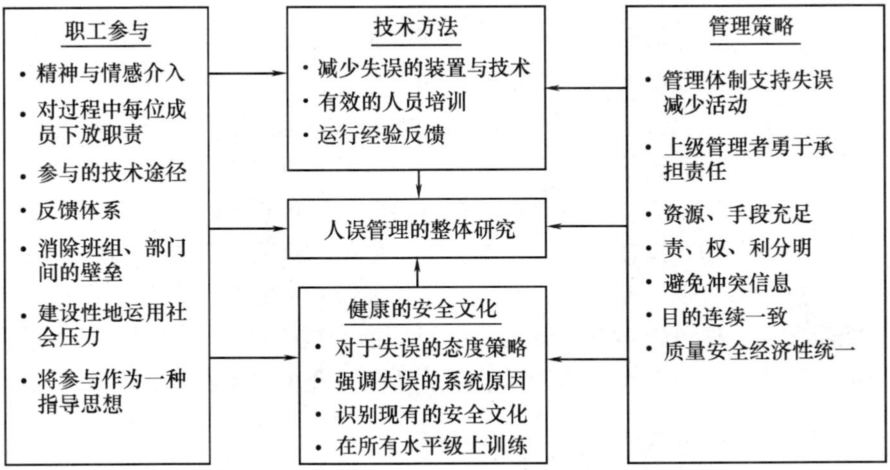

图 6—11　管理支持系统

在发展为减少失误的支持性文化时，重点应从注意个体责任移至广泛了解那些作业人员个体所不能直接控制的外部原因，例如管理与组织、程序与规程等方面的原因，即使它们不是诱发失误的直接或主要的因素。有效的参与应建立在所有层次职工对失误的共识之上，需要职工在精神情感上的介入，同时需要上级管理者给予创造条件、手段和长期的支持。

4. 组织预测分析

安全文化评述可以评价职工对失误的态度，识别在实施失误减少策略中需要克服的文化障碍。责、权、利的划分有助于明确安全目标，促进每位员工将自己置于防止人因事故的前沿。管理体制不当造成的通信失效是一大类人误的原因，传递网络审查可以辨别设置的合理性和信息传递的有效性。

5. 失误减少策略

上述阶段的组织和技术分析完成之后，便可为防止特定失误，减少人因事故或弱化其后果制定一系列可能的短期和长期策略。这些策略是包含了技术、管理、组织、文化手段的综合体，既有软件措施，又有硬件建设。然后对它们进行评价。评价标准是成本、可行性和对减少风险的潜力等。然后执行一种或多种策略。

6. 反馈

将来自运行实践的反馈用于识别那些在预测分析阶段未能辨识的失误因子是十分重要的。要有效地做到这一点，需要两个反馈系统。一是包含一个数据收集系统，主要用于大量相对低级层次的常规事故，以对日常管理提供信息。它对事故的描述较粗，仅作直接原因分析，对多数频繁事故由此即可识别出导致事故发生的潜在薄弱之处。第二个反馈系统是对第一个的补充，它力图对人因事故的形成作更广泛、深层次的分析，以找出更基本的原因，如人的行为形成因子和管理决策与组织过程中的问题，从而确定恰当合理的纠正及补救措施以防止其再度发生。该系统需要消耗大量的人力、物力，所以只可能在重要事故的调查中使用。

如图 6—10 所示，反馈还是双层的。第一层是常规的，起近期作用；第二层是高层次的，用于常规反馈无效时，促使高层管理者修订方针。有关事故致因信息反馈到早期阶段后，便可针对已被识别出的原因研制或选择一套新的失误减少策略。该过程持续不断，直至伴有人因失误的事故达到一个可接受的水平。

二、人因事故预防与减少基础体系

从更高的层次来考虑，现代工业社会的特性，决定了对人因事故的预防和减少必须依靠国家、社会、企业和个人相互支持与配合，在一个广泛的基础上构成人因事故预防与减少综合体系（见图 6—12）才可能实现。而那种试图仅仅或主要依靠企业的安全教育、安全技术和安全设施来预防事故的策略已被实践反复证明是失败的。

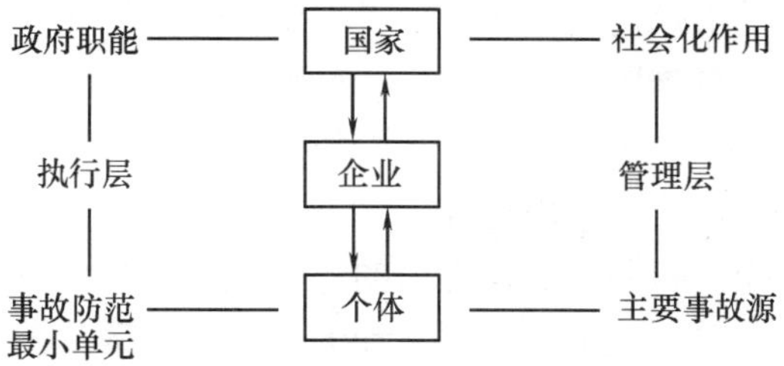

图 6—12　人因事故预防与减少基础体系

在图 6—12 体系中，国家的功能主要有两个方面，一是行使政府职能，即为事故预防和减少制定方针、政策和法规，建立管理体制，提供人力物力资源等。二是表征社会作用，即为事故预防和减少提供广泛的基础支持：培育良好的社会文化环境和经济环境，对社会成员的道德修养、文化素质、心理素质、技术素质的培养。

个体的主要责任是不断提高安全文化水平和安全技术素质，增强安全意识，自觉、主动地接收外界安全信息，加强对人因失误和事故的辨识力和防范性以及安全应变能力。

企业在事故预防与减少基础体系中有着非常关键的作用，它既是国家有关方针的执行层，又是对具体事故防范的管理层。它对人因事故的预防和减少应采用上节所述的人因事故纵深防御系统。

第四节　人因事故分析面临的新问题与发展趋势

一、人因事故分析面临的问题

在过去的几十年，人因事故分析对高科技系统的合理设计和安全评价作出了极其重要的贡献，在这个过程中，人因事故分析本身的理念、方法也获得了不断的发展。回顾、总结这一历程，研究其现状，我们发现，由于人因事故分析的极度复杂性，使得其仍面临着一系列问题尚待解决。

1. 人因事故分析的难度

（1）人的特性极其复杂，不仅有生理和心理的，也有社会和文化的，且其变化呈现多样性和复杂性。

（2）人在系统内的行为不仅受到系统任务的支配，也受到个体内在因素的作用，以及时间、空间、环境的影响，即人的行为是其行为形成因子集合的函数，所以作系统人因分析时，不仅需要描述行为者本身，还需研究行为者与系统中其他元素的关系。这是人因分析难以模型化的主要原因。

(3) 不同的人在同样的环境可以有不同的反应，即人与人之间有个体差异，致使研究结果具有不确定性，或难以有准确性。

(4) 对控制人行为、特别是认知行为的大脑机能，至今尚未完全弄清楚。

(5) 人因失误既频繁，又带有突发性和无序性，使得其数据收集和掌握规律很困难。所以人因数据库建设多年进展缓慢。

(6) 因系统及系统所处时刻而异，有相当数量的人员失误仅构成潜在的失效，或由于系统其他元素或保护系统的作用消除了人员失误的影响而未能引起人们的注意，致使常常丢失了大量的重要人因信息。

2. 对人因的再认识

对人因的认识已经历了几个阶段，最初是“机械中心设计时代”，着重于“人适机”。尔后是要求“机宜人”即“人机界面设计时代”。再后是“人机匹配”。在这些阶段，我们对人因的理解与研究主要着眼于人的生理、心理因素，考虑的重点是作业者个体的行为失误。然而，随着社会、技术的发展，作为人—机—环境系统中一个子系统的人，其行为固然要受到该个体生理、心理因素的影响，受到机械子系统、环境子系统的约束，但对于现代生产系统中的人，并不是以一个孤立的个体(或群体) 出现于人—机系统，而是作为组织中的一员而存在的。这个组织贯穿或控制着个体所处的人—机系统，以及外层更大的生产系统，任何个体造成的失误或对失误的防范都是在该组织综合管理下实现的。因此，人—机—环境系统实际上是一个社会—技术系统，组织管理对个体有重要作用，人的因素应从个体扩展到“系统、组织中的人”，突出人的社会属性和精神属性，强调组织管理对人员可靠性、系统效率的作用。

另一方面，我们也必须认识到，组织也是可能犯错误的。组织错误归根到底也是一种人因错误，且对复杂系统而言，组织错误是对其安全性最大的潜在威胁。典型的组织错误包括管理制度缺陷、不充分的培训、管理者的错误决策等。

由于个体失误和组织失误的并存，我们不能指望消除系统中所有的人因失误，那种试图通过对系统的一次再设计便可一劳永逸的想法是不切合实际的，因为新系统又可能产生新的人误。对人因失误我们只能通过不断加强管理、改善管理来减少它或弱化它的影响。

3. 环境与人行为的关系

对环境与人行为关系的理解与刻画是人因事故分析学家长期致力探索的重要问

题。我们认为环境与人行为的关系是：环境是围绕主体，并对主体行为产生影响的外界事物。人通过各种感觉通道从环境中获得关于行为意义的信息，并运用这一信息，建立支配某种心理过程的动机和决定行为的方式，进而通过行为的实施来适应与改造环境。这里存在着既相互独立、但更多地表现为相互交融、交叉的两个侧面：在相对稳定的条件下，人力图适应环境，以降低自身的损耗，同时又力图改造环境，以满足自身更高的需求。人类自然属性与社会属性的并存，使得在一定界限内，人与环境保持着一种相互协调、相互适应的动态平衡。

4. 人的可靠性分析（HRA）方法问题

迄今为止，HRA 已有数十种方法，它们被划分为以 THERP（人误率预测技术）为代表的第一代或称为静态的基于专家判断与统计分析相结合的 HRA 方法和目前正在兴起的称为动态的基于认知科学的第二代 HRA 方法。也有人把它们划分为人的工程学可靠性研究策略和人的行为学可靠性研究策略。这些方法对 HRA 的发展和应用起了良好的推动作用，但正如许多 HRA 专家所评论的那样，它们在功能的完备性，方法的有效性和可靠性、实用性等方面均尚存在诸多不足。

5. 人的失误机理问题

人的失误机理，包括人的认知行为特性、行为模型、失误类型、失误内部机制、失误源、失误形态、失误背景、失误结构、失误观测、控制管理等方面的研究，无论是从理论上还是实践上都尚未达到令人满意的程度。

6. 人因分析的客观性与一致性问题

人因分析的客观性与一致性问题主要来源对 PSFs（人员行为形成因子）的分析及量化。现行的 PSFs 处理多为非结构化方式，极度依赖使用者的判断，致使具有不同学识背景、不同经历、不同层次的使用者对同一问题获得相距甚远的结论。

7. 人因分析数据的可用性

由于人因数据采集的极度困难，致使人因分析长期缺乏较充分的可用数据。迄今为止，使用最普遍的人因数据库是 Swain 等人于 1983 年出版的《人员可靠性分析手册》。目前，已建的较为大型的人因数据库还有美国的 NUCLARR，英国的 CORE-DATA，日本的 IHF 和 HFC，法国电力公司（EDF）M310 中的人因数据子库等。在这些数据的可用性上，至少有 3 方面的问题尚待解决：

第一，数据的可靠性。上述数据库中，来源于实际的原始数据并不多，更多的是专家的判断数据或从原始数据再依据某类法则外推获得的数据，而专家的判断和外推法则是否合理，却常难以给出令人信服的证明。

第二，这些数据库均是针对某个专门领域建立的，如《人员可靠性分析手册》

的数据是为核动力工业建立的，它能否用于交通系统（如火车）风险分析，我们尚不得而知。因为从一个领域或一种技能变换到另一领域或技能，可能这两个领域仅是形式上不同或技能上程度的差别，但也可能是定性上的不同，即它们可能具有不同的认知结构和信息处理机制。

第三，他国数据的可引用性。不同的国家、不同的民族有不同的文化教育背景、社会环境和物质条件，决定了人们不同的思维方式和行为方式。因此，一个国家不宜直接引用他国的人因数据，而需做必要的修订。但是，仅仅如现在普遍使用THERP数据时那种修订模式，即仅通过PSFs来调整就可接受了吗？我们认为是远远不够的，THERP中的PSFs并未充分刻画不同国家背景人员的行为特征间差异的映射关系。

8. 人因事故分析中的文化因素

复杂人—机系统的社会技术特征，提示我们作人因事故分析时，必须充分重视人因中所包含的文化因素，否则，就可能遗漏掉许多重要信息。这里的“文化因素”指系统中人员和组织的科学素养、道德水准、心理素质、工作态度、思维习惯和工作作风，即国际原子能机构（IAEA）所极力推行的安全文化。

9. 组织管理层的人因分析

人因事故分析不应仅局限于个体，还应包括组织管理方面。组织错误是一种更严重的人误，这些近年来已为人们所共识。有不少的著名人因分析专家致力于研究组织管理层的人误问题，如J. Reason在继其“组织病原体理论”之后，于1995年又提出了一种解决组织失误的系统方法。但普遍地看，组织管理层的人因分析至少尚存在以下不足：

（1）适合于组织管理层人因事故分析的技术、模型无论在数量上还是有效性（质量）上远不如个体层次的多。

（2）定性分析的多，定量分析极为少见，多为借助PSFs引入模型——实际上仅是组织因素对个体因素作用的映射。

（3）考虑常规的组织结构、管理过程的多，而极少涉及管理决策层次。其原因是研究分析工具不足。

我们认为，管理决策层次的人因分析是复杂的人—机系统最高层次的人因分析，它对系统的安全性、可靠性和效益有着最为重要的作用。因此，必须发展这方面的研究。我们应当更多借用、借鉴管理心理学、认知心理学等学科的最新理论来拓宽我们的思路和工具。

二、人因事故分析研究的发展趋势

人因事故分析是一门正在发展的学科。从其目前的状况来看，这门学科的最大特点是涉及大量不同的技术方法，且这些技术方法本质上均为定性定量相结合。前者反映出人因事故分析的应用复杂性及理论不成熟性，而后者为人因事故分析的研究对象所确定。总的来看，人因事故分析研究的发展趋势仍将沿着上述两大特点而展开，逐步趋向一个较完善的人因事故分析理论与应用体系。

1. 人因事故分析基础研究

人因事故分析基础研究至少包括 3 个方面：

（1）人的行为（失误）机理研究。这方面的研究虽以 Reason 1990 年的著作《Human Error》为里程碑而进入一新阶段，但其后至今仍尚无多少具有实质性进展的成果问世。的确，当我们把人因分析的目标由“改善人的可靠性”转变为“理解为什么人们最初时会不可靠”时，问题的面及深度都增加了许多，其解决难度不亚于哲学上的一些基本问题。

人的行为包括常规的动作（操作）行为，也包括认知行为和决策行为。另一方面，人的行为存在于 3 个层次上：个体、群体和组织。因而，人的行为（失误）机理研究，也应当建立在这 3 个层次上，系统地研究人的行为特性、行为模型、失误类型、失误内部机制、失误源、失误形态、失误背景、失误结构、失误观测、控制管理等方面。

（2）人员失误基本模型研究。至今尚无一个人员失误的基本模型。人因事故分析者采用的多为关系式和概念性的框架，而不是在分析理解人误是怎么发生的以及随后验证的基础上推导出来的理论模型。欲使人因事故分析成为风险管理的重要工具和组成部分，则必须加强这方面的研究。特别是定量模型和结构化的定性—定量模型。

（3）人因数据库。有 3 个问题特别重要：

1）数据描述方式。传统的枯燥的单纯数字式数据或数字加简要条件式数据不能满足人因事故分析者对该数据所描述的人误的理解和对该数据的有效使用，因此需研究和使用能保持失误各因素间原始基本关系的新型数据。

2）如何保证所采集数据的真实性（客观性）和有用性，为此需研究结构化的数据采集模式和准则以及人误因素辨识技术。

3）应由主要具有数据收集与分类功能的传统数据库发展成为兼有数据采集、分类、分析、计算、预测等功能的人因数据管理系统。

2. 人—机系统设计指导

人因事故分析可对人—机系统的合理设计给予指导，这是人因事故分析生命力之所在的一个重要方面。人因事故分析对人—机系统设计的指导作用主要体现在人—机功能分配、人—机交互关系、操作人员监督功能等方面。为便于实际应用，需要将人因事故分析的理论、方法及技术工程化、标准化，不少国家的学者已在该领域做了大量卓越的工作，如我国童时中教授等人研制的我国电力行业标准 DL/T575《控制室人机工程设计导则》，以及原国家技术监督局标准化所研制的《人类工效学》系列标准（GB1251）。一方面，应当做更多的工程化、标准化工作，以支持人—机系统的设计与改善的实践；另一方面，在工程化、标准化的转化过程中，还必须充分重视转化方式的可行性、有效性和可用性。

3. 安全评价与事故防范

可以从两个完全不同的侧面来研究系统的安全性，即从系统安全评价和事故调查与分析，而这两者都需要人因事故分析作出贡献。

（1）安全评价。安全评价有包括定性、定量在内的多种评价方法。对于大规模复杂人—机系统，当前使用最广泛、最有效的是概率安全评价（PSA)。人因可靠性分析（HRA）是 PSA 的重要组成部分，也是 PSA 中最难以量化的部分，它影响到 PSA 结果的准确性。其根源在于前文所述 HRA 尚未解决的诸多问题。一方面，要深入研究 HRA 尚存问题；另一方面，也要研究现有 HRA 技术与 PSA 的接口技术，以使其最大限度地满足 PSA 的需要。

（2）人因事故分析。事故调查与分析的目标是从人及系统特性来辨识一个事故的根原因以及给出预防模式。现已发现，在人—机系统中，大量的事故属人因事故，即由人的因素而诱发的事故。包括人因事故分类、人因事故成因理论、人因事故根原因分析技术、人因事故模式/影响与严重度分析、人因事故数据采集与处理方法、人因事故防范策略选取准则、人因事故监控系统等内容在内的人因事故分析理论与方法研究将成为安全科学的一个研究热点和重点。

本章小结

人因事故分析与预防是安全人机工程学的新课题及一个重要发展方向。本章描述了人因事故对系统安全的影响和危害，分析了大规模复杂人机系统中人因事故产生的主要原因，介绍了人因事故分析及预防的基本概念和基本方法，提出了人因事故分析面临的新问题和发展趋势。

复习思考题

1. 给出一个人因事故的实例。

2. 诱发人因事故的主要因素有哪些?

3. 试用人因事故根原因分析方法分析某个人因事故。

4. 简述组织管理因素对人因事故的作用和影响。

5. 针对某人机系统，说明现代社会技术系统的特征对该人机系统的作用和影响。

第七章　安全人机工程的实践与应用

本章学习目标

1. 掌握各种作业姿势下作业空间的特点与布局设计；掌握控制室设计的安全人机工程学要求；掌握驾驶员驾驶作业中的感知特性，汽车视野适宜的设计应注意的问题。

2. 理解引起驾驶人员疲劳的主要因素；理解汽车驾驶室人机学设计主要内容。

3. 了解汽车的安全性设计；了解道路安全设施规定；了解现代办公室的特点及安全人机工程要求。

4. 具有安全人机工程在具体人机系统实际应用的初步能力。

第一节　工作空间设计

人与机器配合完成生产任务是在一定的作业空间进行的。人们在从事某项作业时，为完成该项工作，人体所必需的活动范围或空间，称为工作空间，亦称作业空间，它包括人的操作活动范围和机器设备中的显示器和控制器所及范围。

作业空间设计，从大的范围来讲，是指按照作业者的操作范围、视觉范围以及作业姿势等一系列生理、心理因素对作业对象、机器、设备、工具进行合理的空间布局，给人、物等确定最佳的流通路线和占有区域，提高系统总体可靠性和经济性。从小的范围来讲，就是合理设计工作岗位，以保证作业者安全、舒适、高效工作。

一、有关概念

1. 关于作业空间

（1）近身作业空间。指作业者在某一固定工作岗位时，考虑身体的静态和动态尺寸，在坐姿或站姿下，其所能完成作业的空间范围。近身作业空间包括3种不同的空间范围：一是在规定位置上进行作业时，必须触及的空间，即作业范围；二是人体作业或进行其他活动时（如进出工作岗位，在工作岗位进行短暂的放松与休息等）人体自由活动所需的范围，即作业活动空间；三是为了保证人体安全，避免人体与危险源（如机械传动部位等）直接接触所需的安全防护空间距离。

（2）个体作业场所。指操作者周围与作业有关的、设备因素在内的作业区域，简称作业场所。如计算机、计算机桌、椅子就构成一个完整的个体作业场所。与近身作业空间相比，作业场所更复杂些，除了作业者的作业范围，还要包括相关设备所需的场地。

（3）总体作业空间。多个相互联系的个体作业场所布置在一起构成总体作业空间。如办公室、车间。总体作业空间不是直接的作业场所，它反映的是多个作业者或使用者之间作业的相互关系，如一个计算机房。

（4）受限作业空间。进出开口有局限性，非预定作业者连续停留的作业空间就是受限作业空间。最常见的局限空间作业以入孔作业最多，此外，如电气管道施工、电力缆线施工、自来水管施工、坑内、深孔、沉箱及船舶作业等。作业者有时必须在这些限定的空间中进行作业，有时还需要通过某种狭小的通道。虽然这类空间大小受到限制，但在设计时，还必须使作业者能在其中进行作业或经过通道。为此，应根据作业特点和人体尺寸确定受限作业空间的最低尺寸要求。为防止受限作业空间设计过小，其尺寸应以第95百分位数或更高百分位数人体测量数值为依据，并应考虑冬季穿着厚棉衣等服装进行操作的要求。

2. 关于作业姿势

安全人机工程学十分重视人体的作业姿势的研究。认为人体的作业姿势必须有相应的作业空间尺寸和人机结合面布置与之匹配。正确的作业空间的布局设计是维持正确作业姿势的条件，而不良的作业空间其后果都会反映在不良的作业姿势上。

实际生产活动中的作业姿势一般可以分为坐姿、立姿、坐—立交替姿势、卧姿和蹲姿等5种作业姿势。

（1）坐姿。坐姿是指身躯伸直或稍向前倾角为10°～15°，上腿平放，下腿一般垂直地面或稍向前倾斜着地，身体处于舒适状态的体位。其特点是：全身较为放松，不易疲劳，持续工作时间长；身体稳定性好，操作精度高；手和脚可同时参与工作。但活动范围小，手和手臂的操纵力也小。适用于操纵范围和操纵力不大，精细的或需稳定连续进行的工作。

（2）立姿。立姿通常是指人站立时上体前屈角小于30°时所保持的姿势。其特点：能进行较大范围的活动和较大力量的操作，可减少作业空间，但只有单脚可能与手同时操作，不易进行精确和细致的作业，不易转换操作，长时间站立使人感到疲劳，甚至引起下肢静脉曲张等。适用于需经常改变体位的作业，工作地的控制装置布置分散，需要手、足活动幅度较大的作业，在没有容膝空间的机台旁作业，用力较大的作业，单调的作业等。

（3）坐、立交替。某些作业并不要求作业者始终保持立姿或站姿，在作业的一定阶段，需交换姿势完成操作。这种作业姿势称为坐、立交替的作业姿势。采用这种作业姿势既可以避免由于长期立姿操作而引起的疲劳，又可以在较大的区域内活动以完成作业，同时稳定的坐姿可以帮助作业者完成一些较精细的作业。适用于操作动作、操纵力等工作形式较为多样的工作。

（4）其他姿势。在工厂里，除了在固定工作岗位上通过操纵机器直接生产制造产品之外，还有大量的工人则是从事机器设备安装维修工作的。当进入设备和管路布局区域或进入设备和容器的内部时，由于空间的限制，工人只能采用蹲姿、跪姿和卧姿等进行工作。

在决定工作场地的作业空间布局时，从生理学的角度出发，应该避免或者尽可能把下列不方便或不正确的人体姿势减少到最小：

1）站着不动的姿势（特别对女性）。

2）长期或经常重复地弯腰（指脊背弯曲角超过15°）。

3）躯干扭曲并倾斜的姿势或半坐姿势。

4）经常重复地单腿支撑的姿势。

5）手臂长时间向前伸直或伸开等。

二、工作空间人体尺寸

要设计一个合适的作业空间，不仅须考虑元件布置的造型与样式，还要顾及下列因素：操作者的舒适性和安全性；便于使用、避免差错，提高效率；控制与显示的安排要做到既紧凑又可区分；四肢分担的作业要均衡，避免身体局部超负荷作业；作业者身材大小等。从人机工程学的角度来看，一个理想的设计只能是考虑各方面的因素折衷所得，其结果对每个单项而言，可能不是最优的，但应是最大限度地减少作业者的不便与不适，使得作业者能方便而迅速完成作业。显然，作业空间设计应以“人”为中心，以人体尺寸为重要设计基准。

《工作空间人体尺寸》（GB/T13547—1992）给出的3组、17项与工作空间有关的中国成年人人体尺寸的数据，在工作空间的设计时需要遵循，下面加以简要介绍：

（1）工作空间立姿人体尺寸。GB/T13547—1992 给出的工作空间立姿人体尺寸有 6 项：4.1.1 中指指尖点上举高；4.1.2 双臂功能上举高；4.1.3 两臂展开宽；4.1.4 两臂功能展开宽；4.1.5 两肘展开宽；4.1.6 立腹厚，其名称、意义及数据参看该标准中图 1 与表 1、表 2。

（2）工作空间坐姿人体尺寸。GB/T13547—1992 给出的工作空间坐姿人体尺寸有 5 项：4.2.1 前臂加手前伸长；4.2.2 前臂加手功能前伸长；4.2.3 上肢前伸长；4.2.4 上肢功能前伸长；4.2.5 坐姿中指指尖点上举高，其名称、意义及数据参看该标准中图 2 与表 3、表 4。

（3）工作空间跪姿、俯卧姿、爬姿人体尺寸。GB/T13547—1992 给出的工作空间跪姿、俯卧姿、爬姿人体尺寸共 6 项：4.3.1 跪姿体长；4.3.2 跪姿体高；4.3.3 俯卧姿体长；4.3.4 俯卧姿体高；4.3.5 爬姿体长；4.3.6 爬姿体高，其名称、意义及数据参看该标准中图 3 与表 5、表 6。

三、工作空间的设计

1. 工作空间设计的一般原则

（1）在《工作系统设计的人类工效学原则》（GB/T16251—1996）中，给出了工作空间设计的一般性原则：

1）操作高度应适合于操作者的身体尺寸及工作类型，座位、工作面（工作台）应保证适宜的身体姿势，即身体躯干自然直立，身体重量能得到适当支撑，两肘置于身体两侧，前臂呈水平状。

2）座位调节到适合于人的解剖、生理特点。

3）为身体的活动，特别是头、手臂、手、腿、脚的活动提供足够的空间。

4）操纵装置设置在机体功能易达或可及的空间范围内，显示装置按功能重要性和使用频度依次布置在最佳或有效视区内。

5）把手和手柄适合于手功能的解剖学特性。

（2）为了使工作空间设计得既经济合理，又能给作业人员的操作带来舒适和方便，在进行作业空间设计时，一般应遵守以下安全人机工程学原则：

1）根据生产任务和人的作业要求，首先应总体考虑生产现场的布局，避免在某个局部的空间范围内的机器、设备、工具和人员过于密集，造成空间劳动负荷过大，然后再进行各局部之间的协调。在作业空间设计时，总体与局部的关系是相互依存和相互制约的。因此，必须正确协调总体设计与局部设计相互之间的关系。

2）工作空间设计要着眼于人，落实于设备。即结合操作任务要求，以人员为主体进行工作空间的设计。也就是首先要考虑人的需要，为操作者创造舒适的作业条件，再把有关的作业对象（机器、设备和工具等）进行合理的排列布置。否则往往会使操作者承受额外的心理上的和体力上的负担，其结果不仅降低工作效率，而且往往不经济，也不安全。

考虑人的活动特性时，必须考虑人的认知特点和人体动作的自然性、同时性、对称性、节奏性、规律性、经济性和安全性。在应用有关人体测量数据设计作业空间时，必须保证至少在 90%的操作者中具有适应性、兼容性、操纵性和可达性。

2. 不同作业姿势下的活动空间布局设计

（1）坐姿作业空间布局设计。坐姿作业空间布局设计主要包括工作台、工作座椅、人体活动余隙和作业范围等的尺寸和布局等。

1）坐姿工作面的高度。坐姿工作面的高度主要由人体参数和作业性质等因素决定。从人体参数来看，一般用坐面高度加三分之一坐姿身高或坐姿肘高减25 mm来确定工作面高度。从作业性质来看，作业需要的力越大，则工作面高度就越低；作业视力要求越强，则工作面的高度就越高。图 7—1 所示给出了坐姿作业时，作业性质对工作面高度的要求。

图 7—1 中：*a* 的台面高度为 880 mm±20 mm，作业者眼睛到被观察物体的距离为 120～250 mm，能区分直径小于 0.5 mm 的零件。适合对视力强度、手臂活动的精度和灵活性要求都很高的作业，如钟表组装；*b* 的台面高度为 840 mm±20 mm，作业者眼睛到被观察物体的距离为 250～350 mm，能区分直径小于 1 mm 的零件。适合对视力强度要求较高的工作，如微型机械和仪表的组装，精确复制和画图等；*c* 的台面高度为 740 mm±20 mm，作业者眼睛到被观察物体的距离小于 500 mm，能区分直径小于 10 mm 的零件。适合于一般的作业要求，如一般的钳工工作、坐着的办公工作等；*d* 的台面高度为 660 mm±20 mm，作业者眼睛到被观察物体的距离大于 500 mm，适合于精度要求不高、需要较大力气才能完成的手工作业，如包装、大零件安装等。

由于固定的工作面高度是按照坐姿身高或坐姿肘高的第 95 百分位数值设计的，在工作面高度不适合某些人的身高时，可以正确选择坐面和脚垫（踏板）的最佳高度来调整。若工作面高度是可调的，图 7—2 所示给出了工作面高度与身高和作业活动性质的关系。

工作面宽度视作业功能要求而定。若单供肘靠之用，最小宽度为 100 mm，最

图 7—1　坐姿工作面高度

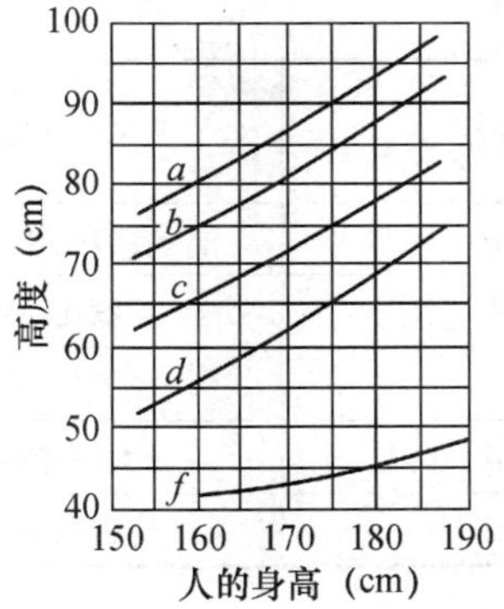

图 7—2　工作台和座位高度与工作性质和人身高的关系

佳宽度为 200 mm；仅当写字面用，最小宽度为 305 mm，最佳宽度为 405 mm；做办公桌用，最佳宽度为 910 mm；做试验台用，视需要而定。为保证大腿容隙，工作面板厚度一般不超过 50 mm。

2）容膝空间。在设计坐姿用工作台时，必须根据脚可达到区在工作台下部布置容膝空间，以保证作业者在作业过程中，腿脚能有方便的姿势。图 7—3 所示为腿脚的几种姿势（两腿伸直；腿在座位下弯曲；一只脚在前，一只脚在后；两腿交叉；两脚交叉；脚放在脚控制器上）和最佳的容膝空间尺寸（见表 7—1）。

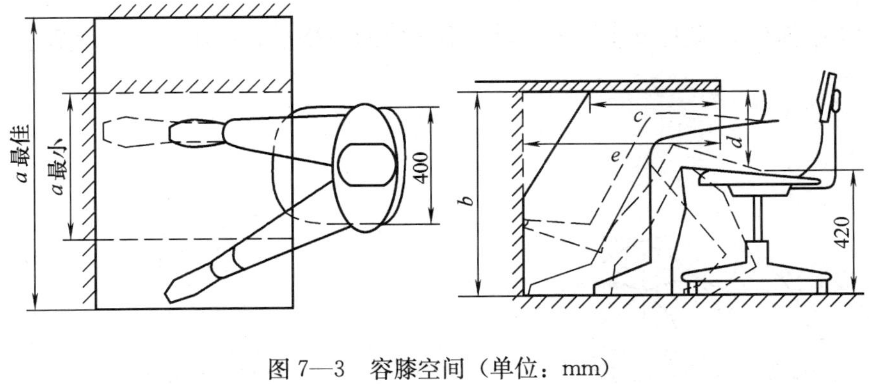

图 7—3　容膝空间（单位：mm）

3）椅面高度及活动余隙。坐姿作业离不开工作座椅。座椅应使作业者在长期坐着工作时，感到具有生理上舒适、操作上方便、容易维持躯干的稳定和变换姿势、能减少疲劳和提高工效等作用效果。

表 7—1　　容膝空间尺寸　　单位：mm

符号	尺度部位	尺寸	
		最小	最佳
a	容膝孔宽度	510	1 000
b	容膝孔高度	640	660
c	容膝孔深度	460	660
d	大腿空隙	200	240
e	容腿孔深度	660	1 000

工作座椅需要占用的空间，不仅包括座椅本身的几何尺寸，还包括了人体活动需要改变座椅位置等余隙要求。椅面高度和座椅布置的活动余隙要求如下：

①椅面高度应根据坐姿腘窝高和坐姿时高的第 95 百分位数值设计，矮身材的人可以通过脚踏板（脚垫）调整。一般椅面高度比工作面高度低 270～290 mm 时，上半身操作姿势最方便。因此，椅面高度宜取 420 mm±20 mm。

②座椅放置的深度距离（工作台边缘至固定壁面的距离），至少应在 810 mm 以上，以便容易移动椅子，方便作业者的起立与坐下等活动。

③工作座椅的扶手至侧面固定壁面距离最小为 610 mm，以利作业者自由伸展胳膊等。

④坐姿作业范围。坐姿作业的水平面作业范围和垂直面作业范围的设计如图 7—4 所示。

由水平面作业范围和垂直面作业范围构成的坐姿空间作业范围的舒适区域如图

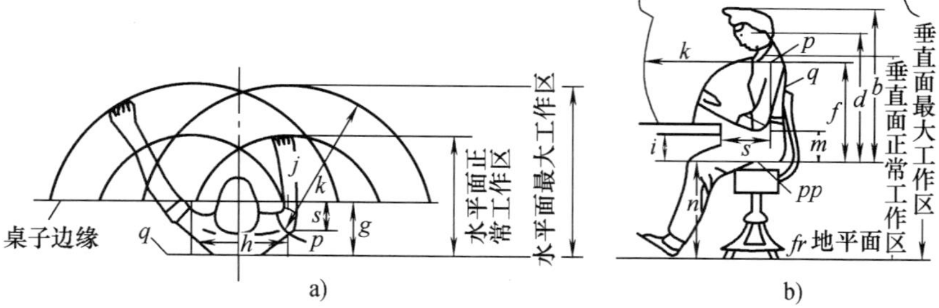

图 7—4　坐姿作业范围布局设计

a）水平面布局　b）垂直面布局

7—5a所示。它介于肩和肘之间，此时手臂的活动路线最短最舒适，能迅速而准确地进行操作。

例如，当坐姿作业是小件组装，要把8个部件装配起来，则作业者面前至少需要有250 mm×250 mm的操作面积。供料箱应分布在作业者前方大于250 mm处（即装配区的周围）和工作场所中心左方或右方410 mm之内，并且不得高于工作面500 mm（最好在工作面上方250 mm处，以减轻肩部肌肉疲劳）。经常取用的物件应置于操作面之前150～300 mm之内，使作业者无需向前弯曲身体就能拿到。大而重的物件需靠近场地前面，允许作业者有时（每小时几次）到场外取物。

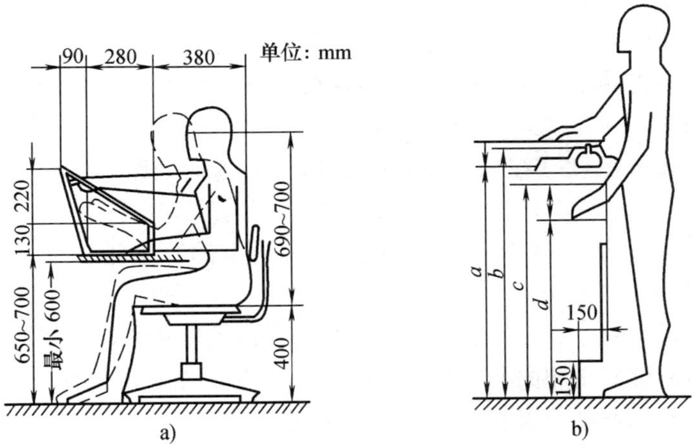

图7—5　坐姿空间作业范围和立姿工作面高度（单位：mm）
a）坐姿空间作业范围　b）立姿工作面高度

（2）立姿作业空间布局设计。立姿作业空间主要包括工作台、作业范围和工作活动余隙等的尺寸和布局。

1）立姿工作面的高度。立姿工作面的高度与身高、作业时施力的大小、视力要求和操作范围等很多因素有关。在考虑不同身高的作业者对工作面高度的要求时，虽然可以设计出高度可调的工作台，但实际上，大都通过调整脚垫的高度来调整作业者的身高和肘高。因此，立姿工作面高度应按照身高和肘高的第95百分位数设计。对男女共用的工作面高度按照男性的数值设计。图7—5b按照男性身高的第95百分位数给出了立姿情况下不同作业性质对工作面高度的要求。

图7—5b中：a的台面高度为1 050～1 150 mm，适合于精密工作，靠肘支撑的工作（如书写、画图等）；b的台面高度为1 130 mm，虎口钳固定在工作台上的

高度；c 的台面高度为 959～1 000 mm，适用于要求灵巧的工作，轻手工工作（如包装、安装等）；d 的台面高度为 800～950 mm，适用于要求用劲大的工作（如刨床，重的钳工工作等）。

工作面的宽度视需要而定。

2）立姿工作活动余隙。立姿作业时人的活动性比较大，为了保证作业者操作自由、动作舒展，必须使站立位置有一定的活动余隙。有条件时，可以适当大些，场地较小时，应按有关人体参量的第 95 百分位数上着冬季防寒服时的修正值进行设计，一般应满足以下要求：

①站立用空间（作业者身前工作台边缘至身后墙壁之间的距离），不得小于 760 mm，最好能达到 910 mm 以上。

②身体通过的宽度（在局部位置侧身通过的前后间距），不得小于 510 mm，最好能保证在 810 mm 以上。

③身体通过的深度（在局部位置侧身通过的前后间距），不得小于 330 mm，最好能满足 380 mm 以上。

④行走空间宽度（供双脚行走的凹进或凸出的平整地面宽度），不得小于 305 mm，一般须在 380 mm 以上。

⑤容膝容足空间。立姿作业虽不需要，但提供了容膝容足空间，可以使作业者站在工作台前能够屈膝和向前伸脚，不仅站着舒服，而且可以使身体靠近工作台，扩大上肢在工作台上的可及深度。容膝孔的高度应为 640～680 mm；容膝孔的深度应为 460～660 mm；容腿孔的深度应为 660～1 000 mm；大腿离工作台面的空隙不小于 200 mm。

⑥过头顶余隙（地面至顶板的距离）。一些岗位的过头顶余隙就是楼层的高，但许多大型设备常在机器旁建立比较矮小的操纵控制室，空间尺寸十分有限。如果过头顶余隙过小，心理上易产生压迫感，影响作业的耐久性和准确性。过头顶余隙最小应大于 2 030 mm，最好在 2 100 mm 以上，在此高度下不应有任何构件通过。

3）立姿作业范围。立姿作业的水平面作业范围与坐姿时相同，垂直面作业范围的设计如图 7—6 所示。

确定垂直面作业范围的肩峰点由肩高 e 的第 5 百分位数、二分之一胸厚 g 的第 95 百分位数和二分之一肩宽 h 的第 5 百分位数共同决定的。和坐姿一样，为了使作业范围适应 90%以上人群，上肢前展长 k、前臂前展长 j 和站姿眼高 c 均取第 5 百分位数。这样，立姿时最大作业范围的最高点由（$e+k$）确定，舒适作业范围的最高点由（$l+k$）确定。图 7—7 所示为立姿作业时最大和最佳的作业范围。

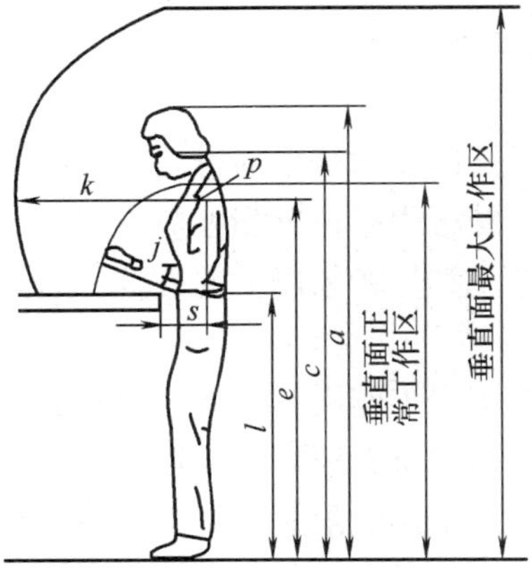

图 7—6　立姿垂直面的布局设计

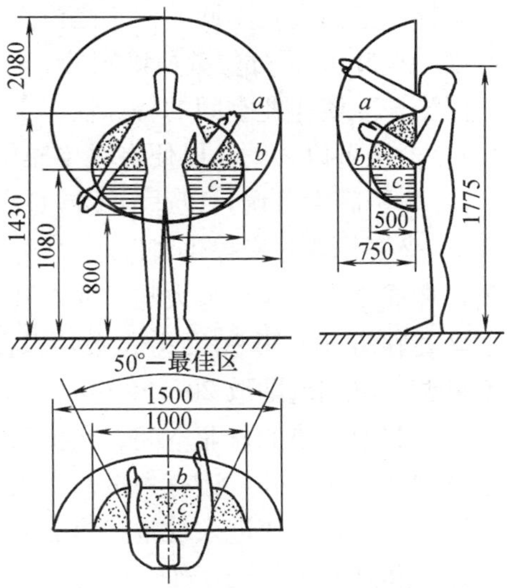

图 7—7　立姿作业范围（单位：mm）

(3) 坐—立姿作业空间布局设计。坐—立姿作业空间设计用人体参数与选用原则，是在设计立姿作业空间的人体测量项目参数的基础上，增加了坐姿腘窝高 n 和大腿厚 i，其布局设计如图 7—8 所示。

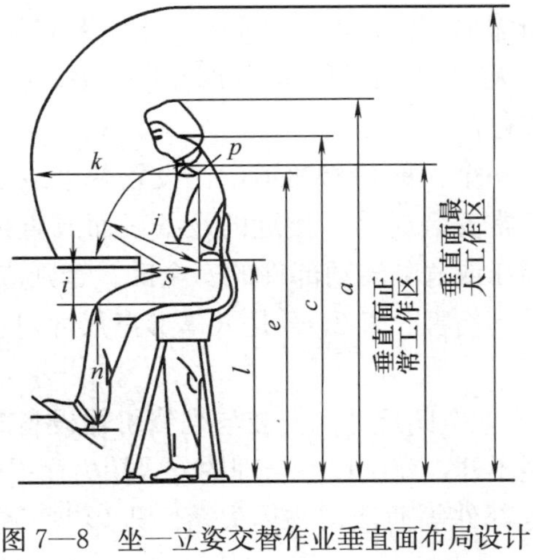

图 7—8　坐—立姿交替作业垂直面布局设计

从上可知，坐—立姿交替作业的工作面高度及水平面和垂直面的最大作业范围和舒适作业范围，均与单独采用立姿作业的设计结果相同。但坐—立姿交替作业的工作座椅的坐面高是不同的。它是由立姿时的工作面高度减去工作台面板厚度和大腿厚度 i 的第 95 百分位数所确定的。

因坐—立姿作业空间的特殊性，工作椅的设计布局宜采用以下方式：

1）椅子可以移动，以便在立姿操作时可将它移开。

2）椅子高度可调，以适应不同身高者的需要。

3）坐姿作业时应提供脚踏板（脚垫），否则，会因工作椅坐面过高，人的双脚下垂，造成座面前缘压迫大腿，使血液循环受阻。踏板中心位置高度应为座面高度减去坐姿腘窝 n 的第 95 百分位数，以保证容膝空间适应 90%以上的人群。若踏板高度可调，可调范围取 20～230 mm。

（4）其他姿势的作业空间。在工厂里，除了在固定工作岗位上通过操纵机器直接生产制造产品之外，还有大量的工人则是从事机器设备安装维修工作。当进入设备和管路布局区域或进入设备和容器的内部时，由于空间的限制，工人只能采用蹲姿、跪姿和卧姿等进行工作。因此，必须在设备的设计和布局时预见到相应姿势并预留所需空间，具体包括两个方面：一是到达各检修点的可达性问题；二是在各检修点的可操作性问题。

1）检修通道的布局与最小尺寸。解决可达性问题，就是根据可能的通行姿势设计合理的检修通道。检修通道应针对一切可能的检修项目，采用最容易使所需的零部件、人的身体、工具等顺利通过的形状。在确定具体尺寸时，应考虑人体携带零部件和工具的方式所需的工作余隙，还应考虑作业人员在通道内的视觉要求。否则，遇到紧急检修时，人、工具和更换的零部件进不去，就得拆除或破坏其他的设施，造成更大的减产或停产。

一般情况下，设置一个大的检修通道，比设置两个或更多个小的检修通道要好，检修通道应位于正常安装时易于接近的设备表面或直接进入最便于维修的地方。同时应处于远离高压或危险转动部件的安全区。否则应采取有效的安全措施，以防作业人员进出时受到伤害。表 7—2 是人体形态尺寸对各种通行方式的最小空间尺寸要求。

2）其他姿势最小作业空间尺寸。安装与维修机器设备时，若检修点的作业空间过小，人的肢体施展不开，就会以不合理的方式用力而损伤肌肉骨骼组织。或者会因把持不住工具、零部件等而造成物体失落，既影响工作效率，又容易砸伤人体。

全身进入的各种姿势所需的最小作业空间尺寸，应根据有关人体测量项目的第 95 百分位数进行设计，具体尺寸如图 7—9 所示和见表 7—3。

表 7—2　　最小通道尺寸

序号	通行方式	尺度	尺寸（mm）		
			最小	最好	着防寒服
1	单人正面通过	宽×高	560×1600	610×1860	810×1910
2	双人并行通过	宽×高	1220×1600	1370×1860	1530×1910
3	双人侧身通过	宽×高	760×1600	910×1860	910×1910
4	方形垂直入口	边长×边长	459×459	560×560	810×810
5	圆形垂直入口	直径	ϕ560	ϕ610	
6	矩形垂直入口	宽×高	535×380	610×510	810×610
7	圆形爬行管道	直径	ϕ635	ϕ760	ϕ810
8	方形爬行管道	边长×边长	635×635	760×760	810×810

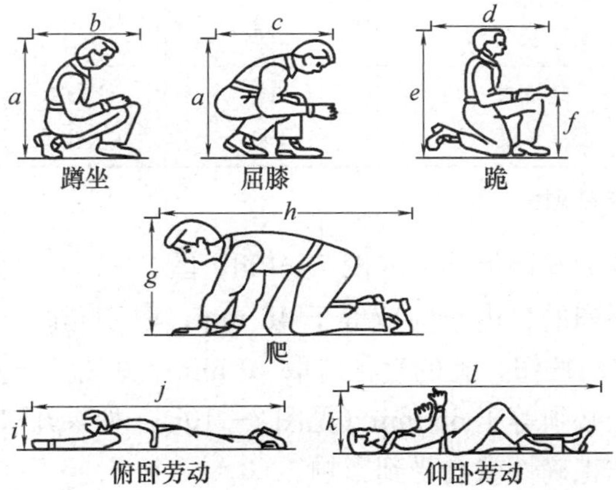

图 7—9　其他姿势的作业空间

有时候，出于结构或其他具体情况的需要，安装维修作业是通过观察口和操作通道两个部分去实现的。即作业中，只需用手或手指伸入某个区域内部。这时，必须在设备上设计出最佳轮廓外形的检查孔、检查窗或门等，以便手能自如活动。

检查孔或观察窗的间隙尺寸可以按下述方法设计：双肩均需进入，取开口的宽度等于可及范围深度的 75%加 150 mm，水平间隙至少为 630 mm（见图 7—10a）；只把手臂伸进到附近肘部时，孔的直径取 110 mm（见图 7—10b）；若把整个手臂都伸进去，孔的直径应取 125 mm，着防寒服作业再增加 75 mm（见图 7—10c）；

表 7—3　　其他姿势的最小作业空间

作业姿势	尺度标记*	尺寸（mm）		
		最小值	选取值	着防寒服时
蹲坐作业	*a* 高度 *b* 宽度	120 70	— 92	130 100
屈膝作业	*a* 高度 *b* 宽度	120 90	— 102	130 110
跪姿作业	*d* 宽度 *e* 高度 *f* 手距地面高度	110 145	120 — 70	130 150
爬着作业	*g* 高度 *h* 长度	80 150	90 —	95 160
俯卧作业（腹朝下）	*i* 高度 *j* 长度	45 245	50 —	60 —
仰卧作业（背向下）	*k* 高度 *l* 长度	50 190	60 195	65 200

* 尺度标记符号的意义参见图 7—9。

对于伸直手掌及握拳的开口尺寸应取图 7—10d、图 7—10e 所示的大小；对于拿东西的手来说，物体周围的自由空间应等于 45 mm，戴手套时再增加 20 mm（见图 7—10f、g)；对于按动按钮，孔的直径应取 40 mm（见图 7—10h)；而为了用双指捏取按钮，孔的直径必须等于 65 mm（见图 7—10i)。如果开口间隙小于以上尺寸，手的操作速度和操作正确性就会受到影响。

3. 安全距离设计

由于种种原因，许多设备要实现无任何危险之处是很难的，因此就必须考虑与其保持一定的安全距离。安全距离有两种：一是防止人体触及机械部位的间隔，称为机械防护安全距离的确定，主要取决于人体测量参数；二是使人体免受非触及机械性有害因素影响的间隔，如超声波危害、电离辐射和非电离辐射危害，冷冻危害，以及尘毒危害等。安全距离的确定，主要取决于危害源的强度和人体的生理耐受阈限。

(1) 机械防护安全距离设计。机械防护安全距离分为 3 类：防止可及危险部位的安全距离，防止受挤压的安全距离和防止踩空致伤的盖板开口安全距离。其大小

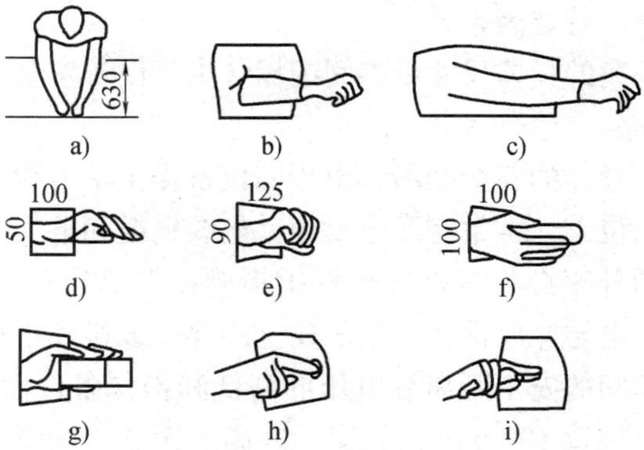

图 7—10　手的自由空间尺寸（单位：mm）

等于身体尺寸或最大可及范围与附加之代数和。见式（7—1）和式（7—2）：

$$S_d = (1 \pm K)L \quad (7—1)$$

或：$$S_d = (1 \pm K)R_m \quad (7—2)$$

式中　S_d——安全距离（mm）；

L——人体尺寸（mm）；

R_m——最大可及范围（mm）；

K——附加量系数。

由于安全距离直接关系到人体的安全与健康，在人体尺寸或最大可及范围的选取时，应采用第 99 百分位上男女二者中较大的数值作为最小安全距离的设计依据；采用第 1 百分位上男女二者中较小的数值作为最大安全空隙的设计依据。这样可以保证 99%以上的人群的身体不会进入危险区域内部。同时，为了保证人体不会触及危险区域的界面，还必须在人体尺寸或最大可及范围的基础上加上一个附加量（即安全余量），用 KL 或 KR_m 表示。其中在计算不允许身体触及的最小安全距离时用减号。附加量的大小系数 K 可按表 7—4 选取。

公式中的安全距离 S_d 是根据人体的裸体测量数据得到的。实际应用时，还应

表 7—4　　身体有关部位附加量系数

身体有关部位	K
身高等—大尺寸	0.03
上、下肢等—中等尺寸、大腿围度	0.05
手、指、足面高、脚宽等—小尺寸、头胸等重要部位	0.10

考虑不同环境所要求的着装因素。

机械防护安全距离的具体尺寸可参阅国标《生产设备安全卫生设计总则》(GB 5083—1999)(此处略)。

(2) 人体与带电导体的安全距离。由于向设备提供动力和工作照明的需要，在厂区、车间和工作岗位上，常常有配电设施、电线电缆和电气开关等。这些带电的物体虽然都有绝缘的外表层或其他安全保护措施，但仍然存在着对人体的潜在威胁。因此，人体与带电导体应保持一定的安全距离，以避免各种电气伤害。

人体与带电导体间的安全距离视电压的高低和操作条件而定。在低压操作下，人体与带电体至少应保持 100 mm 的距离。在高压无遮栏操作中，人体及所携带工具与带电体之间的最小距离：10 kV 以下者不应小于 700 mm，20～35 kV 者不应小于 1 000 mm。用绝缘杆操作时，应装临近时遮栏。在线路上工作时，人体与临近带电体的最小距离：10 kV 以下者不应小于 1 000 mm，35 kV 者不应小于2 500 mm。

4. 最佳作业空间的选择

为了设计出最佳作业空间，除考虑人体的静态测量值尺寸和活动范围外，还应考虑操作者的心理特性、行动特性、协同作业，以及显示、控制仪器的布局等因素。

(1) 充分考虑作业者的心理特性。操作者在最小作业空间虽然也可以工作，但操作者会明显的有压迫感，更谈不上舒适。因此，在设计作业空间时，还应考虑作业者精神上的思考自由及行动上的余裕。此外，还要考虑作业空间的色彩、照明及换气等环境因素。如明亮欢快的色彩、充分的照明将会使人感到空间特别宽敞，反之，灯光昏暗，空气混浊会使人感到空间狭小。

(2) 充分考虑作业者的行动空间。作业者在实现作业目的的动作中，往往要加进一些作业者自主目的的行动，如离开工作位置及移动等。于是需要此作业空间更宽敞些。

(3) 对于多人集体作业应考虑协同作业空间。实际作业中，常常不是单人作业，而是由多人组成的集体作业。这种集体作业的空间，并非单个人和物形成空间的简单叠加，须考虑人与人之间相互交流信息和协同作业的需要。

(4) 考虑设备本身的特点(功能、形状、数量和使用情况等)进行设计，尽量把功能相同和相互联系的部件组合在一起，以利于操作、监视和管理。

(5) 考虑控制装置的合理布局，将使用频率高的控制装置布置在最适于作业的区域，并按操作的先后顺序，把它们相互之间尽量安排得近一些，形成一个流畅的作业线路。

(6) 根据人体测量学、解剖学和生物力学的特征来布置机器、控制器和工具，做到使操作者既能高效操作，又能减少疲劳。

（7）把设备、控制器和显示器等尤其是重要设备仪器布置在操作者的手或脚的可及范围与视野的有效位置。

由上可知，设计最佳作业空间要统一考虑，全面权衡。首先要考虑符合人的生理、心理需要，为操作者创造舒适的作业条件，在此基础上再考虑显示、控制等仪器的布置，才能达到使操作者既准确、高效，人又不易疲劳，从而可以减少或避免因操作失误而发生的事故。坐姿最佳空间范围如图 7—11 所示。

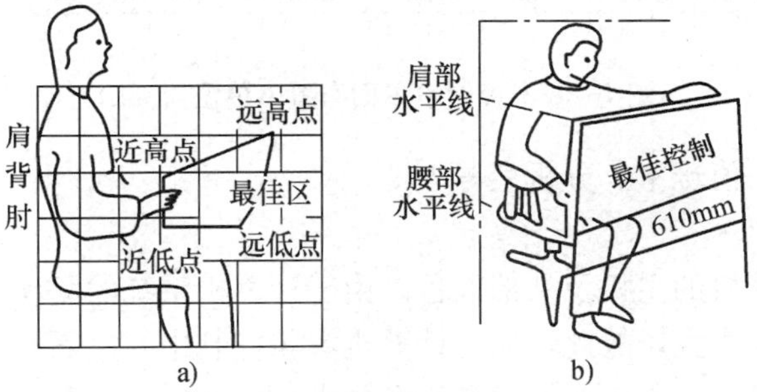

图 7—11　坐姿最佳空间作业范围

第二节　控制室的安全人机工程

控制室在自动化程度相当高的生产线中成为控制系统的核心部分，故对控制室的设计与布置应有严格的要求。首先，控制室的设计必须做到内部结构功能分区明确，内外联系方便，并尽量减少操纵时的走动，其次是控制室空间的合理布置和利用。

一、控制室的平面布置

控制室一般有控制台、仪表盘、显示屏及其他为控制室服务的通讯系统、供电系统、继电器箱等设备，大中型的控制室还有电子计算机及外部设备系统，控制室的平面组成一般包括下列几项（见图 7—12）。

1. 控制中心室

这里布置控制台、仪表盘、显示屏等主要监控系统设备，人员的操纵控制活动大都在这里进行，它是控制室的核心部分。

2. 控制室辅助用房

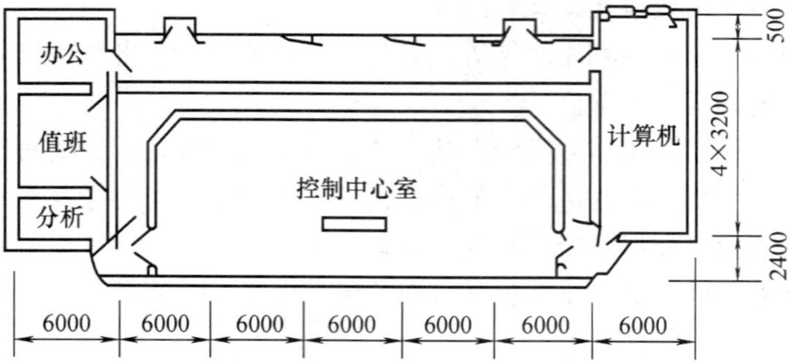

图 7—12　控制室平面布置（单位：mm）

包括办公室、值班室、分析室等。

3. 计算机室

主要布置计算机的主机及外部设备。由于计算机系统的驱动、磁盘、各式打印和空调设备等的噪声大，故此，应将计算机室与控制中心室隔开布置，并且它们之间还应装隔音设备，但它们之间的联系则要求方便。

4. 更衣室

供控制中心室或计算机室的工作人员进行更衣换鞋的房间。

5. 生活室

供工作人员工间休息、吸烟、吃便餐等用的房间。

6. 参观廊

为了不致因参观者的来访而干扰室内的工作，可在控制室的外侧设置长廊或观察区，装上透明玻璃，以满足参观要求。

此外，也有一些控制室的组成比较简单，操作方便，同时还可以直接观察和监控生产现场。

二、控制中心室的设计

控制中心室的大小是根据设备数量及其布置形式和操作要求等因素决定。

1. 作业活动范围所要求的尺寸

作业时，一般有 3 个观察视点，这些观察视点作业情况和尺寸要求是：

视点 1，为工作人员在仪表上操纵控制仪表的部位，人的作业部位主要在仪表中上部，人与仪表板的距离一般为 500～700 mm。

视点 2，为工作人员巡检信息的部位，在这里操纵者要观察所有仪表盘及模拟盘，人的水平视距以 2 000 mm 左右为宜。

视点 3，为工作人员坐在控制台前进行作业的部位，在这里，人的作用主要是把仪表盘出现的信息与控制台的作业贯通起来，以达到控制的目的，故此，人与仪表盘的距离为 3 000～5 000 mm 较好。

控制中心室的尺寸参照数据如图 7—13 所示。

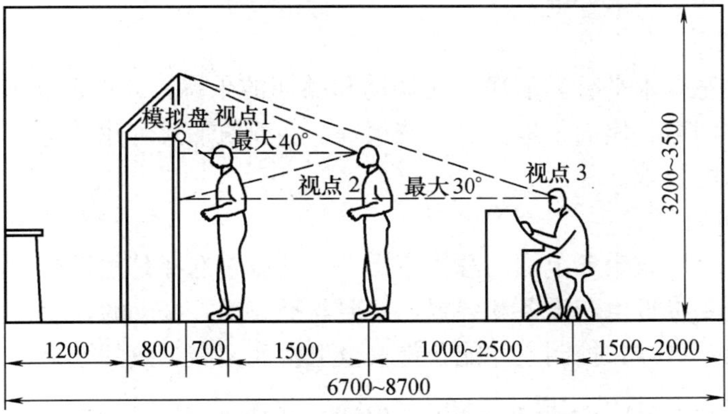

图 7—13　控制中心室的尺寸确定（单位：mm）

2. 设备及其他活动空间所要求的尺寸

从图 7—13 控制中心室的尺寸示意图可以看出，仪表盘的厚度为 800 mm（其厚度一般为 600～900 mm），仪表板后面供检修和行人之用的走廊一般不小于 1 200 mm，控制台后面的活动宽度为 1 500～2 000 mm，控制室的高度主要以视角要求（如视点 2 的较佳垂直视角为 40°左右）和照明设备及空调设备安装等因素而决定。一般室内净高要求在 3 200～3 500 mm。大约为进深尺寸的 2/5～1/2。

三、控制室的其他要求

1. 采光与照明要求

控制室应尽量采用自然采光，其自然采光标准一般为 3%（采光系数最低值）。为此，控制室的窗口面积与其地面积之比维持在 1∶2.5 左右，同时为避免阳光直射入室，则要求控制室的建筑南北朝向为好。

人工照明，特别是中心室部分，要求光源稳定、光色好，故采用荧光灯，以方向照明的形式，这样既容易且又经济地获得质量高的照明效果，对控制室及计算机室部分的照度可适当降低，并要特别注意光源的安装位置，力争或尽量避免或减少眩光。

2. 温度和湿度的要求

控制中心室和计算机房，需要恒温、恒湿环境，特别是计算机对温、湿度的要求更为严格，一般要求室温在 15～25℃，比较理想的是 20℃左右，室内湿度要求控制在 50%～70%，比较理想的是 50%左右，对洁净度的要求更严格，一般要求达到超净室的粉尘浓度标准。

3. 建筑要求

整个控制室要求平整、洁净、无振动和噪声的干扰，并能防止有害气体侵入。所以控制室的门窗、墙面、地面、天花板等，在建筑形式到建筑材料、室内修饰等方面均有严格的要求。

4. 总体布局要求

控制室在全厂或服务范围的总体布局中，其位置选择是很重要的，原则是要求位置适中，既要接近生产设备和装置，又要与噪声源，振动源，尘、毒污染源等相隔一定的距离，这样，控制室才能获得安全卫生而又高工效的效果。

四、核电厂主控室安全人机工程设计实例

在核电厂中，主控室人—机接口最集中，操纵员与人—机接口联系最密切，人的失误率最高，后果也最为严重，因此核电厂人因工程研究与应用主要集中在主控室。核电厂主控室安全人机工程设计的目的是要有效地避免或减少核电厂人因事故的发生。

1. 核电厂主控室安全人机工程设计的基本原则

鉴于核电厂主控室的特殊功能，其除了需遵循一般控制室的安全人机工程设计原则外，还需特别考虑以下原则。

（1）安全性原则。控制室必须使电厂安全运转；在发生事故后仍能够使电厂恢复到安全状态；必须保障人员和设备的安全。这是主控室人因工程设计最重要的原则。

（2）可用性原则。主控室设计中，必须考虑电厂能按计划运行，把人因失误或仪表控制系统故障造成的停堆或降功率运行的概率降到最小。

（3）人—机—环境整体考虑原则。设计过程中必须充分考虑整体的人—机—环境，建立完整的人因工程原则，包括有关的设计标准规范，人—机功能分配，人—机信息交换，人对环境的生理、心理反应，人—机—环境系统的组织原则等。

2. 核电厂主控室安全人机工程设计的关键因素

核电厂主控室具有两个显著特征。其一是拥有非常大量的各式各类的信息显示装置和控制装置，其二是事故工况下的应急状态——信息量巨大、时间紧迫、操纵员心理压力大。这使得核电厂主控室人—机界面具有多样性和复杂性，成为安全人机工程设计的关键所在。为了达到核电厂主控室安全人机工程设计的目的，确保核电厂在正常工况下的安全运行和事故工况下正确的应急处理，在信息显示装置和控制装置设计中，需着重考虑以下关键因素。

(1) 信息显示能以易发觉和易理解的方式，向操纵员提供反应堆安全状态信息，且具有一致性、明确性和连续性。

(2) 控制器应具有适用性、可操作性、可靠性和与应急操作的兼容性。

(3) 信息显示装置（系统）与控制器装置（系统）具有良好的协调性、一致性。

(4) 在事故状况下，操纵员所需处理的信息量未超过其生理、心理功能的限值。

(5) 在各种状况下，操纵员的工作负荷（包括体力和精神）在时间、强度方面处于人因工程原则容许的范围内。

3. 核电厂主控室信息显示装置和控制装置设计

(1) 信息显示装置。核电厂主控室信息显示装置可分为测量仪表、灯光指示器、屏幕显示器、报警系统、安全参数显示系统和模拟图等种类，它们为操纵员和非值班专家提供数据采集、数据处理、显示、报警、记录和打印功能。信息显示装置的设计必须考虑它们对安全的重要性，每个系统所期望的安全功能和它在假想运行事件和事故工况下使操纵员采取正确的操作中的重要性。

1) 基本要求：

①适用性，即可理解性、一致性和可验证性，使操纵员能及时方便地获得所需全部信息。特别是在操作区内必须能得到视觉和听觉信号，在操作位置须能清楚地读出反馈信息显示器的信息。

②明确性，即各种信息不能混淆，不能引起操作员误解或无所适从，为此，提供的信息应考虑优先循序和时间（或事件）的顺序。

③应采用安全参数显示系统（SPDS），以补充和增强有关安全的信息。

④信息量适当，既要确保各种重要安全信息不遗漏，又要保证信息总量不超过人的认知功能阈限。

2) 测量仪表：

①仪表盘的刻度。仪表盘的刻度应满足准确度要求，其数值操纵员可以直接使

用而不需要换算；量程应覆盖所示参数的预期变化范围，必要时可用宽量程仪表作为支持措施；应以长度不等的线分别表示主要、中间和辅助刻度。数字之间的刻度不应多于9个。如果数字之间有4个刻度，应采用主刻度和辅助刻度，如果数字间有5个以上的刻度，应采用主要、中间和辅助刻度。3种刻度线的高度和宽度应有较明显的差别；标牌盘应采用区段标记，以便明确读数的运行含义，例如“运行区段”“下限”“危险区段”。不同的区段应有明显的差别，且不妨碍定量刻度的读数；仪表盘上的数字符号应尽可能竖写，说明文字应尽量简明清楚；刻度少于一整圈时，刻度终点与起点之间应有断开指示，断开的长度至少为已编号的间隔，断开的中点在6点钟的位置。

②指针及其移位和计数方向。圆盘刻度值应随指针顺时针移动而增加，竖盘刻度值应随指针向上移动而增加，水平盘刻度值应随指针右移而增加；指针对刻度线和数字遮盖最少，指针的装配应避免视差；指针与背景的对比度和指针大小应有助于迅速判断其位置。

3）灯光指示器：

①系统和设备的状态应该亮灯指示。

②灯的颜色应符合控制室统一的编码要求。

③说明文字应尽量简明，术语和缩略语应符合规范，在环境照明和透射光条件下对背景有适当的对比度。

④采用闪烁光表示状态时，闪光速度应为每秒3到5次，且通断时间近似相等，如设备发生故障，灯应一直点亮。

⑤环境光源的设置应避免反射光和折射光，使灯关闭时不发亮，点亮时清晰可辨。

4）屏幕显示器。屏幕显示应满足操纵员的要求，其位置和显示的数据应考虑运行人员的配备、责任和功能的分配。显示应尽可能简单、明确和易于理解。在需要复杂和非常详细地显示时，应有良好的组织和结构，为了安全的需要显示原始数据时，显示的组织和标识必须加以区别。

设计时需考虑的关键点：

①可用性。任何时候都必须为操纵员提供所需的信息。

②准确度。显示的信息必须是操纵员所预期的，不能含糊或无意义，图形或柱形图表的标尺必须能使操纵员分辨清楚，应以数字表明当前值和最大值，数值必须与要求的测量准确度相一致。

③一致性。表达同一信息应用同一名称，编组应采用标准化的题目和字体。

④表达的方式。稳定工况下显示的数字，每次扫描时变化的份额应低于总数的1%；符号标准化，其大小应限于一个系列，以便易于识别不同尺寸；图形符号应按对应的物项的相互关系组织，以避免显示的混乱，工艺流程和顺序事件的显示一般从左至右、从上至下展开；信息结构应尽量采用标准化的层次，语句措辞明白易懂。若信息本身有一定的顺序，显示就应反映该顺序。表格式信息的横行，一般不多于5组，且形式相容。为增强被显示的信息，宜采用编组和编码技术。

5）报警系统。报警系统的设计需满足以下条件：

①整定值的选择既要使操纵员在故障发展到严重程度之前有足够的时间作出响应，又不会频繁触发报警使操作员感到厌倦。

②报警的信息量既要使操作员了解事件的演变过程和电厂状态，又不要过多使操纵员负担太重，应采用优先权的方法区分重要信号和一般信号。

③报警信号要有一定强度，既要使操纵员能辨别出超过控制室内噪声的信号，又不能太强使操纵员吃惊；一般宜为90～100 dB（A），与噪声的最小差值不小于10 dB（A）。

④操纵员在执行纠正操作的位置，必须能看得见报警显示。新出现的任何报警必须启动音响装置，且使指示灯光和屏幕显示的标记闪烁，经操纵员确认后可以手动消声和停止信号闪烁，但必须保留光显示，以保证不会遗忘该报警信息。

6）安全参数显示系统（SPDS）。实现安全参数显示是主控室安全功能的重要组成部分。在硬件组成上，安全参数显示与过程计算机共用一部分。安全参数显示功能主要用于应急状态，将显示和报警过程综合在一起，以一组最少的、足够的核电厂参数向操纵员、安全工程师以及核技术专家提供反应堆的安全信息，以此来支持在异常和应急工况下，评估核电厂的安全状态。

设计时需考虑的关键点：安全参数和适用的操作规程显示、状态和趋势诊断、基于事件和征兆等的操作指导；其有效性如何（在事故状况下是否可为操纵员提供有效支持）；SPDS所含参数种类及数量是否合理。

7）模拟图。模拟图以功能为导向，显示反应堆系统和设备的相应关系，恰如其分的模拟图能对操纵员的决策起到支持作用。

①颜色。选用颜色应考虑：符合一般惯例；不同系统之间和冗余通道之间颜色有明显差别；与控制屏底色之间应有足够的对比度；描述相同内容（如水、电、蒸汽）的流程图所用颜色应一致；如要求操纵员迅速识别几条线中的某一条线，同种颜色的并行线不应多于4条。

②线条。选用线条时应考虑：不同宽度的线条表示不同的流程；避免线条重

叠；用各种箭头明确标出流动方向；标出所有图线的起点或起点设备；标出所有图线的终点或终点设备；图线上应标出代表设备的图形符号，该符号应符合标准规定或公认惯例。

③文字。模拟图上的文字应考虑：通用性、易理解性和简明性；所用术语和代号的一致性。

（2）控制装置。

1）选择控制器的一般原则。应确保操纵员操作方便和差错最少，设计和选择控制器时需考虑以下原则：

①适用性。每个控制器都应适合它所执行的功能，要有足够的控制范围，并能根据功能要求的准确度进行调节。选择的控制器应是能满足功能要求的最简单的控制器，还应考虑节约空间。

②可操作性。控制器的功能应易于识别，其操作应符合公认惯例并与完成同样功能的其他控制器相类似。

③可靠性。控制器应有合适的尺寸和适宜的力矩，在其寿命期内应经得起正常操作和应急操作。

④与应急操作的兼容性。对应急情况下使用的控制器，在操纵员使用防护用具时也要能易于识别和操作。

2）控制器的动作方向。为了减少操纵员操作失误，控制器的动作方向应符合公认惯例。

3）误触发的预防。采用的控制器应使其被误触发的概率最小。预防措施根据要求的操纵员响应时间和误触发后果的严重性来决定。可采用适当的安装位置、固定式或可移动式保护结构等方法来避免误触发。

4）标牌。控制器、显示器和其他设备都应有适当、清晰的标记，以便操纵员能迅速、准确地执行任务。

①标牌的分级。标牌一般可分为三级：主标牌，用于主系统或操纵员控制台；次级标牌，用于子系统或功能群；设备标牌，用于各控制屏或控制单元。标牌上说明文字的大小应按层次的顺序递减，且不能与高一级标牌的内容相重复。

②标牌的位置。确定标牌的位置应考虑：标牌应靠近它所说明的单元，一般置于上方，相邻标牌之间的距离应能避免混淆；控制器的标牌一般不放在控制器的操作部位以免操纵员操作时把它遮住；标牌应固定牢固，能承受定期清洗；标牌应尽可能横向放置，以便操纵员能从左向右迅速、准确地读出。

③标牌的内容。标牌的内容应注意可理解性，即：所用的词和术语应满足标准

用语，并与相应技术规程一致；所用缩略语应是通用的、有关人员都熟悉的；所用字符含义应是唯一的、有关人员都熟悉的，并与相应技术规程一致；标牌字体要工整规范，大小适当，易于操纵员识别。

(3) 信息显示与控制动作的综合关系。

1）要求信息显示和控制器在颜色、编码、位置、声音、操作等方面具有一致性。

2）显示器和控制器编组要符合操纵员的思维方式，合理地采用了功能（系统）编组、使用顺序编组、使用频率编组、优先权编组、操作规程编组、模拟图式编组等编组方法。

3）显示器和控制器编码要符合人机工程有关原则。

第三节　办公室的安全人机工程

由工业经济时代迈向知识经济时代的今天，技术开发、技术管理和信息交流等一系列技术与管理工作越来越占有更加重要的地位。此外，社会各式团体和组织的不断增多，从事团体各项事务的管理工作也大量增加。因此，作为这类性质工作的地点——办公室，是一种特别的活动场所，其增长量越来越大，要求也越来越高。随着微电子等一系列新技术的发展与应用，一系列自动化办公设备的出现，如文字处理机、电视传真、录音电话、工业电视监控系统等，迅速促进了办公室工作的现代化，以及对传统的办公方式和办公室系统自身管理工作的改革，有力地提高了办公室工作的效率。办公室的安全人机工程便成为当前十分重要的研究课题。

办公室的安全人机工程研究的主要问题，是在室内的活动流向、环境条件、工作区域布局、空间分隔与联系、人员设备用具、人与人的活动交流等方面，分析研究其中的人机关系，除达到提高办公效率、准确性和加强办公管理外，还必须保障办公室人员的健康、舒适等目的，并通过这一研究为办公室的设计提供新的理论和方法。

一、现代办公室的特点

1. 是社会及团体精神风貌的窗口。现代办公室空间既是工作场所，又是人员交际和联系的公共场所，因此它是社会及团体精神风貌的窗口。

2. 办公场所智能化。随着现代生产技术与科学的高速发展，办公室设备和用品的日益更新，要求现代化的办公室空间必须具有较高的灵活性和适应性，使得办公场所智能化。

3. 办公条件自动化。随着微电子技术等一系列新技术的应用，一系列自动化办公设备的出现，使办公条件自动化得以实现。

4. 办公环境舒适化。现代办公室强调创造舒适的工作环境和适宜的人机联系，以便提高工效和减少差错。

5. 现代办公室追求自身的合理管理与人员之间的相互制约及监督。

二、理想的办公场所——智能建筑

智能建筑是社会信息化与经济国际化的必然产物，是适应经济发展和改善生活条件的必然产物。智能建筑通过对建筑环境结构，智能化系统，住、用户需求服务和物业运营管理 4 个基本要素进行合理组合，提供一个投资合理的，具有高效、舒适、安全、方便环境的建筑物，它是人们理想的办公场所。

1. 智能建筑的组成和功能

智能建筑通常具有 4 大主要特征，即建筑自动化（Building Automation 缩写 BA）、通信自动化（Communication Automation 缩写 CA）、办公自动化（Office Automation 缩写 OA）、布线综合化。前三个称为“3A”。其系统组成和功能如下：

（1）系统集成中心（System Integrated Center，缩写 SIC）。SIC 通过建筑物综合布线与各种终端设备和传感器连接，“感知”建筑内各个空间的“信息”，并通过计算机处理给出相应的对策，再通过通信终端或控制终端给出相应的反应，使大楼具有某种“智能”。

SIC 是信息汇集和各类信息综合管理的中心。汇集建筑物内外的各类信息要求接口界面要标准化、规范化，以利于实现各子系统之间的信息交换及通信。为了便于对建筑物各个子系统进行实时处理和综合管理，宜采用集中管理与分散控制相结合的方式，即以分布在现场被控设备处的多台计算机控制装置完成被控设备的实时监测、保护与控制任务，克服了计算机集中控制带来的危险性高度集中和常规仪表控制功能单一的局限性，以安装于集中控制室并具有很强数字通信、CRT 显示、打印输出与丰富控制管理软件功能的中央管理计算机完成集中操作、显示、报警、打印与优化控制功能，避免了常规仪表控制分散后人机联系困难与无法统一管理的缺点。这样可保证高可靠性、高灵活性、高可扩展性等优点。

SIC 中的中央管理计算机担负着对整个系统的监测、控制和管理任务，除要求完美的软件功能、可靠性、扩展性等外，还要求有友好的人机界面、显示形象、画面丰富、操作简便、方便运行管理。

(2) 综合布线（Generic Cabling，缩写 GC）。GC 是由线缆及相关连接硬件组成的信息传输通道，是连接“3A”系统各类信息必备的基础设施。

(3) 办公自动化系统（OAS）。OAS 是把计算机技术、通信技术、系统科学及行为科学应用于传统的数据处理技术所难以处理的、数量庞大且结构不明确的业务中。以计算机为中心，采用传真机、复印机、打印机、电子邮件等一系列现代办公及通信设施，全面而又广泛地收集、整理、加工、使用信息，为科学管理和科学决策提供服务。

随着计算机网络技术、通信技术、多媒体技术、图像图形处理技术的发展，采用系统综合设备，如计算机局域网、远程网、图像处理专用系统、智慧语音传真、秘书系统、多功能多媒体工作站、综合业务数字网等，使办公自动化上升到一个新的阶段。

办公自动化是指办公人员利用现代科学技术的最新成果，借助先进的办公设备，实现办公活动科学化、自动化。办公自动化系统是一个人机系统，是多种技术和先进设备的综合，也是多种学科的综合。一个完整的办公自动化系统必然要完成信息的输入、信息的保存、信息的处理、信息的分发和传输等基本环节的功能，它综合了人、机、信息资源三者的关系，是一个人机系统。OAS 不仅是先进技术和设备的简单集合，它还涉及行为科学、系统科学、管理科学、社会学以及安全人机工程学等一系列学科，这就意味着办公自动化除了涉及许多科学和技术，还涉及人的因素，要运用管理学、生理学、心理学等原理合理地组织协调办公人员，来提高他们的积极性和创造性，为他们提供最友好的系统、最便利的条件、最有利的环境，最大限度地提高办公效率和改进办公质量，辅助决策，减少或避免各种差错和弊端，缩短办公处理周期，提高管理和决策的科学水平。笔者从安全人机工程学的角度论述自动化办公室在智能建筑中的实施。

考虑智能建筑中办公室的规划与设计，目的在于要以长远的目光设计办公室平面布局，使信息传输和处理最有效；能够使一个机构成功地制定其目标和特色；把工作场所安排得使工作人员能获得最高的工作效率。

1) 自动化办公室的环境。在进行办公环境管理和规划时，要保证环境有助于提高工作效率。确定办公环境要考虑以下几个方面的因素：

①办公环境要与人相适应。参加办公活动的主体应该是人，而不是机器、设备或家具，因此要使得周围的环境充分适应人的生理和心理、生物力学及人体尺寸测量的需要，使人们在安全和较为舒适的环境下工作。只有这样，才能让人们在排除身心不适的干扰下，全身心地投入工作。例如，家具、设备的摆放要注意桌椅能根

据人体尺寸（如身高）易于调节；日常办公用具（如电话等）要放在方便取用的位置上等。

减少噪声影响。研究表明，在噪声强的环境中工作人员完成一定量的工作比在安静环境下大约要多花 20%以上的时间。噪声不仅影响人们的判断力，还危害人们的身心健康。在满屋子都是打印机等设备的办公室中，噪声可达 100 dB（A）。合理地规划能明显地减少办公室中的噪声影响。

噪声控制可采用工程法和建筑法，如使用防声罩、吸声材料、隔音墙板等。在工作站周围设置屏风和挡板，既可吸收噪声，又可保证工作的保密性；墙壁的各种覆盖物（如挂毯）和帷幕都能够有效地屏蔽噪声；掩蔽音（如波浪声或风吹树叶声等）以及音乐也有助于降低噪声。解决声音控制问题往往需要综合应用多种技术。

保持适宜的温度、湿度。保持稳定的人工环境条件是办公室总体规划中的一个关键问题。为提高工效，为办公人员提供舒适的工作环境，则必须保持办公室有适宜的温度和湿度。

合理利用色调与装潢。合理地运用色调和装潢可以产生一种舒适的气氛。根据办公室工作性质的不同，采用红、橙、黄之类的暖色能使人充满活力和人情味，而采用蓝、绿、青这样的冷色又能使人安宁和平静；深色调能使空间变小，而浅色调则使空间变得开阔。因此应根据所涉及的空间、所做的工作类型以及人们在这个区域逗留的时间等来选择色调。另外，天花板、墙壁、地板等都要在颜色、质地、图案上相协调，给人以舒服的感觉。

保证足够的空间。每个人都需要与人进行交往，以示自己是集体中的一员，然而又需要有相对独立的时间和空间，以思考或做一些不愿被他人所知的事情，因此既要为每个人留有自己的办公领地，以提供足够安静的独处环境，又要留出与人交往的余地，因此办公室应该采用半封闭的不同高度的分隔挡板。

提供良好的照明条件。如果说以上 4 项能够对人们的情绪产生影响，从而反映到工作效率上，那么照明则更侧重于直接影响人们完成工作的能力。充足的光照量对精细工作十分重要，光照不足会引起各种视觉问题和降低工作人员的情绪，可采用工作照明和环境照明相结合的方法。

②办公环境与工作性质相适合。为了便于内部人员的必要联络、对外联系以及文件的传递等，要根据部门的任务来分组和安排位置；内部交通也要避免干扰他人的工作；公用设备和资料要安排在合适的位置；对工作站进行适当分组可提高从属概念，使工作人员对地位的期望与职衔相称；提供隔音条件，使在集中思想和进行创造性工作时不被打断；为了保密，不能有人走过或直接站在工作人员后面等。

2）办公室空间的规划。在规划自动化办公室的时候，要考虑以下因素并保证其实现：

①文件传送和通信通畅。

②使工作人员的领地和社交需要达到平衡。

③电子设备和通信设备使用方便。

④注意到合适的照明、气候、声音及其他一些环境因素。

有效地利用空间有许多好处，如增加规划过程的可预见性，改善管理部门对费用因素的控制，减少实施过程的时间和开支，增加人员在组织内部的机动性。

在空间规划以前要进行分析，做到根据人员、机器和设施情况确定空间要求。弄清一个新环境所需的合适的空间量。规划者必须统计现有人数，熟悉每个人的职责范围；记下每个岗位对机器、工作台面、存储、人际活动（会议）和保密性等方面的要求；对预计的发展和变动范围的速度和类型作出估计；了解所研究的部门中的工作流程、材料和工作规程等。有关机器的其他信息包括要使用的机器种类和数量，以及设备的能源、空间等要求。

必须了解设施所需的下述条件：占据空间的大小；该空间在楼中的位置、电源和其他能源；声音控制及交通路线。

美国某著名的办公室家具制造商提出如下建议，可作为办公室空间规划的参考，每个工作站的最低面积要求是设计的起点。

秘书工作站 3～5 m^2	档案/文件柜 0.8～1.6 m^2
总经理 10～15 m^2	负责人/经理工作站 5～10 m^2
贮藏室 4.8 m^2	系统分析员/校对员 5～8 m^2
复印机 5～10 m^2	休息室/衣帽间 1.6～8 m^2

这些数字不包括周围空间。周围空间估计是总空间的 10％～15％，还要考虑扩大使用的余地。对每个办公工作站的空间分配必须根据每个岗位的实际需求面积的总数和对今后扩展或改变的考虑而决定。根据过分粗略的估计作出的空间规划会使空间过大或过小。

3）开放式布局。传统的办公室平面布局通常为高级管理人员保留了连续几排单面开窗的办公室，与此平行的若干排较小的内部办公室则留给一些低级工作人员使用，转角处那些有大一点窗户、空间也大一点的办公室是给最高领导使用的。

而“开放式布局”（即无墙设计）有两种类型。在这两种布局中，所有的工作人员都混杂在一个没有永久性分隔墙的开放区域中，每个区域都有一些面向大楼外面的地方。这种布局围绕着职责和命令的顺序展开。第一种布局方法是“办公室美化”，在整个楼面上将家具摆成任意形式的组合，放置一些屏风或植物来挡住组与组之间的视线；另一种布局是模块化方法，在楼面上放置一些能独自竖立的隔板。也可以综合这两种方法，既利用广阔的空间，又能使某些部位保持一定程度的独处性。

能有效、灵活地运用空间的另一些方法包括：购置模块式和壁挂式家具，以及分组安排工作站。壁挂式存储区域可以垂直扩展，而不是水平扩展，并且利用了工作站上方的空间。另外，存放在壁挂式箱子中的备用品便于雇员取用，有利于提高工作效率。

开放式布局与传统布局相比有明显的优越性：开放式布局系统通信方便，人员与设备的移动灵活性大、工作效率可提高约30％，楼面空间获得了更有效的利用，并能产生平等的办公室人际关系，最重要的好处是能方便而经济地构成工作站和改变平面布局。

但是，开放式布局并不适用于所有的办公环境。出于保密和安全方面的考虑，并非所有公司都可采用。往往需要在两种布局之间折衷。

在规划自动化办公室的时候，如果重在提高办公人员的工作效率及发挥人的主动性，应侧重以环境与人为系统的基础；如果重在把办公系统的效率提高到理想状态，那么它的发展趋势应该重在办公室自动化。在实施中应当二者兼顾。然而，目前的办公自动化规划大部分是以后者为中心，适当考虑前者。因为后者有明确的评价标准，引进办公自动化设备可促进各单项事务的合理化，使事务环境面貌一新，并且在实现后能够进行定量评估。所以目前衡量办公室的自动化水平主要是以技术体系为重点。

当今智能建筑以其强劲的生命力与突出的经济效率，迅速向纵横发展。在发达国家，越来越多的单身贵族与职业妇女置身竞争而无暇处理家务，为适应这种社会发展的需要，智能住宅应运而生。通过自动防火、门禁与防盗系统保证安全性；通过中央监控系统保证家庭环境的健康与舒适；通过24 h电子信箱、国际直拨电话与计算机通信网络系统，提供了与国内外及时快速通信的手段，使通信、咨询与社会服务实现智能化；应用多媒体等高新技术，提供了学习、娱乐与工作的良好环境，并实现了自动管理家务。家务劳动完全自动化，自动烹调、水电煤气自动节能运行与自动计费、商品咨询与购物不出门。学习靠计算机，医护也靠计算机，自我检测健康状况的同时与外部医疗机构联网进行诊断与预防。在智能住宅中，可以人工模拟空气流动、日照、气味、风雨声与鸟鸣，使人如置身于大自然中。智能建筑范围已扩大到智能街区，智能城市已提上日程。

随着计算机技术的发展，现有的产品将更新换代，性能进一步全面提高；随着能量无线传输技术的发展，不仅解决了信息的灵活传输，而且也从根本上解决了强电供应的灵活性问题，在智能建筑功能多变时，电力供应可方便地适应其变化，而无需涉及建筑结构的改变；最新的多媒体技术将受到重视并得到广泛应用，如虚拟现实技术使戴有视频和多种传感器的操作员产生由虚拟现实造成的幻觉，使之如身临现场、栩栩如生地观察并操作各种设备；智能建筑在未来将进一步解决噪声、色彩、气味、卫生、气流与空气成分等参数的控制，以更高水准实现舒适、高效与健康的综合目标。

4）通信自动化系统（CAS）。CAS 能高速进行智能建筑内各种图像、文字、语音及数据之间的通信。它同时与外部通信网络相连，交流信息。

5）建筑物自动化系统（BAS）。BAS 是以中央计算机为核心，对建筑物内的设备运行状况进行实时控制和管理，提供给人们一个安全、健康、舒适、温馨的生活环境与高效的工作环境，并能保证系统运行的经济性和管理智能化。

建筑自动化系统又称楼宇自动化，广义的 BAS 包含消防自动化与保安自动化，是智能建筑必不可少的基本组成部分，其主要任务是采用计算机对整个大楼内多而散的建筑设备实行测量、监视和自动控制，各子系统之间可以互相通信，实现最优化管理。主要包括电力设备、照明系统、空调系统、给排水系统、交通系统、消防系统、保安系统。

消防系统主要由消防给水系统、消防监控系统、火灾自动报警系统、防排烟系统、自动喷水灭火系统和气体灭火系统等组成。例如，高层建筑中某层的某个防火报警探头报警后，防火监控系统自动采取确认、报警与控制等；同时通过网络，使建筑物内的空调、电梯、配电等系统以及外部的消防保安及交通等部门都能及时获得信息，并采用相应措施，如不仅自动启动灭火系统，同时还切断不必要的电源，停止相关的空调与局部排风，将普通电梯直驶一层，自动向所在地的消防局报警与自动疏散人员等。

2. 智能建筑的优点

进入信息时代以后，人们的脑力劳动急剧增加，相当多的人长期生活、学习和工作在大厦中，办公室变成第二个“家”。因而，对办公环境与物质文明的追求达到了空前的程度。除要求舒适宜人的生活环境外，更要求具备现代化的办公与通信条件，真正做到足不出户，可知国内外政治、经济、科技与文化领域的最新信息；手不拿笔，便可利用上述情报，完成科研、设计，甚至重大的国际商贸交易。总之，智能建筑有以下几个优点：

(1) 创造了安全、健康、舒适、宜人和能提高工效的办公环境。现在，不少大厦的中央空调系统不符合卫生要求，往往成为传播疾病的媒介。在国外，将导致居住者头痛、精神萎靡不振，甚至频繁生病的大楼称为患有“楼宇综合病”（Sick Building Sydrome）的大厦。而智能建筑首先确保安全和健康，其防火与保安系统均已智能化；其空调系统能监测出空气中的有害污染物含量，并能自动消毒，使之成为“安全健康大厦”。智能建筑大厦对温度、湿度、照度能加以自动调节，甚至控制色彩、背景噪声，使人们工作在一个温度、湿度适宜，光度稳定和空气清新的办公室，像在家里一样身心舒畅，从而大大提高健康水平和工作效率。

(2) 节能。以现代化的商厦为例，其空调与照明系统的能耗很大，约占大厦总能耗的70%。在满足使用者对环境要求用电的前提下，智能大厦主要是通过其“智慧”，尽可能利用自然光和大气的冷或热来调节室内温度，最大限度减少能源消耗。按事先在日历上确定的程序，区分“工作”与“非工作”时间，对室内环境实施不同标准的自动控制，下班后自动降低室内照度与温度控制标准，已成为智能大厦的基本功能。如设计出：人走灯熄和开/关灯时间。若客户需要加班则用电话通知中控室值班人员，在电脑上修改时间设定；利用钥匙开关，红外线、超声波及微波等测量方法，如一旦人离开室内，5 min 以内自动关灯。此外，利用空调与控制等行业的最新技术，最大限度地节省能源是智能建筑的主要优点之一。

(3) 能满足多种用户对不同环境功能的要求。老式建筑是根据事先给定的功能要求完成其建筑与结构设计。智能建筑要求其建筑结构设计必须具有智能功能，除支持3A功能的实现外，必须是开放式、大跨度框架结构，允许用户迅速而方便地改变建筑物的使用功能或重新规划建筑平面。室内办公场所必需的通信与电力供应也具有极大的灵活性，通过结构化综合布线系统，在室内分布着多种标准化的弱电与强电插座，只需改变跳接线，就可快速改变插座功能，如变程控电话为计算机通信接口等。由此可见，智能建筑的灵活性与机动性极强，一天之内能使办公环境面目一新已不足为奇。

(4) 现代化的通信手段与办公条件。在信息时代，时间十分珍贵。在智能建筑中，用户通过国际直拨电话、可视电话、电子邮件、电视会议（或视频）、资料检索与统计分析等多种手段，可及时获得全球性金融商业情报、科技情报及各种数据库系统中的最新信息；通过国际计算机通信网络，可以随时与世界各地的企业或机构进行商贸等各种业务工作。空前的高速度，非常有利于决策与竞争，这就是现代化公司或机构竞相租用或购买智能大厦的原因。

在当今商品经济与信息社会中，电子计算机与智能建筑等高新技术产业得以在世界范围内高速发展，绝非个人意志所及，其适应时代发展需要的固有优势，尤其是巨大的经济效益，使之充满活力，方兴未艾，将成为21世纪的龙头产业。

第四节　道路交通运输安全人机工程

现代化的运输业与国民经济的发展和人民生活水平的提高息息相关，是一系列产业的市场和支柱，在国民经济中具有极其重要的地位和作用。我国公路在客运量、货运量、客运周转量等方面均遥遥领先于其他运输方式的总和。改革开放以来，我国的交通运输行业迅猛发展，公路里程1950年仅13.8万公里，根据交通部规划，到2010年，公路总里程要达到210万至230万公里，全面建成“五纵七横”国道主干线。机动车数量增长也相当惊人，“十五”末，我国汽车年产量已超过600万辆，汽车保有量已经超过3 000万辆。然而我国的交通设施相对公路和汽车发展的需要还有一定差距，交通标志、交通信号等“道路语言”还有待完善。我国的交通安全状况不容乐观。2005年全国共发生道路交通事故450 254起，造成9.9万人死亡、47.0万人受伤，直接财产损失18.8亿元，道路交通万车死亡人数为7.60人，交通安全问题迫在眉睫。在所有交通事故中，与驾驶员有关的因素占事故原因的80%以上，人在交通事故中起着绝对关键的作用。本节是从安全人机工程的角度出发，研究道路交通运输中的安全问题，从而提高道路交通运输系统的安全性。

交通运输系统人机工程研究的主要内容包括以下3个方面：

第一，人的方面。驾驶人员的生理、心理状态对运输作业系统的影响。

第二，运输工具方面。操作装置、显示装置、驾驶空间、坐席、视野及作业环境的微气候等合理设计。

第三，环境方面。交通标志、道路设施等合理设计。

一、道路交通安全系统与驾驶人员的作业研究

1. 道路交通安全系统

道路交通系统是一个由人、车、路构成的动态系统。驾驶员从道路交通环境中获取信息，这种信息综合到驾驶员的大脑中，经判断形成动作指令，指令通过驾驶操作行为，使汽车在道路上产生相应的运动，运动后汽车的运行状态和道路环境的变化又作为新的信息反馈给驾驶员，如此循环往复，完成整个驾驶过程。因此，人、车、路（含整个环境）被称作道路交通系统的三要素。

道路交通安全系统就是对“人、车、路”系统在运行中的安全性、可靠性作出系统地分析评价和提出保证措施的系统工程。在道路安全系统分析中，美国的威廉·哈顿（William Haddon）将人、车、路在交通事故中的相关关系用矩阵形式表示，称为著名的哈顿矩阵，见表7—5。哈顿矩阵中9个单元中的每一个都会对事故或伤亡有直接或间接的影响，甚至成为主要或次要原因。反之，只要其中一个或几个环节得到改善就可以减少事故或降低事故伤害。对于三者在事故中的作用，学术界一直有较大的争论，美国的Treat和Sabey经过对大量事故的深入研究得到表7—6的结论。

表7—5　哈顿矩阵

因素	事故前	事故中	事故后
人	培训、安全教育、行车态度、行人和骑车人的着装	车内位置和坐姿	紧急救援
车	主动安全（制动、车辆性能、车速、视野），相关因素（交通量、行人等）	被动安全（车辆防撞结构、安全带等）	抢救
路	道路标志标线、几何线形、路表性能、视距、安全评价	路侧安全（易折柱）、安全护栏	道路交通设施的修复

表7—6　各因素对事故的影响程度

原因	Sabey的结论（%）	Treat的结论（%）	原因	Sabey的结论（%）	Treat的结论（%）
单纯路	2	3	人和车	4	6
单纯人	65	57	路和车	1	1
单纯车	2	2	人、车、路共同	1	3
路和人	24	37			

从表7—6中可以看出交通事故中与人有关的原因占93%～94%，这说明人是事故的关键因素。因此，在研究交通运输安全问题时，必须进行人的作业研究。

2. 驾驶人员的作业研究

驾驶人员驾驶汽车过程中，80%以上信息是通过视觉得到的，视觉器官能否准确、及时获取信息与交通事故的发生紧密相关。驾驶中路况复杂，并处于动态变化中，驾驶员注意力需要高度集中。同时由于驾驶姿势相对固定，活动自由空间相对较少，很容易导致驾驶员疲劳，从而使知觉减退，引发反应迟钝，产生错误判断而发生行车事故。下面从安全人机工程的角度分析驾驶员的视觉特性及疲劳问题。

(1) 驾驶员的视觉特性。

1) 动视力。动视力是指人和所看到的目标处于运动状态时检查的视力。汽车驾驶员在行车中的视力为动视力。动视力比静视力低 10%～20%。例如，以 60 km/h的车速行驶的车辆，驾驶员能够看清前方 240 m 处的交通标志；而当车速提高到 80 km/h 时，则只能看到 160 m 处的交通标志。动视力还与年龄有关，随年龄增大，动视力与静视力之差增大。

2) 夜视力。由于夜晚照度引起的视力下降叫做夜视力。夜间视力与驾驶员的年龄有关，年龄越大，夜视力越差。20～30 岁之间的驾驶员夜视力最好。夜视力还与速度有关，速度增加，夜视力下降。

3) 视力适应。由于人眼具有亮适应和暗适应特点，当汽车运行在明暗急剧变化的道路上，容易发生视觉危害。

4) 眩目。夜间行车时，对方行车的前灯形成的眩光会使驾驶员出现一时性视觉障碍，以眼睛的视线为中心，30°的角度范围为“眩目带”，在这一区域射入强光将会产生危险。在道路中间隔离带上植树、设置防眩护栏，提高路灯的亮度，调节前灯位置等可减少或避免眩目现象，在一定程度上减少了由于眩目而造成的交通事故。

5) 视力与烟雾。如果是浓雾天，驾驶员除了黄色外几乎不能分辨其他颜色。所以，在交通中，我们应当把雾灯设计为黄色。

6) 视野。人的眼睛在垂直方向 6°和水平方向 8°的角度内见到的物体最清楚，双眼视野比单眼视野宽；目标物的速度越快，则动视野越窄；驾驶人员在驾驶中视线移动以水平方向的移动最为圆滑，几乎成直线，而垂直或斜向的视线移动相当不规则。

7) 行驶中视空间的特性。行车中驾驶员与周围的景色相对运动。对象越近，移动越快。驾驶人员行驶在高速公路上，其注视点常置于 305～610 m 之间。驾驶速度越快，其注视点越向前移，同时也越有集中于一点的趋势。驾驶人员在行车中总是习惯于将注意力集中于路面，即使在路旁等处有杂散的景物也很难转移其注意力。因此，若要在道路上吸引驾驶人员的注意力，则必须顺道路的行进方向设置突出的对象物。道路的垂直面上有对象物时极其醒目，而水平面上则不显著。

速度与注视点的距离为：

①行驶速度为 40 km/h 的注视点在汽车前方约 180 m 的路面上。

②行驶速度为 72 km/h 的注视点在汽车前方 360 m 的路面上。

③行驶速度为 105 km/h 的注视点在汽车前方约 600 m 的路面上。

可见，速度越快，注视点越向远处移动，视野越狭窄。因此，在道路尤其高速公路的平面线形中有意导入曲线，使驾驶人员的注视点强制移动，以避免道路催眠。

8）色觉。根据人的视觉特性，人对于颜色的易读顺序为黄底黑字、白底绿字、白底红字、白底蓝字、蓝底白字、白底黑字。黄底红字虽不容易读认，但最能引起驾驶人员的注意。因此，交通标志应采用清晰配色，如黄底黑字、白底绿字、白底红字等。

（2）疲劳。驾驶人员驾驶作业疲劳，主要反应在心理因素和生理因素所引起的疲劳，是高度集中而引起的神经系统和大脑皮层活动的衰竭，这种疲劳是体力与脑力混合疲劳。主要特征为驾驶人员的简单反应时间增加；疲劳后驾驶人员的感知能力显著下降；判断失误和驾驶错误增多。

驾驶员疲劳的原因是多方面的，主要有：睡眠不足，驾驶时间过长，驾驶员自身身心条件造成疲劳，车内环境不好造成疲劳，如车内温度、噪声、振动；车外环境不良导致疲劳。

一次性驾驶时间过长而产生的疲劳，往往是导致事故发生的主要因素。研究表明，驾驶员一天的纯开车时间不应超过 10 h，深夜行驶不要超过连续两天以上，否则第三天夜里应当有足够的睡眠和休息；夜间行车应由两人轮换驾驶，每人驾驶时间不应超过 4 h；大客车驾驶员连续驾驶时间，白天为 4～5 h，夜间在 3 h 以下为宜。

二、汽车的人机系统设计

汽车驾驶室的设计是人机系统的重要内容。驾驶室内的座椅、控制系统、驾驶空间及汽车的视野等的设计应当更好地符合人体尺寸、操作姿势或舒适程度等的生理特点，可以采用人体模板（见图 7—14）来校核有关驾驶空间尺寸、方向盘等控制系统的位置，显示仪表的布置等。

1. 汽车座椅设计

驾驶座椅的靠背与座面的夹角及座面与水平面的夹角是影响驾驶人员驾驶作业的关键。驾驶人员在驾驶过程中视线垂直于目标最合适，如果背倾角过大，就不得不使颈部弯曲而导致颈部疲劳，同时驾驶员上身直立而稍后倾，保持胸部挺起，双肩微垂，肌肉放松，有利于操作方向盘。图 7—15 及表 7—7 列出了驾驶座椅基本参数。

乘客座椅与驾驶座椅略有不同（见图 7—16），以下提供一些数据供参考（见表 7—8）。

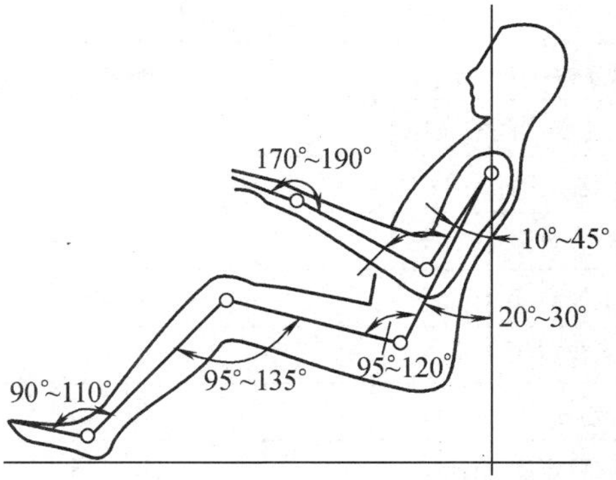

图 7—14　驾驶姿势时人体各部分夹角的合理范围的模板

表 7—7　驾驶座席基本参数

类型	γ（°）	α（°）	β（°）	H（mm）	D（mm）
小轿车		100	12	300～340	
轻型载重车	20～30	98	10	340～380	300～350
中型载重车（长头）	10～15	96	9	400～470	400～530
中型载重车（平头）	60～85	92	7	430～500	400～530

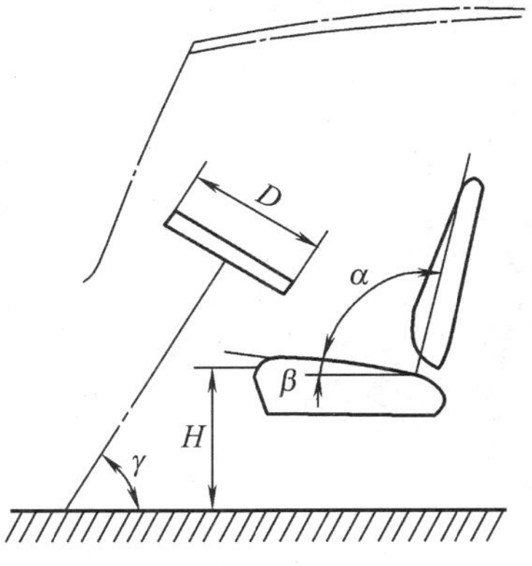

图 7—15　驾驶座椅

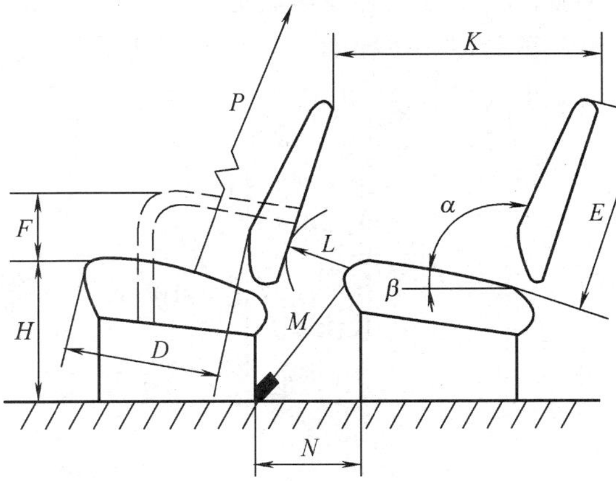

图 7—16　乘客座椅

2. 汽车显示装置设计

汽车的显示装置是将汽车的信息传递给驾驶人员的一种关键部件，显示装置除

表 7—8　　乘客座椅基本参数

尺寸代号	项目	短途车	中程车	长途车
α	靠背与坐垫之间的夹角（°）	105	110	115
β	坐垫与水平面夹角（°）	6～7	6～7	6～7
D	坐垫有效深度（mm）	420～450	420～450	420～450
H	坐椅高度（mm）	480	450	440
E	靠背高度（mm）	530～560	530～560	530～560
	坐垫宽度（单座）（mm）	440～450	470～480	490～550
	靠背宽度（mm）	440～450	470～480	490～550
F	扶手高度（mm）	230～240	230～240	230～240
K	前后坐椅间距（mm）	650～700	720～760	750～800
L	后椅坐垫前缘至前椅背后面的最小距离（mm）	260	270	280
M	后椅坐垫前缘至前椅后脚下端的距离（mm）	550	560	580
N	后椅前脚至前椅后脚的水平距离（mm）	大于 300	大于 300	大于 300
P	坐垫上平面至车顶内壁间的距离（mm）	1 300～1 500	1 300～1 500	950～1 000

了要正确反映汽车的运行状况外，还应根据人的感觉器官的生理特征来确定其结构，使人与显示装置达到充分协调，使驾驶人员对显示信息接收速度快、误读率少，并减轻精神紧张和身体疲劳。

汽车显示装置位置的布置，应使其所在平面与驾驶人员正常视线垂直，以方便认读和减少读书误差，如图 7—17 所示。

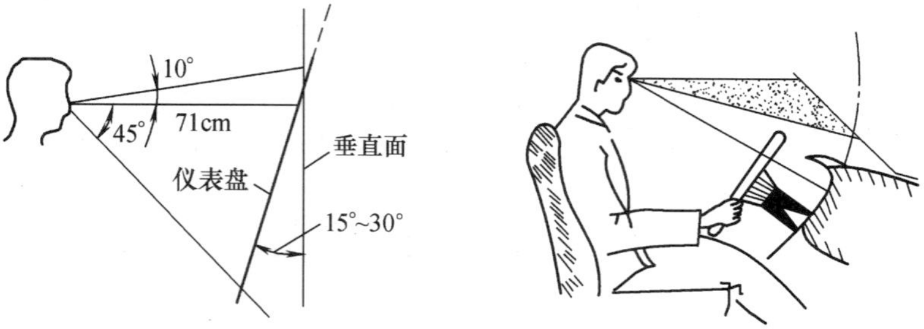

图 7—17　显示装置平面与视线尽量垂直

汽车显示仪器的选择应当根据视线的扫描路径和认读性进行选择，总的来说，圆形、半圆形、非整圆形在认读性方面都比较好，比较适合选做汽车显示仪器。刻度盘外轮廓尺寸可在视距的1/23～1/11之间选取。仪表盘的外轮廓尺寸是仪表盘外边缘构件形成的界线尺寸，从宽窄和色彩讲，既能吸引驾驶人员视线，又不至于太过抢眼、不干扰对仪表的认读的仪表盘轮廓尺寸。

3. 汽车控制系统设计

汽车控制系统包括：方向盘、制动器及各种开关；脚操作的刹车装置、加速装置及各种显示仪表等。这些装置的布局、选型及可靠程度的高低直接影响交通运输安全。

4. 驾驶室的空间设计

驾驶室的空间的舒适程度可以有效地减轻驾驶人员的紧张和疲劳，有利于汽车的安全行驶。其大小要适应驾驶人员的作业活动区域，过于狭小，会碰撞其他物体；过于宽松，会造成驾驶人员移动身体进行操作。驾驶室内的环境色彩不宜过于明亮和刺激，否则会造成视觉疲劳，从而使人的反应迟钝，在紧急关头发生失误。

5. 汽车的视野设计

汽车的视野是指驾驶人员在汽车行驶中，观察地面上的可见度。宽阔和方便的视野，有利于驾驶人员观察汽车前方和左右方的各种情况，感知车外的各种信息，并能方便地根据路面上行人、其他车辆等采取相应的措施。

研究表明汽车驾驶员的视野，对于汽车转弯行驶的影响最大：驾驶人员在左转弯时用于观察前方的时间占全部时间的70%，观察反射镜8%。从数据可见反射镜作为信息显示的功能受到了限制。因此，利用增加反射镜的数量来扩大和改善视野的方法是不可取的。根本方法就是对汽车结构进行改进，从而扩大和改善视野范围。

为了扩大和改善直接视野，进行汽车结构设计时，可以利用人机系统的模拟实验方法，分别对驾驶座席的位置、视点高低、车窗高度等与视野有关的方面进行测定，然后再根据汽车本身的功能和结构特点，进行人机系统的协调设计。

三、车辆安全设计与交通安全设施

从安全人机工程观点出发，还可以从交通工具本身的安全设计和交通运输安全设施两个方面考虑保证交通运输系统的安全性，提高整个交通运输系统的工作效率和可靠性。

1. 车辆安全设计

车辆的安全装置主要包括：安全车身、安全带、安全气囊、安全玻璃、乘员头颈保护系统（WHIPS）、侧门防撞杆。

(1) 安全车身。为了减轻汽车碰撞时乘员的伤亡，在设计车身时着重加固乘客舱部分，削弱汽车头部和尾部。当汽车碰撞时，头部或尾部被压扁变形并同时吸收碰撞能量，而客舱不产生变形以便保证乘员安全。车身内部一切有可能与人体撞击的构件都应避免采用尖角、凸棱或小圆弧过渡的形状，室内可以广泛采用软材料包塑，这样不仅可以满足舒适性的要求，同时也可以增强安全性。

(2) 安全带。安全带可以大幅度地降低碰撞事故中驾驶员受伤率和死亡率。在正常驾驶时，安全带对人体上部并不起约束作用，但在汽车减速度超过预定数值时或车身严重倾斜时，收卷器会将带子卡住从而对乘员产生有效的约束。

(3) 安全气囊。安全气囊在汽车正面碰撞时能防止乘员与其前方的物体撞击。安全气囊由传感器、气体发生器和气囊组成。气囊平时折叠在转向盘毂内或仪表板内，必要时可在极短时间（碰撞开始后 0.03～0.05 s）内充满气体而呈球形，以填补乘员与室内物体之间的空间。

(4) 安全玻璃。汽车正面或侧面碰撞时，乘员头部往往撞击风窗玻璃或侧窗玻璃而受伤，并且玻璃碎片还会使脸部和眼睛受伤。因此，为了最大限度减小人体在紧急情况下受伤害的程度，应当选用具有较高冲击强度的安全玻璃。

(5) 乘员头颈保护系统。乘员头颈保护系统（WHIPS）一般设置于前排座椅。当轿车受到后部的撞击时，头颈保护系统会迅速充气膨胀起来，其整个靠背都会随乘坐者一起后倾，乘坐者的整个背部和靠背安稳地贴近在一起，靠背则会后倾以最大限度地降低头部向前甩的力量，座椅的椅背和头枕会向后水平移动，使身体的上部和头部得到轻柔、均衡地支撑与保护，以减轻脊椎以及颈部所承受的冲击力，并防止头部向后甩所带来的伤害。

(6) 侧门防撞杆。在汽车两侧门夹层中间放置一两根非常坚固的钢梁，当侧门受到撞击时，坚固的防撞杆能大大减轻侧门的变形程度，从而能减少汽车撞击对车内乘员的伤害。

2. 道路交通安全设施

道路交通安全设施包括：道路交通标志、道路交通标线、交通信号、物理隔离设施等，详见有关著作。

第五节 煤矿矿井安全人机工程

一、煤矿井下人—机—环境系统的特点

1. 煤矿自然条件差，伴生灾害多

我国大部分煤田地质条件复杂，自然条件差，伴生灾害多。我国煤矿多为有瓦斯涌出的矿井，全国煤矿的年瓦斯涌出量超过 100 亿 m^3。国有重点煤矿中，高瓦斯和瓦斯突出矿井占 49.8%；具有煤尘爆炸危险的矿井占 87.4%；煤层具有自然发火危险的矿井占 51.3%；地质条件复杂或极其复杂的煤矿占 36%，属简单的仅占 23%；水文地质条件复杂或极其复杂的煤矿占 27%，属简单的仅占 34%。在这种复杂的地质条件下，我国的煤矿尤其是高瓦斯矿井容易发生灾害事故。以 2005 年数据为例，顶板事故占灾害事故总起数的 52.9%，死亡人数占事故总死亡人数的 33.3%；瓦斯事故占灾害事故总起数的 12.13%，死亡人数达到事故总死亡人数的 36.5%；一次死亡 3 人以上特大事故中，瓦斯事故占 59%；一次死亡 10 人以上重特大事故中，瓦斯事故占 69%；建国以来发生的 22 起一次死亡百人以上的特别重大事故中，20 起为瓦斯煤尘事故，事故起数和死亡人数分别占 91%和 94%。

2. 煤矿职工素质低

由于矿工所从事的作业环境差、劳动强度大、工资水平又不太高，这就难以吸引和稳定文化、技术素质较高的工人安心在矿上长期工作。因而不得不招收大量的农民轮换工、合同工和临时工，这些工人的文化及素质都比较低，加上生产上的短期行为，给改善安全环境带来了更大的困难，从而导致安全工作的恶性循环。

3. 矿井环境条件恶劣、多变

井下工作空间狭窄，温度高，湿度大，矿尘和噪声污染严重，视觉环境差。此外，矿工经常受到自然灾害的威胁，精神上常有一种压抑感，以致精神不振，工作厌烦，对所处工作环境的危险因素反应迟钝，甚至视而不见。

4. 煤矿机械化程度低

我国煤矿的机械化、自动化程度还很低，国有煤矿的采掘机械化程度还达不到 70%，地方和乡镇煤矿更低，绝大部分工序还是靠笨重的手工操作，加上其他物质条件的不安全性，形成了事故多发的又一潜在因素。

二、安全人机工程在煤矿中的应用

1. 煤矿事故中人的因素分析

(1) 井下运输系统中人因失误模式。根据人因失误的定义及其内涵的实质表现形式，为了系统地了解井下运输系统中人因失误的类型，更好地防止人因失误的发生，提高人的可靠性，降低人乃至整个系统的不安全因素，针对井下运输系统中涉及的轨道运输、带式输送机运输和刮板输送机运输，将其进行分类。以下主要介绍轨道运输人因失误模式，FM_1～FM_4 的差错模式分别如图 7—18～图 7—22 所示。

(2) 井下运输作业人员人误原因分析。在人—机—环境系统中，人起主导作

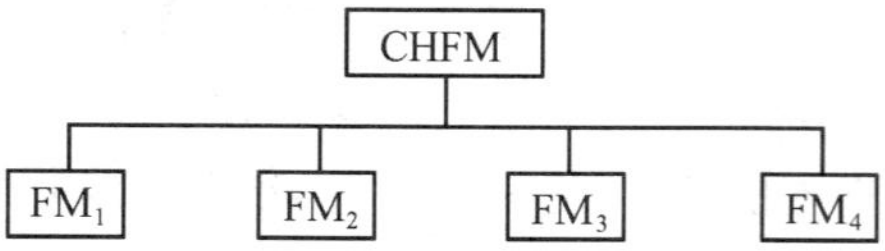

图 7—18　轨道运输系统人因失误模式总图

GHFM—轨道运输人因失误模式　FM_1—未发挥所具备的功能　FM_2—错误地发挥了所具备的功能
FM_3—按错误的顺序或时机去发挥所具备的功能　FM_4—发挥了不曾具备的功能

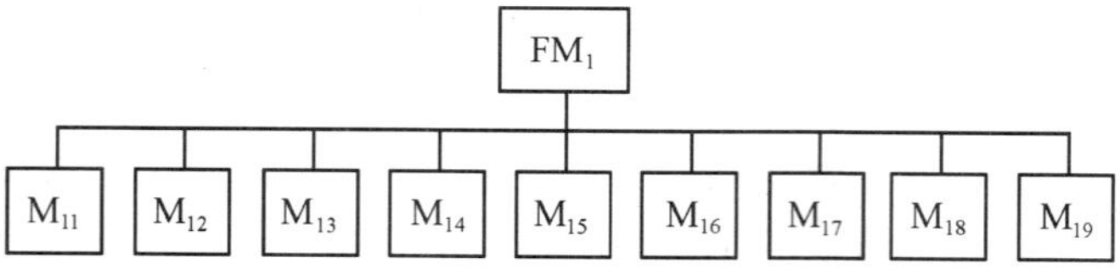

图 7—19　轨道运输系统人因失误模式（一）

M_{11}—没有及时联系信号　M_{12}—没设警戒（或漏设警戒）　M_{13}—矿车没连接好
M_{14}—与司机配合不协调　M_{15}—注意力不集中　M_{16}—躲闪不及　M_{17}—信号工打点前没有进行检查
M_{18}—下放车时没有挂保险绳　M_{19}—没使用安全保护装置

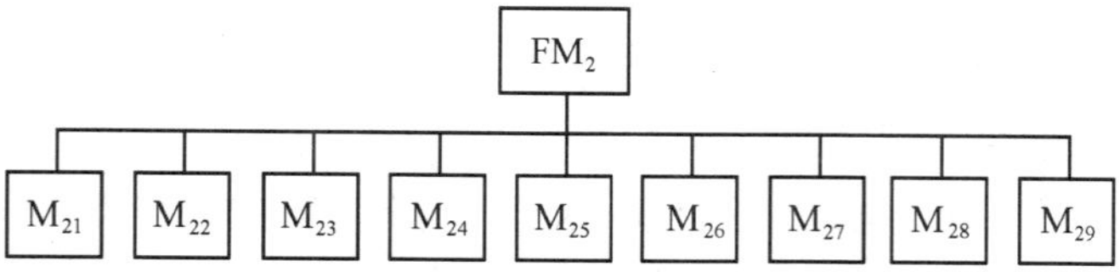

图 7—20　轨道运输系统人因失误模式（二）

M_{21}—绞车司机不按规定开启　M_{22}—人为放飞车　M_{23}—扒车　M_{24}—闯红灯　M_{25}—跳车
M_{26}—误发信号　M_{27}—误用连车器材　M_{28}—误操作开关　M_{29}—在巷道弯道处没减速

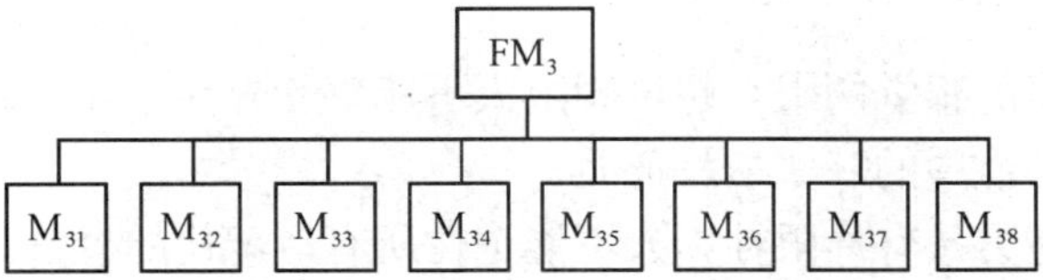

图 7—21　轨道运输系统人因失误模式（三）

M_{31}—摘、挂车所处位置不当　M_{32}—掩车位置不当　M_{33}—乘车位置不当　M_{34}—乘未停稳的车辆
M_{35}—跨越轨道时机不当　M_{36}—没有信号下放车　M_{37}—躺在轨道上睡觉　M_{38}—躺在矿车内睡觉

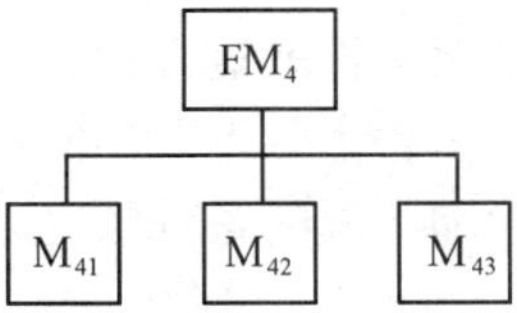

图 7—22　轨道运输系统人因失误模式（四）

M_{41}—工作时将手、脚等放在危险位置　M_{42}—向斜坡上推车　M_{43}—无证操作绞车等设备

用。减少人误，可有效地减少事故的发生。由于煤矿井下环境条件恶劣多变、职工素质低、机械化程度低等，人误率很高，导致事故发生频繁。要控制事故的发生，必须控制人误，而分析人误产生的原因是控制人误的基础。归纳起来，井下运输作业人员产生人误的原因主要有以下九种。

1）安全观念淡薄，不按客观规律办事。领导干部尤其是基层干部和工人，对安全工作认识不足，甚至产生抵触情绪，对安全工作持“讲起来重要，干起来次要，忙起来不要”的态度。有的职工虽知道安全工作的重要性，但不重视安全，得过且过，麻痹大意。由于思想认识差，行动上就会违反客观规律，出现人误，导致事故的发生。

2）存在侥幸思想。由于事故发生的偶然性和随机性，有时采用不安全行为，也不会发生事故，而采用安全行为时要付出较多的劳动或较高的代价，这就使人们产生侥幸心理。在实际工作中，有人常有如漏掉工序、违章跨越胶带等恶习，容易引发事故。

3）个人性格浮躁，反应迟钝。在实际工作中，性格活泼、冷静的人很少出现人误，而性格轻浮、急躁、迟钝的人出现人误很多，经常发生事故。尤其性格浮躁的人，做事马虎、不求甚解、心猿意马，因而失误率很高，发生事故的可能性最大。

4）生理因素。人的生理上的某些“弱点”是人误的根源之一。人的生理“弱点”主要体现在：

①人具备一定的感觉阈限，超过阈限人不能感受外界一切信息，甚至不能感知生产过程和生产环境中的一些事故征兆。

②人的记忆能力具有局限性，人不能记住所有应记住的事情。

③人的注意力具有局限性，即使努力集中注意力，也不可避免出现瞬时分神，注意力仍达不到百分之百。

④人的反应能力具有局限性，不能分析判断所感受的一切信息，对部分信息的反应靠自律系统完成，其失误率较高。

⑤人抵抗不安全情绪和不安全条件的能力较差。

如果井下工人有生理缺陷，其智力低下，不能正确认识和适应环境，不能及时发现“机”或环境中的危险因素和事故的各种预兆，那么这种人的失误率更高，更容易发生事故。

5）心理障碍。人的心理上的某些“弱点”是人误的根源之一。人的心理“弱点”主要体现在：

①人具有捷径反应的特性，容易省略动作，愿意找捷径，总是企图以最小的能量取得最大的效益，因此，在工作中常有人漏掉正常工序，出现人因失误。

②人往往按自己的意愿判断事物，常因侥幸、自信、麻痹等心理导致失误。

③人不容易发现自身缺点，有时即使察觉到了，也往往找借口原谅自己。

④人愿意表现自己，工作中常有人因冒险逞能，发生伤亡事故。

上述弱点人皆有之，均可导致失误。作业人员由于种种原因引起情绪的急躁、烦躁或过度紧张、过度兴奋等心理障碍，对客观事物不能正确认识，容易造成失误。如新工人下井时的紧张心理，急于完成任务后去干私活，中年得子的过度兴奋等都易诱发人误。

6）素质低、技术水平低。由于素质低，缺乏对危险的认识，不懂危险或不会判断而进行不安全作业，不能正确理解有关规定，就会无意识地违反安全规程。由于技术水平低，当环境条件发生变化或采用新方法、新工艺时，不能正确接受和理解，因循守旧而出现失误。

7）疲劳、异常状态及其他特殊条件造成人误。人体疲劳时，机能下降，行为可靠性一般在0.9以下。由于井下工人的体能负荷较大，劳动强度大，工作环境恶劣，工作时间长，容易疲劳，出现人误，导致事故的发生。

人在异常状态时，特别是当发生意外事件、生命攸关之际，接受信息的瞬间十分紧张，接受信息的方向性不能选择和过滤，只能将注意力集中于眼前的事物之一而无暇旁顾。此时，失误率较高，容易发生事故。

在其他特殊条件下，也可能出现人误，如酗酒导致自我控制力降低，研究表明，酗酒者事故率比一般人高出 3 倍；人睡眠初醒时，可靠性一般在 0.9 以下；单调作业缺乏刺激，作业环境中的某些因素似乎具有催眠作用，使工作兴趣逐渐减退，处于朦胧状态，稍有意外情况出现，极易失误。

8）设备缺陷。由于设备缺陷造成的人误比较常见，主要有：信号显示不够完善或噪音太大，使人看错听错信号，致使输入的信号紊乱而失误；设备或工具的设计不尽合理，在操作上采用了与人的习惯相反的方法而使操作者出现失误。

9）环境因素。人在环境中生存和工作，人的行为必然受环境因素的影响。对人误有直接影响的为：

①社会环境。由于社会环境影响人的素质、道德观念、思想和精神状况，而这些又影响人误，所以社会环境与井下运输安全密切相关。虽然就某一特定事故，往往不易找出社会环境与事故发生的直接关系，但统计分析大量事故，可以发现社会环境是造成管理缺陷、人的不安全行为和物的不安全状态的重要原因。

②家庭环境。家庭环境不良，不悦事件频繁，容易造成矿工意志消沉，情绪低落，人误增多。

③工作环境。井下昏暗狭窄、条件恶劣的工作环境是事故频繁发生的一个重要因素。

④行为环境。生产过程中与个人有直接联系和接触他人行为造成的刺激环境称为行为环境，主要指劳动群体中人与人之间行为的相互影响。行为环境对人生理和心理的刺激影响力比工作环境造成的心理作用更大一些。如果一个人处于不良的行为环境中，社会人际关系紧张，容易产生心理紧张和不安全感，失误率就高。劳动群体心理与行为符合安全生产要求时，个体违章也少见。

（3）煤矿作业人员人误的控制。人误是制约煤矿安全生产的一大隐患。“15221”法（1 个中心 5 种教育 2 个加强 2 个改善 1 个倡导）是控制人误的一种途径。“1 个中心”：建立以人为中心的安全管理体制；“5 种教育”：安全法制教育，安全知识教育，安全技能教育，安全思想教育，典型事故案例教育；“2 个加强”：加强矿工心理素质的培养，加强矿工的安全意识；“2 个改善”：改善“机”的缺陷使之符合人的特性，改善环境；“1 个倡导”：倡导企业安全文化。

总之，通过“15221”的方法可以增强矿工在作业过程中的自主安全意识及自觉性，提高其识别、判断、操作的准确性，减少在井下整个生产过程中人因失误的发生，更好地促进安全生产工作。

2. 煤矿井下运输事故机的因素分析

(1) 井下运输事故中机的因素。井下运输系统是一个复杂而庞大的系统，主要包括胶带运输子系统、轨道运输子系统和工作面刮板运输子系统。井下运输工作涉及面广、范围大、战线长、岗点多以及设备、设施流动变化快，因而运输事故频繁发生。在引发运输事故的诸因素中，机是一个不可忽视的重要因素。

根据对平煤一矿的事故统计，在伤亡事故中，由于机的因素而造成事故的占19.4%，在非伤亡事故中，因为机的原因而造成事故的占33.3%。此外，对平煤四矿、六矿的事故调查结果表明，在井下运输事故中，因机的因素而导致伤亡事故的分别占33.9%和27.8%。

综上所述，在井下运输人—机—环境系统中，机械设备故障是导致运输事故的一个重要因素。因此，分析机械设备故障原因，并采取相应的控制措施，可以有效地减少事故的发生，提高运输系统的安全性，进而提高全矿的安全性。

(2) 井下运输机械设备故障模式。故障模式就是故障出现的状态，也就是故障的表现形式。一般可从5个方面来考虑：运行过程中的故障；过早地启动；规定时间不能启动；规定时间不能停车；运行能力降级、超量或受阻。

根据对井下运输事故资料的统计分析，可以归纳出每个子系统的机械设备故障模式。

1) 胶带输送机运输故障模式。胶带输送机运输的故障模式如图7—23所示。

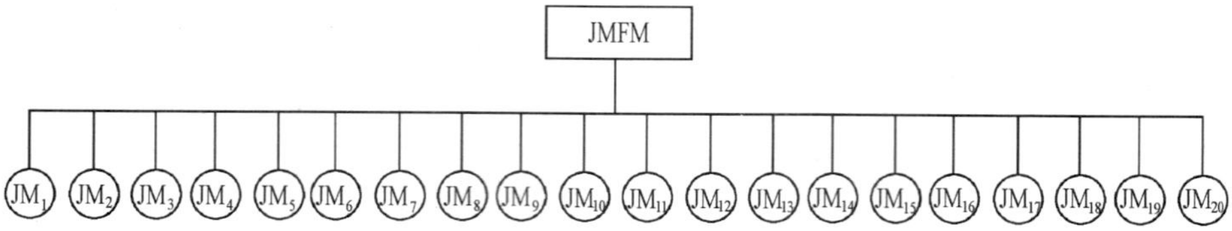

图7—23　带式输送机运输设备故障类型图

JMFM—带式输送机设备故障类型　JM_1—牵引钢丝绳脱槽　JM_2—掉皮带　JM_3—断皮带　JM_4—撕裂皮带　JM_5—托绳轮架被拉倒　JM_6—托辊磨损严重　JM_7—皮带接头不牢　JM_8—皮带老化及暗伤　JM_9—皮带松　JM_{10}—保护装置失灵　JM_{11}—皮带机头越位　JM_{12}—皮带机尾越位　JM_{13}—皮带托辊掉　JM_{14}—皮带托辊不转　JM_{15}—皮带跑偏　JM_{16}—皮带打滑　JM_{17}—信号装置失灵　JM_{18}—减速机齿轮故障　JM_{19}—皮带拉紧滚筒掉　JM_{20}—皮带打卷

2) 轨道运输故障模式。轨道运输的故障模式如图7—24所示。

3) 工作面刮板运输故障模式。工作面刮板输送机运输的故障模式如图7—25

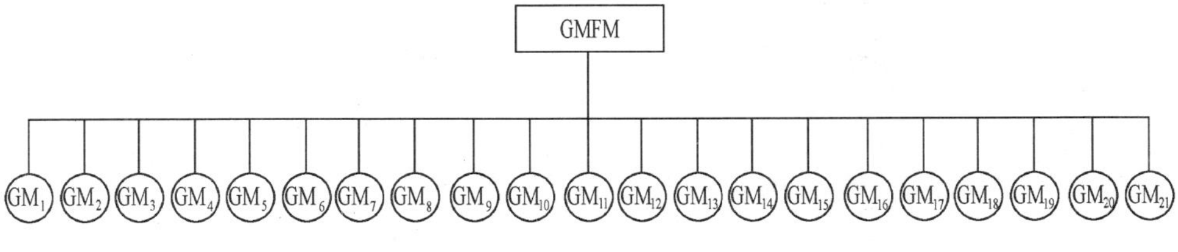

图 7—24　轨道运输设备故障类型图

GMFM—轨道运输机械设备故障类型　GM_1—钢丝绳过卷　GM_2—钢丝绳速度过快
GM_3—轨道质量不合要求　GM_4—矿车断轴　GM_5—钢丝绳断　GM_6—矿车轮掉
GM_7—扳道器、道岔故障　GM_8—保险绳断　GM_9—钢丝绳松　GM_{10}—钢丝绳接头不好
GM_{11}—电机车掉道　GM_{12}—矿车掉道　GM_{13}—电机车掉道　GM_{14}—安全保护装置失灵
GM_{15}—信号装置失灵　GM_{16}—控制装置失灵　GM_{17}—钢丝绳锈蚀严重　GM_{18}—链环断裂
GM_{19}—钩、链或绳扣断　GM_{20}—连接销断裂或窜出　GM_{21}—矿车插销孔磨扩漏销

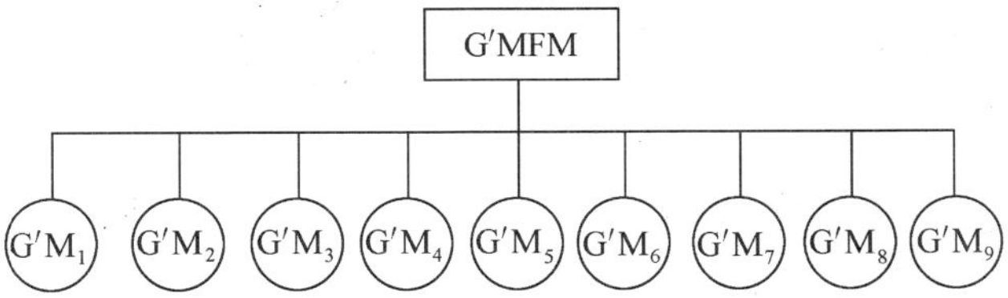

图 7—25　刮板输送机机械设备故障类型图

G′MFM—刮板（溜子）运输机械设备故障模式　$G'M_1$—刮板输送机超载不转动　$G'M_2$—断链
$G'M_3$—飘上链　$G'M_4$—联轴器故障　$G'M_5$—减速器故障　$G'M_6$—紧链装置故障
$G'M_7$—液压推进系统故障　$G'M_8$—信号装置失灵　$G'M_9$—控制装置故障

所示。

(3) 井下运输事故机的因素事件树分析。事件树分析法是安全系统工程中重要的分析方法之一，其基本理论与方法见《安全系统工程》，下面以胶带运输子系统为例进行定性和定量分析。

由胶带运输子系统的主要构成部件和故障原因分析，建立如图 7—26 所示的事件树图和表 7—9。

该事件树图输出系统所对应的输出状态见表 7—10。

1) 定性分析。由事件树图可知，若传动装置故障，则胶带运输子系统不能启动，系统发生故障，否则取决于拉紧装置是否正常；若拉紧装置故障，则不能产生传动力矩，不能正常运输，否则取决于胶带输送机的托辊、托架是否正常；若托辊或托架故障，则胶带不能承载，系统不能正常运输，否则取决于胶带是否正常；若

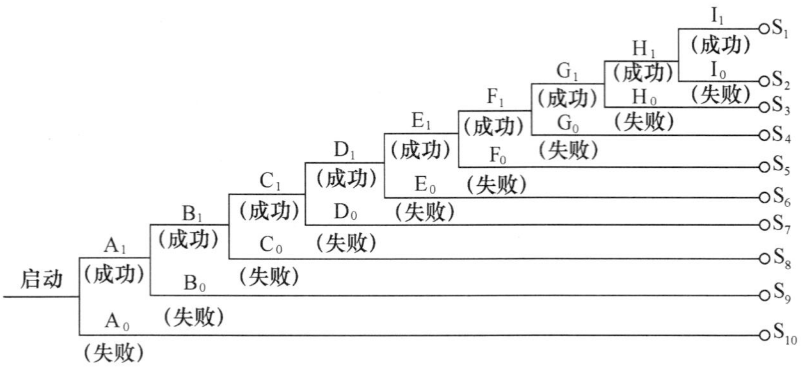

图 7—26　主斜井钢丝绳牵引胶带输送机 ET 图

表 7—9　　事件树图 7—26 中事件符号对照表

代号	事件名称	发生概率	代号	事件名称	发生概率
A_1	传动装置正常	0.996 59	A_0	传动装置故障	0.003 41
B_1	拉紧装置正常	0.993 36	B_0	拉紧装置故障	0.006 64
C_1	托辊托架正常	0.985 56	C_0	托辊托架故障	0.014 44
D_1	胶带正常	0.955 90	D_0	胶带故障	0.044 10
E_1	信号装置正常	0.986 67	E_0	信号故障	0.013 33
F_1	启动	0.950 00	F_0	信号装置故障	0.050 00
G_1	有人接触胶带	0.018 00	G_0	启动	0.982 00
H_1	安全保护装置正常	0.996 59	H_0	无人接触胶带	0.003 41
I_1	躲避成功	0.927 00	I_0	安全保护装置故障	0.073 00

表 7—10　　系统输出状态及其发生概率对照表

代号	系统输出状态	发生概率	代号	系统输出状态	发生概率
S_1	未发生伤害事故	0.000 049 7	S_6	系统故障	0.012 432 2
S_2	发生伤害事故	0.000 003 9	S_7	系统故障	0.043 027 4
S_3	未发生伤害事故	0.015 682 1	S_8	系统故障	0.014 295 2
S_4	系统正常	0.858 471 2	S_9	系统故障	0.006 617 4
S_5	系统故障	0.046 010 9	S_{10}	系统故障	0.003 410 0

胶带发生故障，则系统不能正常运输，否则取决于信号装置是否正常；若信号装置故障，则系统处于故障状态，不能正常运输，否则取决于胶带输送机能否启动；若

胶带输送机由于某些原因不能启动，则系统处于故障状态，否则取决于是否有人接触胶带；若无人接触胶带，则系统可正常运输，系统处于正常状态，否则取决于安全保护装置是否正常；若安全保护装置正常，则不会发生伤人事故，但会对系统正常运输带来影响，若安全保护装置故障，则取决于接触胶带的人能否成功闪避；若闪避成功，则不会发生伤人事故，否则将会发生伤人事故。

由系统输出状态和上述分析可知，只有系统输出状态为 S_4 时，系统才能正常运输，处于正常状态；系统输出状态为 S_2 时，将发生伤人事故；系统输出状态为 S_1 或 S_3 时，虽未发生伤人事故，但会对系统正常运输带来一定的影响；其他输出状态 S_5～S_{10}。均为故障状态，系统不能正常运输。

综上所述，要防止伤人事故的发生，最根本的措施是人不要接触胶带，其次是胶带的安全保护装置要处于正常状态。只要从这两个方面加强管理，就可以避免发生伤人事故。从系统正常运输的角度来看，只有保证传动装置、拉紧装置、托辊与托架、胶带正常的情况下，且能正常启动时，系统才能正常运输。这需要加强对胶带输送机部件的检修和维护，使其处于正常工作状态，只有这样，系统才能处于正常状态。

2）定量分析。由可靠度的定义知，对于一个运输系统、运输环节或各部件等在规定的条件下和预定的时间内完成其规定功能的概率称为它们的可靠度。所以，可靠度用以时间 t 为随机变量的分布函数 $R(t)$ 表示。

对于相继出现的许多随机“质点”来说形成了一个随机质点“流”。由概率论得知，满足下列条件的流称为泊松流：在某一时间间隔内出现的随机质点个数只与时间间隔的大小有关，而与时间的起点无关；在若干个不相交的时间间隔内出现的随机质点个数是独立的（这一时间间隔内出现的随机质点个数与前一个时间间隔内出现的随机质点个数无关，也不影响下一个时间间隔内将会出现的随机质点的个数）；在充分小的时间间隔内最多出现一个随机质点：在有限时间区间（t，$t+\Delta t$）内只出现有穷多个随机质点。对矿井运输系统的分析可知，运输系统及其组成环节或设备工作时，接连出现的故障形成的故障流满足泊松流的条件，即故障流为泊松流。因此，故障流的分布为泊松分布。于是有式（7—3）：

$$P_k(t) = \frac{(\lambda t)^k e^{-\lambda t}}{k!} \qquad (7—3)$$

式中　t——时间；

λ——故障率；

k——在时间间隔 t 内的平均故障次数。

P_k（t）的意义是在时间间隔 t 内发生 k 次故障的概率。由可靠度的定义知，在时间间隔 t 内一次故障也不发生的概率就是时间间隔 t 内的可靠度，则式（7—3）中的 $t=0$，便得到运输系统及其组成环节或设备（部件等）的可靠度函数，如式（7—4）所示。

$$R(t)=P_0(t)=e^{-\lambda t} \tag{7—4}$$

根据对平煤一矿 1996 年、1997 年的统计数据，各事件的发生概率见表 7—10。

则系统输出状态的发生概率分别为：

$$R_{11}=R_{A_1}\cdot R_{S_1}\cdot R_{C_1}\cdot R_{D_1}\cdot R_{E_1}\cdot R_{F_1}\cdot R_{G_1}\cdot R_{H_0}\cdot R_{I_1}=0.000\ 049\ 74$$

……

$$R_{S_{10}}=R_{A_{10}}=0.003\ 41$$

由系统输出状态及发生概率可知，胶带伤人事故发生的概率很小，而且只要杜绝井下工人违章接触胶带，就不会发生胶带伤人事故。胶带正常运输的概率为 0.858 4，要提高系统正常运输的概率，必须：

①提高传动装置的可靠度，降低其发生故障的概率。

②提高拉紧装置正常的概率，降低其发生故障的概率。

③提高托辊、托架的可靠性，尤其是托辊数量大，而且又易于发生不转动的故障，使滚动摩擦变为滑动摩擦，增加了摩擦阻力，容易造成胶带的损坏，影响系统正常运输。

④提高胶带的可靠性，逐步采用性能较好的胶带，增加单机长度，减少井下胶带输送机的数量，减少转载次数和管理人员，以有效提高系统的可靠性，同时应注意加强对胶带的检修和维护，以防止撕带或断带事故的发生。

⑤防止有人违章接触胶带，既可避免伤人事故的发生，又能提高系统正常的概率。

⑥要确保安全保护装置正常工作，使其在发生紧急情况时能够发挥作用，防止伤人事故的发生，提高系统的安全性。

3. 改善井下运输环境状况的措施

由环境因素的灰色关联分析和环境状况的模糊聚类分析的结果可知，环境状况的好坏对运输安全有很大的影响。为了减少运输事故的发生，提高井下运输系统的安全性，必须对目前井下的环境状况，尤其是采煤工作面环境状况进行改善，以减少环境对运输安全的影响。

（1）温度、湿度的改善措施。加强通风可以有效地降低井下气温，这主要是由于风流带走了井下的热量。但由于井下巷道对风速有严格的限制，所以这种措施只适用于温度不太高的矿井。对于高温矿井，主要办法是采用局部空调，同时还可以采取一些其他措施来减少高温环境的影响，如将井下工人的“三八制”作业改为“四六制”，以减少矿工接触高温的时间；可以适当降低矿工的劳动定额等。

当前对井下高湿度的状况，还没有十分有效的防治措施，主要是防止在灌浆注水时发生漏水；及时清理水沟，防止在巷道中出现漫水和大量积水，以减少水分蒸发，从而降低井下主要工作地点的湿度。

（2）降低井下噪声的措施。井下运输噪声源很多，对不同的噪声源应采取不同的降低噪声的措施。胶带输送机的机头比较固定，可以采用隔声罩的办法来降低其运转时的噪声。加强对托辊的检修和润滑，以减小其工作时的转动噪声。

轨道运输的主要噪声是车轮与轨道由于相互接触而产生的噪声。降低这种噪声可以采用弹性车轮，即在轮箍与轮辋之间加装橡胶件，可降低噪声 5～7dB（A）；采用轮缘的润滑装置，给轮缘适量涂油，可降低轮轨噪声。

采煤工作面的噪声主要有采煤机割煤时的噪声和刮板输送机运转时的噪声。

采煤机的噪声源不固定，因此不能采用隔、消等控制措施，但可以采取以下措施：

1）煤层注水预湿煤体，使煤软化，降低煤体的强度和硬度，可以降低割煤时截割和破碎的噪声。

2）选用合理的截齿，降低滚筒转速，减少截齿数，提高采煤机牵引速度，可以有效地降低截割噪声。实践证明，煤层的水分增加 3%，煤的单向抗压强度下降 32%，硬度下降 0.5～1.5，截割和破碎噪声可降低 10～15dB（A）；齿数减少 10%～30%，滚筒转速由 104 r/min 降至 84 r/min，牵引速度由 1 m/s 增加到 2 m/s，噪声可降低 4～8dB（A）。如果这两项措施综合使用，便可大大降低采煤工作面的噪声。

刮板输送机机头和机尾相对固定，因此可以采用隔声罩的降噪措施，由于刮板输送机链板是运动的，为了减少缝隙，可以设计活动挡板。实际应用证明，采用此设备后，将噪声由原来的 102dB（A）降至 84dB（A），有效地降低了噪声。

（3）改善井下光照环境的措施。目前，煤矿井下照明既存在量的不足，又存在质的缺陷。尤其在采煤工作面，单纯依靠矿灯照明，照度不足，影响工人的操作，对安全造成很多的影响。因此需要大力改善井下照明状况。可以采取以下措施：

1）扩大使用固定照明。不仅在井底车场、主要硐室及主要运输大巷安装固定照明装置，还可以在采煤工作面安装固定照明装置，以改善采面照度低的现状，而且也有利于工人的操作。平煤四矿的实践经验已证明，这是完全可以的。此外，在轨道上山及胶带运输巷道中也应安装固定照明装置。

2）采用新型高效率灯具，提高井下照度水平。现在大部分矿井使用的照明装置发光效率低，而且品种单一，所以应对现有的灯具进行改进，采用新型发光效率高的灯具，优化灯具布置，增加灯具种类，以适当提高井下照度水平和照明质量。

3）发现损坏的灯具应及时检修、更换。

（4）运用色彩调节，改善人的视觉环境。井下为黑暗背景，而矿工多习惯穿深蓝色工作服，机器设备又多为深色。在黑暗环境中形成模糊配色，视觉反应迟钝。黄色是黑暗背景的最清晰配色，井下设备、工作服以黄色或佩带黄色标志为最好。一些运动部件或人触摸有危险的部件应涂以红色，以改善人的视觉环境。

（5）优化作业空间布局，改善人的工作环境。优化作业空间布局，主要是指优化作业空间中机械设备的布置、材料的堆放，以利于人在其中能够比较方便、比较舒适的进行作业。尤其是采煤工作面，作业空间比较狭窄，如果机器设备布局不合理，材料不按规程堆放，则人在其中行走不方便，更容易发生意外事故。在运输大巷的狭窄区段，应合理建造躲避硐室，以便在有车通过时，人能够进去躲避；在胶带运输巷道中，合理布置“天桥”，以方便人员通过。

本章小结

安全人机工程学是一门实践性很强、应用性很广的课程，本章列举了5个应用实例。第一节结合作业空间设计的基本原则，讨论了不同姿势的作业空间的设计及作业空间中的安全防护距离等问题。第二节主要对控制中心室的设计及核电厂主控室安全人机工程设计实例进行了介绍。第三节对现代办公室的特点及智能建筑进行了介绍，为办公室的设计提供新的理论和方法。第四节介绍了交通运输安全的影响因素，其中人的因素包括驾驶作业中驾驶人员的生理、心理状态及其改变；机的因素为运输工具的安全装置的配置和显示装置、操作装置、视野等与驾驶作业中人的需求的匹配；环境因素影响包括交通标志、道路设施等合理设计。第五节简要介绍了煤矿井下人—机—环境系统的特点，并从煤矿事故中人的因素、煤矿井下运输事故机的因素及改善井下运输环境状况的措施3个方面论述了安全人机工程在煤矿中的应用。

复习思考题

1. 要设计出最佳作业空间，应该考虑哪些因素？

2. 工作姿势主要有哪几类？各有何特点？怎样体现在工作设计的布局设计中？

3. 在进行作业空间设计时，一般应遵循哪些基本原则？

4. 针对某一具体岗位进行作业空间设计。

5. 安全防护空间距离都分哪些？简述设计时的注意事项。

6. 对某一具体的控制室进行安全人机工程评价与改进。

7. 影响交通运输系统安全的人机工程内容主要有哪些方面？

8. 驾驶员驾驶作业中的感知特性主要有哪些？

9. 引起驾驶人员疲劳的主要因素有哪些？

10. 为保证驾驶员驾驶中视野适宜，汽车的设计应注意哪些问题？

11. 为保证驾驶人员和乘客的安全，目前车辆的安全设计主要有哪些方面？

12. 建议课程结束之时，安排大型作业或课程设计，题目举例：

(1) 对学校的教学楼、实验楼、实习工厂、图书馆、寝室等地的采光照度值进行实地测量、计算和分析，对照国家相关标准提出改进方案。

(2) 对学校总体布局进行工作设计，内容大致有：楼房之间的距离，楼层高度，楼内的安全通道；防灾应急措施的设计；道路（交通通道）布局；安全距离；供水、供电、供气系统的运行及防灾应急措施等进行实地测量或调查。找出存在的问题并提出改进方案。

(3) 颜色匹配评价：对学校各类现有的设施，如课桌椅、书架、实验桌椅、房屋、道路、花草等的颜色进行调查，着重于课桌椅的调查，访问使用者的意见，并登记造册，然后评价分析，提出改进意见及设计方案。

(4) 显示器、控制器的评价分析：对学校实习工厂的设备或实验室的设备的显示器、控制器进行调查、对比分析与评价，并提出改进意见。

(5) 对某个企业的人因事故进行调研，撰写研究报告，主要内容包括人因事故统计分析、原因分析、预防对策等。

除此之外，还可以进行其他方面的分析评价，也可以根据各学校安全工程专业方向开展有针对性的实践研究与应用。

主要参考文献

[1] 刘潜. 从劳动保护工作到安全科学. 武汉：中国地质大学出版社，1992
[2] 曹琦. 人机工程. 成都：四川科学技术出版社，1991
[3] 刘东明，孙桂林主编. 安全人机工程学. 北京：中国劳动出版社，1993
[4] 曹琦等. 人机工程设计. 成都：西南交通大学出版社，1988
[5] 王恒毅. 工效学. 北京：机械工业出版社，1994
[6] 欧阳文昭. 安全人机工程学. 武汉：中国地质大学出版社，1991
[7] 欧阳文昭，廖可兵主编. 安全人机工程学. 北京：煤炭工业出版社，2002
[8] 张瑞武. 智能建筑. 北京：清华大学出版社，1999
[9] 吴当时，盛菊芳，童和钦. 以人为本的维修——人类工效学在维修中的应用. 北京：中国电力出版社，2006
[10] 邵象清. 人体测量手册. 上海辞书出版社，1986
[11] 郭伏，杨学函. 人因工程学. 沈阳：东北大学出版社，2001
[12] 丁玉兰主编. 人机工程学（修订版）. 北京理工大学出版社，2000
[13] 陈毅然主编. 人机工程学. 北京：航空工业出版社，1990
[14] 郭青山，汪元辉. 人机工程设计. 天津大学出版社，1994
[15] 马秉衡，戊成兴. 人机学. 北京：冶金工业出版社，1990
[16] 汪安圣主编. 心理学及其在工业中的应用. 北京：机械工业出版社，1987
[17] 李文彬. 建筑室内与家具设计人体工程学. 北京：中国林业出版社，2001
[18] 梁有信主编. 劳动卫生与职业病学. 北京：人民卫生出版社，2000
[19] 朱祖祥主编. 人类工效学. 杭州：浙江教育出版社，1994
[20] 赵江洪编译. 普通人体工程学. 长沙：湖南科技出版社，1988
[21] 臧吉昌. 安全人机工程学. 北京：化学工业出版社，1996
[22] 石金涛等. 安全人机工程. 上海交通大学出版社，1998

[23] 朱祖祥. 工程心理学. 上海：华东师范大学出版社，1990

[24] 游万来等. 工业设计与人因工程. 台湾六合出版社，1986

[25] 冯元桢. 生物力学. 北京：科学出版社，1981

[26] 郭伏，钱省三主编. 人因工程学. 北京：机械工业出版社，2006

[27] 国家技术监督局. GB5703—1985，GB10000—1988，GB/T12454—1990，GB/T13547—1992，GB2893—2001. 北京：中国标准出版社

[28] 周一鸣，毛恩荣. 车辆人机工程学. 北京理工大学出版社，1999

[29] 景国勋. 井下运输人—机—环境系统安全性分析. 北京：煤炭工业出版社，1999

[30] 张力. 概率安全评价中的人因可靠性分析技术. 北京：原子能出版社，2006

[31] 赵江洪，谭浩. 人机工程学. 北京：高等教育出版社，2006

[32] 阮宝湘. 人机工程基础及应用. 北京：机械工业出版社，2006

[33] 卢家楣. 心理学. 上海人民出版社，2004

[34] 姜俊红. 心理学原理. 北京：高等教育出版社，2003

[35] 黄国松. 色彩设计学. 北京：中国纺织出版社，2001

[36] 谢庆森，王秉权. 安全人机工程. 天津大学出版社，1999

[37] 陆锡明. 快速公交系统. 上海：同济大学出版社，2005

[38] 刘志强，葛如海，龚标. 道路交通安全工程. 北京：化学工业出版社，2005

[39] 沈志云，邓学钧. 交通运输工程学. 北京：人民交通出版社，2005

[40] 郭忠印，方守恩. 道路安全工程. 北京：人民交通出版社，2003

[41] 罗云. 注册安全工程师手册. 北京：化学工业出版社，2004

[42] 刘如民，刘祖德. 道路交通安全技术. 武汉：中国地质大学出版社，2006

[43] 张凤中，杨夏峰，文中王，王抚群. 汽车安全驾驶. 南京：东南大学出版社，2003

[44] 阮宝湘，邵祥华. 工业设计人机工程. 北京：机械工业出版社，2005

[45] 谢庆森，牛占文. 人机工程学. 北京：中国建筑工业出版社，2005

[46] 袁化临. 起重与机械安全. 北京：首都经济贸易出版社，2000

[47] 胡咏梅，武晓洛，胡志红等. 关于中国人体表面积公式的研究. 生理学报，1999，51（1）

[48] 吴景龙/塚本一义. 现代人间工学知的システム设计の基礎と実践. 森北出版 2001/03 出版 203P 新宿本店

[49] 铃木一重. 人间工学そのインパクト. 日本出版サービス1999/03 出版ユツ

[50] 国际勞動关/小木和孝. 人间工学チュッケポイソト安全、健康、作业条件改善のための実际的で実施しゃす. 劳动科学研究所出版部 1998/03 出版

[51] 正田恒. 人间工学（增补新版）. 恒星社厚生阁 1997/07 出版

[52] 长町三生. 安全管理の人间工学. 海文堂出版 1995/08 出版

[53] 佐藤方谚/胜浦哲夫. 环境人间工学. 朝仓书店 1993/11 出版

[54] [日] 盐见弘著，姚普译. 可靠性与维修性. 北京：机械工业出版社，1987

[55] [日] 浅居喜代治著，刘高送译. 现代人机工程学概论. 北京：科学出版社，1992

[56] [美] E·A·伯杰著，周石等译校. 实用运动心理学. 北京：人民卫生出版社，1985

[57] [英] E·J·亨利等著，吕应中等译. 可靠性工程与风险分析. 北京：原子能出版社，1988

[58] M. S. Sanders. Human Factors in Engineering and DESIGN，1987

[59] Burgess，John H. Human Factors in Industrial Design—The Desiguer's Companion. TAB books Inc，UAS，1989

[60] Reason J. Human Error. Cambridge University Press，1990

[61] G. Salrendy. Handbook of Human Factors and Ergonomics，1997